ノート分布

地球の表面は，プレートとよばれる十数枚の硬い岩盤でおおわれている。これらのプレートは，年に数〜10cmの速さで動いている。

プレートが新しく生まれる発散境界には中央海嶺，プレートが地球内部に沈みこむ収束境界には海溝，プレートとプレートのすれ違い境界にはトランスフォーム断層が見られる。

新課程
リード Light ノート地学基礎

数研出版編集部　編

本書のねらいと構成

1 ねらい

本書は，「地学基礎」の教科傍用問題集として編集しました。教科書の内容の理解を助け，日常学習に十分役立つよう基礎的な知識の充実と把握を中心に学習できるように留意しました。

2 構成

本書は，「地学基礎」の内容を 5 編，11 章に分け，各章を「リード A」「リード B」「リード C」で構成してあります。

リード A　**(要項)**　理解しなければならない内容を，表や図を使って整理し，覚えやすいようにまとめました。

Work!　色塗りなどの作業を行う項目を入れました。実際に手を動かすことで理解が深まり，知識の整理ができます。

リード B　**(基礎 CHECK)**　基本的な知識や用語を確認できる一問一答形式の問題を入れました。

リード C　**(基本問題)**　教科書の個々の内容と対応した基礎的な問題と標準的な問題を扱いました。

(基本例題)　思考力を必要とする代表的な問題は例題として取り上げました。必要に応じて解法上の要領や注意を 指針 として記述し，その後に 解答 を入れました。

基本例題の次の問題には類題を入れ，同じ考え方をくり返して学習できるようにしています。

なお，巻末の 巻末チャレンジ問題 では，大学入学共通テストの出題傾向を反映した問題を収録しました。学習の総仕上げとして取り組みましょう。

※デジタルコンテンツのご利用について

右のアドレスまたは二次元コードから，本書のデジタルコンテンツ(基礎 CHECK の確認テスト，例題の解説動画)を利用することができます。なお，インターネット接続に際し発生する通信料は，使用される方の負担となりますのでご注意ください。

https://cds.chart.co.jp/books/o6cqfna61p

目　次

第1章 地球の構造

1 地球の形と大きさ

a 地球の概形

地球が球形であると考えられた証拠。

・月食のとき，月面に映る地球の影は丸い形をしている。

・港から沖へ遠ざかる船は，船の下の部分からしだいに隠れていく。

・北極星の高度は，北半球では観測する場所が北から南に行くほど低くなる。

・月食のときの地球の影が丸い。

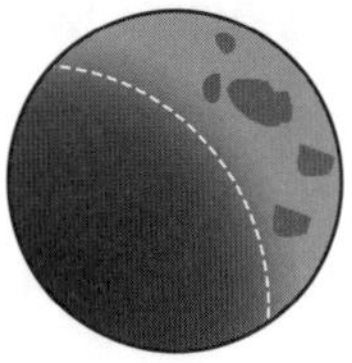

・沖へ遠ざかる船は下の方から隠れていく。

・北極星の高度は南に行くほど低い（北半球の場合）。

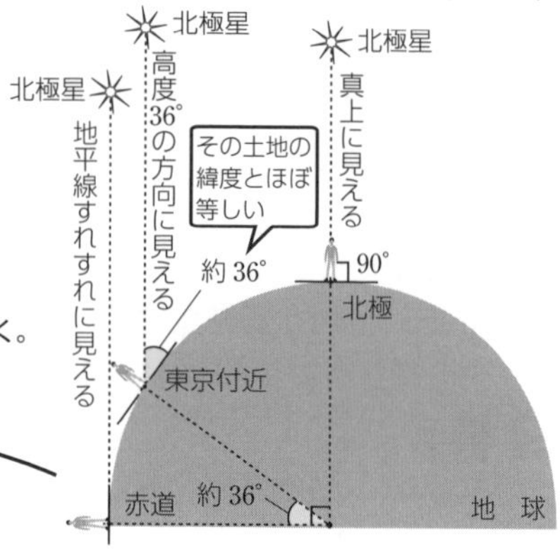

b 地球の大きさの測定

エラトステネスは紀元前220年ごろ，地球の大きさを求めた。エラトステネスは，地球は球形で，太陽はたいへん遠方にあるという仮定のもと，夏至の日の太陽の南中高度を利用して地球全周の長さを算出した。

同一経線上で緯度の差が7.2°の2つの地点をA，Bとし，AB間の距離をd，地球の円周をlとおくと　$7.2° : 360° = d : l$より　$l = d \times \dfrac{360°}{7.2°}$

さらに，地球の半径をRとすると，$l = 2\pi R$から，地球の半径Rが求められる。

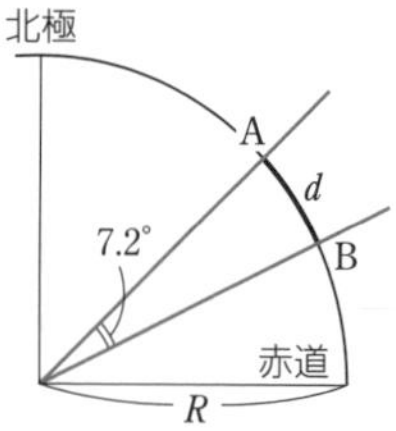

c 地球の形

① **回転だ円体**　ニュートンは，地球の自転によって遠心力がはたらくことから，地球は赤道方向に膨らんだ横長の**回転だ円体**であると考えた。

② **地球の形**　フランス学士院が，赤道付近のエクアドルと高緯度の北フィンランドでの緯度差1°の距離を調べたところ，緯度が高くなるほど緯度差1°の距離が長くなることがわかった。このことから，地球は赤道方向に膨らんだ回転だ円体であることがわかった。

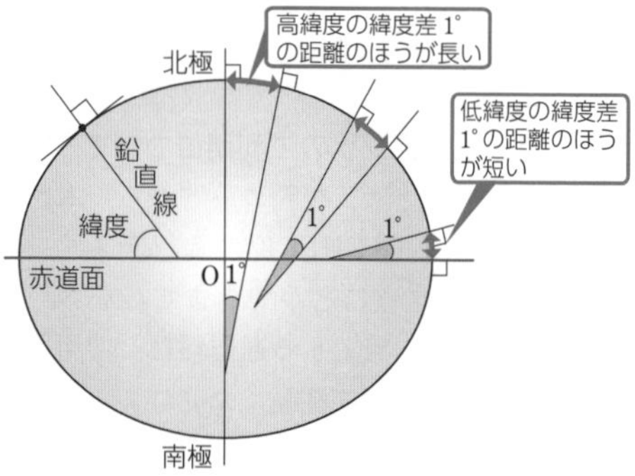

d 地球だ円体

実際の地球に近い形をした回転だ円体を**地球だ円体**という。だ円がどのくらい膨らんでいるのかは，**偏平率**で表される。地球だ円体の大きさと偏平率は

赤道半径 $a = 6378\,\mathrm{km}$，極半径 $b = 6357\,\mathrm{km}$

$$\textbf{偏平率} = \frac{\textbf{赤道半径} - \textbf{極半径}}{\textbf{赤道半径}} = \frac{a - b}{a} \fallingdotseq \frac{1}{298}$$

補足　地球の偏平率は小さいので球と考えてよい。

Work!　右図の点線は円，実線はそれをつぶしてできた「だ円」である。このだ円を地球の南北方向の断面とするとき，図中の［　　］に赤道半径a，極半径b，および$a - b$のいずれかを記入してみよう。

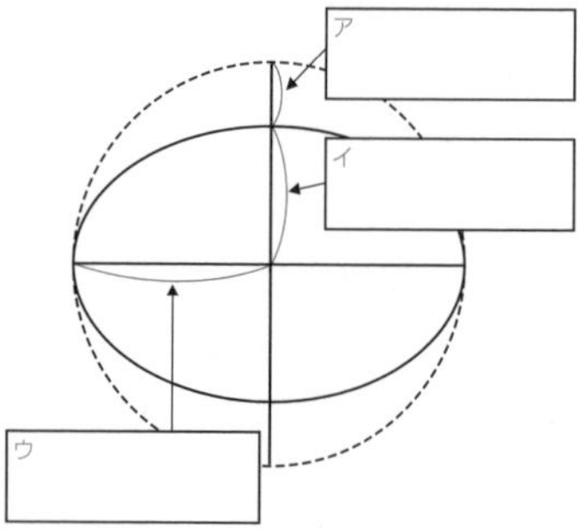

e 地球の表面

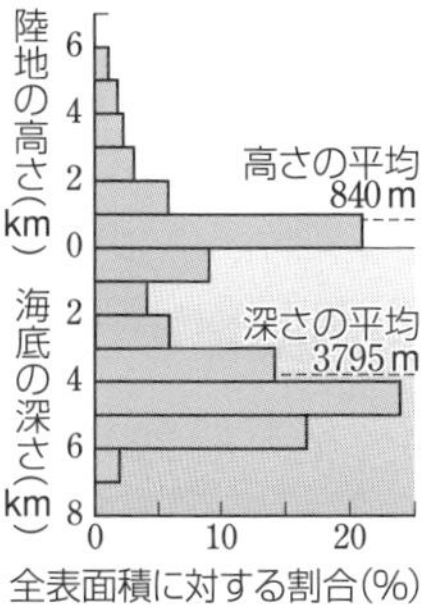

地球の表面の約 30% は陸地，約 70% は海洋である。右図は，地球の全表面積に対する 1km ごとの陸地の高さと海底の深さの面積の割合を表している。

陸地は，1km 以下の高さの所が多く，この高さの所は平野にあたる。海底は，4 ～ 5km の深さの所が多く，この深さの所は深海に広がる平らな領域に対応する。

2 地球の構造

a 地球内部の層構造

地殻 モホロビチッチ不連続面(モホ面)より浅い部分を地殻という。

マントル 地表から約 2900km の深さにも不連続面があり，モホロビチッチ不連続面からこの不連続面までをマントルとよぶ。マントルは地球の体積の約 83% を占めている。

核 地表から約 2900km より深い部分を核という。

b 地球内部を構成する物質

① **地殻** 大陸地殻の厚さは 25 ～ 70km で，上部は花崗岩質，下部は玄武岩質の岩石で構成されている。海洋地殻の厚さは 2 ～ 10km で，ほとんどが玄武岩質の岩石である。

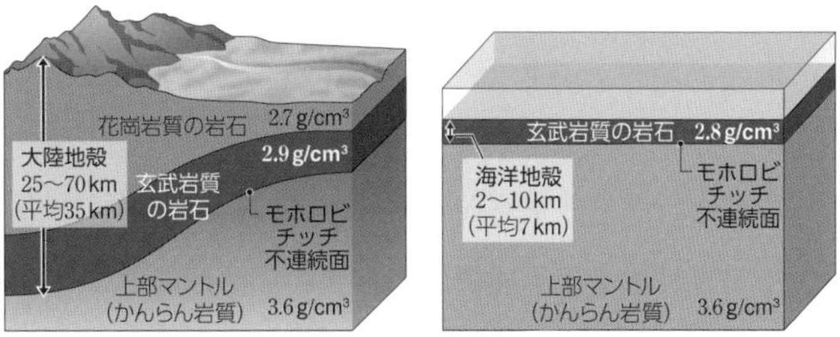

② **マントル** かんらん石と輝石を主とするかんらん岩からなる上部マントルと，圧力が高く，より高密度の結晶構造をもつ鉱物からなる下部マントルに分けられる。

③ **核** 核は，液体の外核と，固体の内核に分けられる。核は，おもに鉄(Fe)からなる。

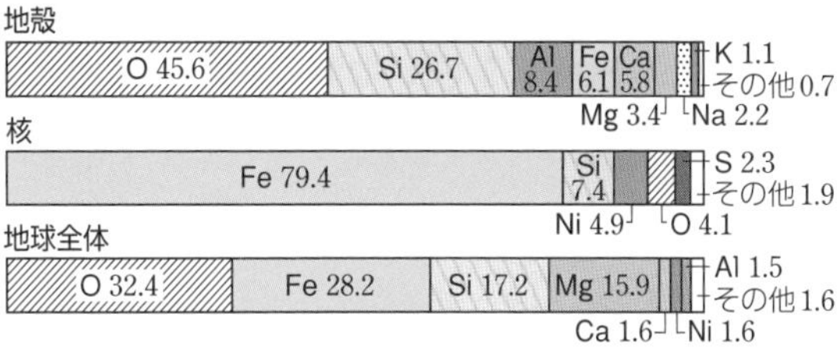

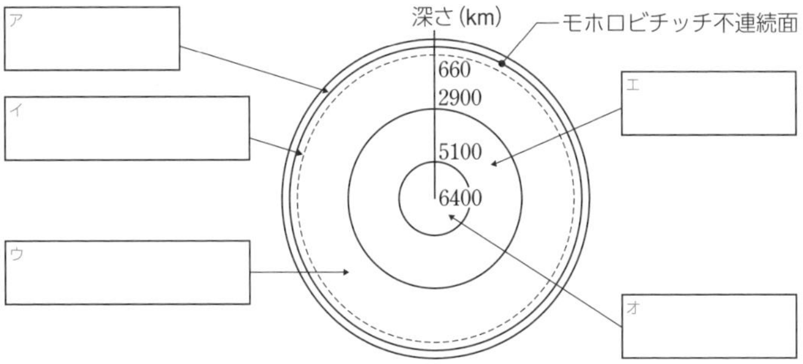

Work!

左の図は，地球内部の層構造を表したものである。図の□に，各部分の名称を記入してみよう。また，主として岩石でできている部分は青で，主として鉄(Fe)でできている部分には赤で色を塗ってみよう。

c リソスフェアとアセノスフェア

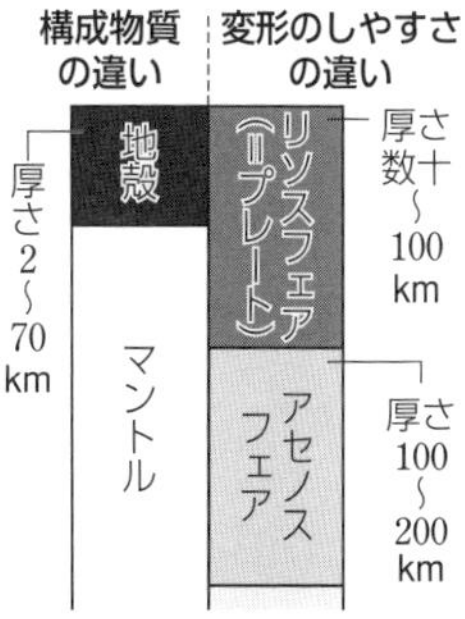

① **リソスフェア** 地球表面から深さ数十～ 100km ぐらいまでは硬い岩盤としてふるまい，この部分をリソスフェアとよぶ。リソスフェアは，地殻とマントルの浅い部分を含む。リソスフェアがプレートにあたる。

② **アセノスフェア** マントルは温度が 1000℃をこえるとやわらかく流れやすい性質をもつようになる。この領域をアセノスフェアとよぶ。

リードB

基礎 CHECK

リードBの確認問題

1. 港から船が沖に遠ざかっていくとき，船は上と下のどちらの部分が先に隠れていくか。
2. 紀元前220年ごろ，地球の大きさを初めて求めたのは誰か。
3. ニュートンは，自転による何という力がはたらくことから，地球が赤道方向に膨らんでいると考えたか。
4. 地球の赤道半径と極半径で，大きいのはどちらか。
5. 子午線方向の緯度差1°の距離が短いのは，高緯度と低緯度のどちらか。
6. 地球の形を表す回転だ円体を何というか。
7. 回転だ円体のつぶれの度合いを表す値を何というか。
8. 地球の表面のうち，陸地が占める面積の割合は約何％か。
9. 地表の起伏（きふく）の分布について，1kmごとの陸地の高さと海底の深さの面積をグラフに表すと，面積が大きい所は，高さ1kmより低い平野の領域と，水深何kmから何kmの領域か。
10. モホロビチッチ不連続面より上の部分は何とよばれるか。
11. 地殻より下にある深さ2900kmまでの部分は何とよばれるか。
12. 深さ2900kmより深い地球の中心部は何とよばれるか。
13. 海洋地殻はおもにどのような岩石でできているか。
14. 上部マントルはかんらん石と輝石（きせき）を主とする岩石からなるが，その岩石は何とよばれるか。
15. 上部マントルと下部マントルで，より高密度の結晶構造をもつ鉱物からなるのはどちらか。
16. 核の大部分を構成している物質は何か。
17. 核のうち，外核はどのような状態であると考えられているか。
18. 地球内部の高温でやわらかく流れやすい部分をアセノスフェアとよぶのに対し，温度がそれより低く硬い部分を何とよぶか。

1.
2.
3.
4.
5.
6.
7.
8.
9.
10.
11.
12.
13.
14.
15.
16.
17.
18.

基本問題

1. 地球が丸い証拠● 地球が丸い証拠となるものに○，証拠とならないものに×を記せ。

(ア) 北半球で，北極星は北へ行くほど高く見えるようになる。

(イ) 月や太陽の輪郭（りんかく）は，丸い形に見える。

(ウ) 星は1日に1回，東の地平線から出て，西に沈む。

(ア)〔　　　〕，(イ)〔　　　〕，(ウ)〔　　　〕

1.
(ア)
(イ)
(ウ)

基本例題 1 地球の円周の求め方

解説動画

同じ経度で，緯度の異なる2地点A，Bについて考える。2地点A，Bの緯度の差が8.1°で，2地点A，B間の距離が900kmであった。地球を球と考えて，次の問いに答えよ。

(1) 地球の円周は何kmか求めよ。

(2) 地球の半径は何kmか。$\pi = 3.14$ とし，十の位を四捨五入して求めよ。

指針 **扇形の中心角の比は，これに対する弧の長さの比に等しい。**
弧の長さが2地点間の距離にあたる。円周に対する中心角は360°である。

解答 (1) 2地点A，B間の距離を d，地球の円周を l，緯度の差を θ とすると

$$d : l = \theta : 360°$$

変形して，$d = 900$km，$\theta = 8.1°$ を代入する。

円周 $l = d \times \dfrac{360}{\theta} = 900 \times \dfrac{360}{8.1} = $ **40000km**

(2) 地球の半径を R とすると，地球の円周 $l = 2\pi R$ であるので，$\pi = 3.14$ を代入して

$$R = \frac{l}{2\pi} = \frac{40000}{2 \times 3.14}$$
$$= 6369.\cdots$$
$$\fallingdotseq \textbf{6400 km}$$

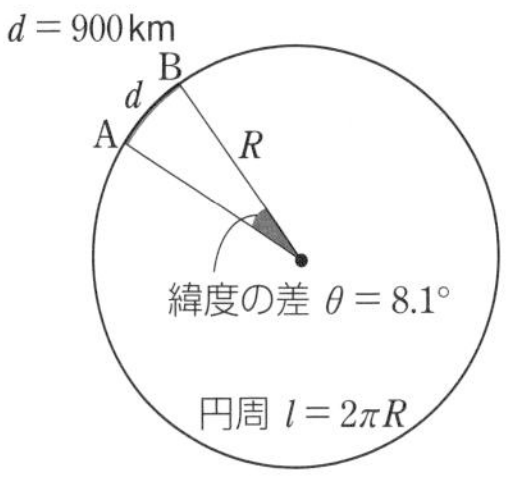

2. 地球の大きさ● 青森市と銚子市はほぼ同じ経線上にあり，緯度は北緯40.82°と35.73°で，両市間の距離は 5.65×10^2km である。地球を完全な球とする。

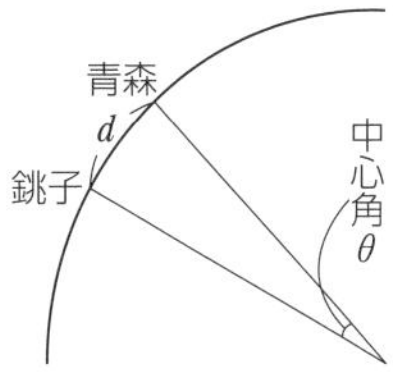

(1) 両市間の中心角は何度か。

〔　　　度〕

(2) 地球の円周を l とおき，青森・銚子間の距離を d，中心角を θ(度)としたとき，どのような関係式ができるか。

〔　　　〕

(3) 地球の円周は何kmとなるか。有効数字3桁で求めよ。

〔　　　km〕

ヒント (2), (3) 円周と弧の長さの比は，360°と中心角の比に等しい。 ▶例題1

2.
(1)　　度
(2)
(3)　　km

3. 地球の形●　次の文の空欄に適切な語句や式を記入せよ。

地球の形は大まかに見ると(ア　　)と考えてよいが，より詳しく見ると(イ　　)方向につぶれ(ウ　　)方向に膨(ふく)らんだ(エ　　)の形をしている。だ円がどのくらい膨らんでいるかを表すものが(オ　　)で，赤道半径を a，極半径を b とすると(カ　　)で表される。地球がこのような形をしていることは，極地方の緯度1°当たりの経線の長さが赤道地方のそれよりも(キ　　)いことによって証明された。

4. 地球の形●　次の文中の空欄に適切な語句を記入せよ。

地球は自転していることから，地球の表面には(ア　　)がはたらく。このことからニュートンは，地球の形は完全な球ではなく(イ　　)方向に膨らんだ(ウ　　)であると予想した。

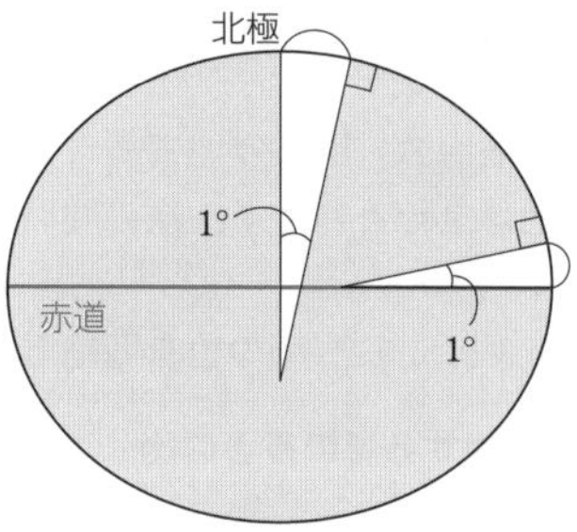

この考えが正しいことは，18世紀にフランス学士院の測量の結果証明された。この測量は，赤道地方の緯度1°当たりの経線の長さと，中緯度地方・極地方のそれを測量したもので，その長さは，赤道地方のほうが極地方よりも(エ　　)いことがわかった。もし，地球が完全な球ならば，緯度1°当たりの経線の長さはどこでも(オ　　)い。

ヒント　各地の緯度は，その地点での鉛直線と赤道面がなす角度である。

5. 地球の表面の起伏●　次の図は，地形を1000mごとに区分したものである。これを参考にして，全地球表面の高度・深度と面積の関係について述べた(1)～(3)の文の空欄(ア)～(ウ)に適切な語句を記入し，(4)に答えよ。

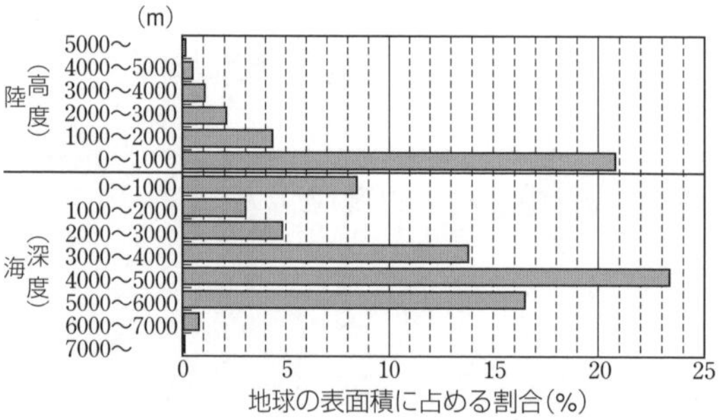

(1) 高度2000mより低い陸の部分の面積は，深度2000mより浅い海の部分の面積より(ア　　)い。

(2) 高度1000mより高い陸の部分の面積は，高度1000mより低い陸の部分の面積より(イ　　)い。

(3) 深度3000mから5000mまでの海の部分の面積は，深度5000mより深い海の部分の面積より(ウ　　)い。

(4) 地球全体の1000m区分ごとの面積の中で最も大きいのは，どの区分か。

〔　　　　　〕

3.
(ア)
(イ)
(ウ)
(エ)
(オ)
(カ)
(キ)

4.
(ア)
(イ)
(ウ)
(エ)
(オ)

5.
(1)(ア)
(2)(イ)
(3)(ウ)
(4)

6. 地球の内部構造● 図は地球の内部を構成物質の違いで区分した模式断面図である。

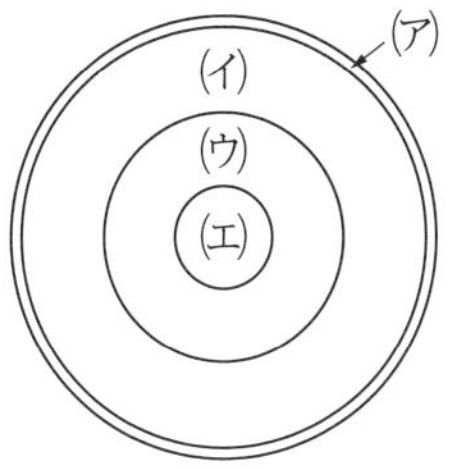

(1) (ア)～(エ)の名称を答えよ。

(ア)[　　　]，(イ)[　　　　]
(ウ)[　　　]，(エ)[　　　]

(2) (ア)と(イ)の境界面は何とよばれるか。

[　　　　　　　　]

(3) 液体の部分は(ア)～(エ)のどれか。

[　　]

(4) (ウ)と(エ)を構成する主成分は同じ物質と考えられている。それは何か。

[　　]

(5) 下の図は，上の(ア)，(ウ)および(エ)，地球全体のそれぞれの元素組成(質量％)の推定値である。図中の①～④に入る元素記号を記入せよ。

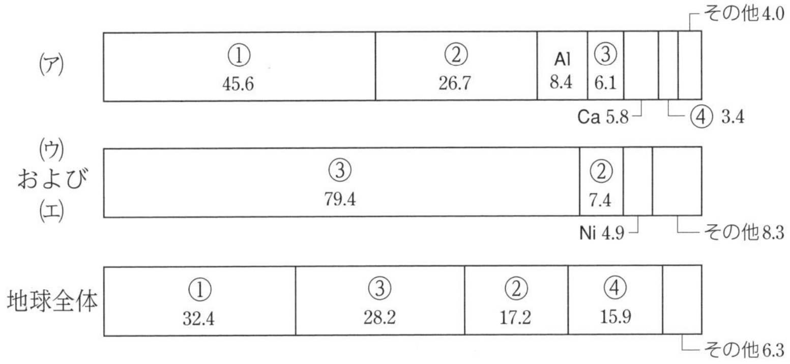

①[　　]，②[　　]，③[　　]，④[　　]

7. 地殻の構造● 次の文の空欄に適切な語句を記入し，{　}から正しいものを選べ。

地殻の厚さは大陸部分より海洋部分のほうが(ア　　　)く，海洋部分の地殻は主として(イ　　　　)質の岩石でできている。また，大陸部分の上部地殻は(ウ　　　　)質の岩石でできている。地殻より下のマントルは，(エ　　　　　)質の岩石からできており，その密度は地殻をつくる岩石より(オ　　　)い。

地球の内部構造は，その変形のしやすさによって分けることもできる。上部マントルの一部は流れやすい性質をもっていて，この流れやすい領域を(カ　　　　　)とよぶ。(カ　　　　　)の上にある硬く流れにくい部分を(キ　　　　　)とよぶ。この流れやすさの違いは温度の違いによるものであり，温度がク{高い，低い}部分ほど流れにくくケ{やわらかい，硬い}という性質をもっている。

6.
(1)(ア)
(イ)
(ウ)
(エ)
(2)
(3)
(4)
(5)①
②
③
④

7.
(ア)
(イ)
(ウ)
(エ)
(オ)
(カ)
(キ)
(ク)
(ケ)

第1編

第2章 プレートの運動

リードA

1 プレートテクトニクスと地殻変動

a 地震の分布と地形

海溝(かいこう)や中央海嶺(ちゅうおうかいれい)にそった場所と，大山脈や山脈周辺地域で，地震は集中的に発生している。また，地震が活発に起こっている地域は線状に分布している。

世界で発生する地震の震央分布

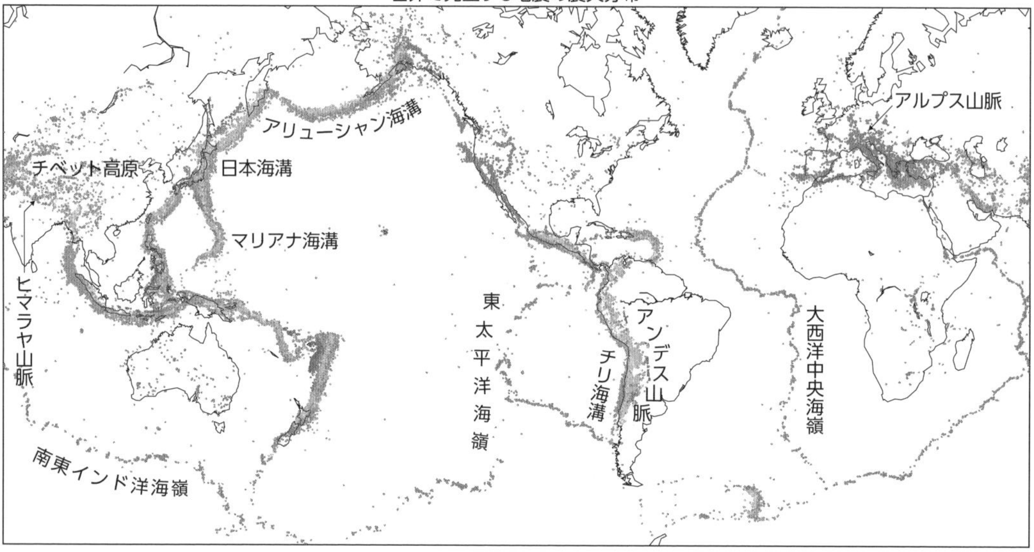

b プレートテクトニクス

地球の表面は，十数枚のプレートでおおわれている。

① **プレート**　**プレート**は厚さ約 100km の硬い岩盤で，リソスフェアに相当する。プレートは，アセノスフェアの上を，年に数～ 10cm の速さでそれぞれ別の方向に動いている。

② **プレートテクトニクス**　プレートがそれぞれ別の方向に移動することによって，地震・火山活動・造山運動などのさまざまな地殻変動が起こるという考え方を**プレートテクトニクス**という。

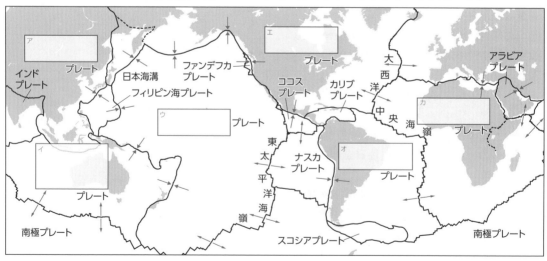

Work! 上図は地球表面のプレートの分布を示したものである。空欄ア～カのプレートの名称を下の語群から選び，記入してみよう。

〔語群〕 アフリカ，オーストラリア，太平洋，北米，ユーラシア，南米

c 3 種類のプレート境界

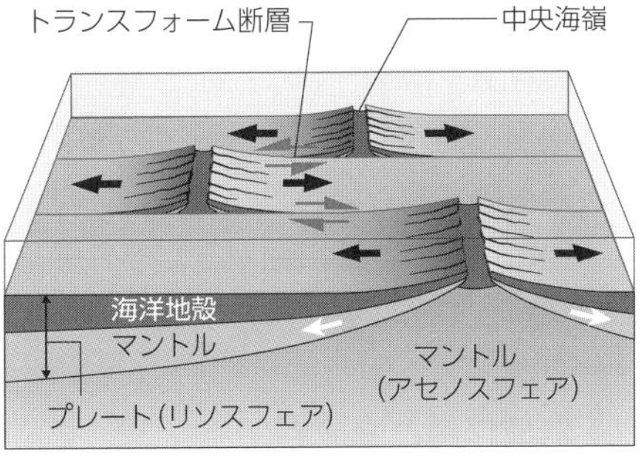

① **発散境界**　発散境界では，2 つのプレートの割れ目からマグマがわき出し，新しいプレートが生産されている。発散境界にできる海底の火山が連なった山脈を**中央海嶺**，大陸が分裂してできる凹型の地形を**地溝帯**という。

② **すれ違い境界**　プレートどうしがすれ違うように反対向きに動いている境界を**トランスフォーム断層**とよぶ。トランスフォーム断層は，横ずれ断層の一種である。

③ **収束境界**　プレートには大陸プレートと海洋プレートがあり，海洋プレートは大陸プレートより重い。大陸プレートと海洋プレートが衝突すると，海洋プレートが大陸プレートの下に沈みこむ。このような沈みこみ帯にできる深さ 1 万 m にも及ぶような深い溝を**海溝**という。海溝にそって弧状(弓なり)にできる島を**島弧**，大陸のふちにできる山脈を**陸弧**という。また，海洋プレートにより運ばれてきた物質がはぎとられ，**付加体**として大陸プレートに付け加わることがある。

大陸プレートどうしが収束する衝突帯では，大陸プレートは密度が小さく軽いため沈みこむことができず，大陸が押し上げられて大山脈(ヒマラヤ山脈など)が形成される。

島弧や陸弧，大山脈の地質構造をつくる地殻変動を造山運動といい，造山運動が起こる地帯を**造山帯**という。

沈みこみ帯

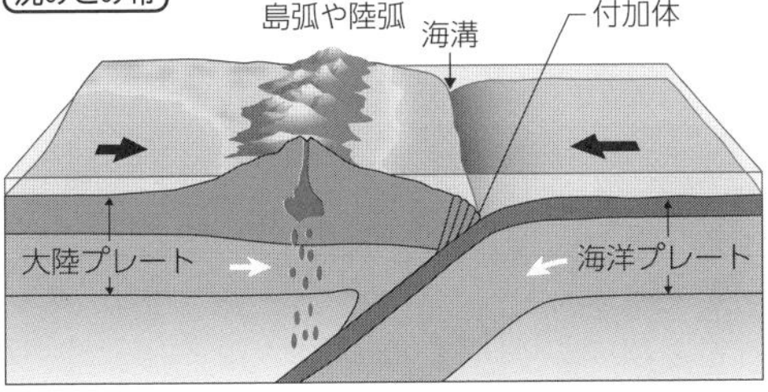

衝突帯

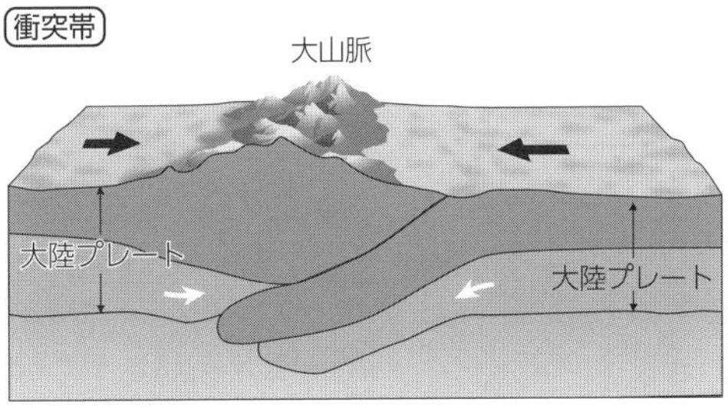

d プレートの運動と地質構造

プレートの運動に伴い，岩盤や地層に力が加わり，断層や褶曲などの地質構造が形成される。

① **断層**　岩盤や地層に圧縮する力が加わり，破壊によってずれた面を**断層**という。

断層面の上側(上盤)が下に，断層面の下側(下盤)が上にずれる断層を**正断層**といい，上盤が上に下盤が下にずれる断層を**逆断層**という。岩盤が水平方向にずれる断層を**横ずれ断層**といい，断層をはさんだ向こう側が右にずれる断層を右横ずれ断層，左にずれる断層を左横ずれ断層という。

岩盤や地層には，鉛直方向と水平面内の 2 つの方向の，あわせて 3 つの方向から圧縮する力がはたらいて，次のような断層が生じる。

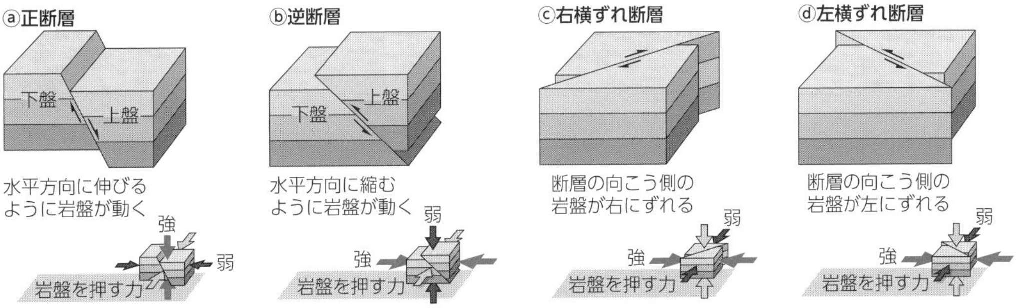

② **褶曲**　地殻に加わる力によって，地層が折れ曲がった構造を**褶曲**という。
地層の曲がりが最も大きくなる所を**褶曲軸**といい，褶曲軸は最も強い力が加わる方向と垂直となる。
上に向かって凸に曲がった部分を**背斜**といい，下に向かって凸に曲がった部分を**向斜**という。

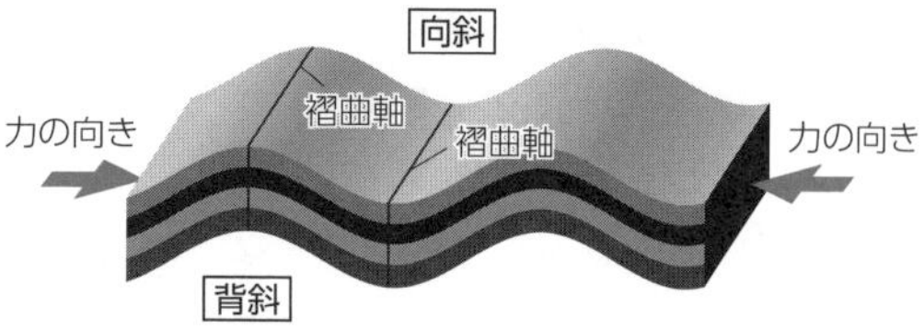

e 変成作用と変成岩

プレートの運動とともに移動した岩石は，最初にできたときとは異なる温度や圧力に置かれ，鉱物どうしが化学反応を起こして安定な鉱物に変化する（再結晶）。このような現象を**変成作用**といい，変成作用によって形成された岩石を**変成岩**という。
プレートの運動に伴って温度や圧力が大きく変化する発散境界や収束境界，特に沈みこみ帯や衝突帯では，顕著な変成作用が起こる。

① **広域変成作用**　帯状で広域の岩石が，プレートの運動に伴い地下深部の温度と圧力にさらされて起こる変成作用。
広域変成岩では，長期にわたって一定の方向に強い力がはたらき，鉱物の結晶が同じ方向に配列した片岩や片麻岩が形成されることが多い。

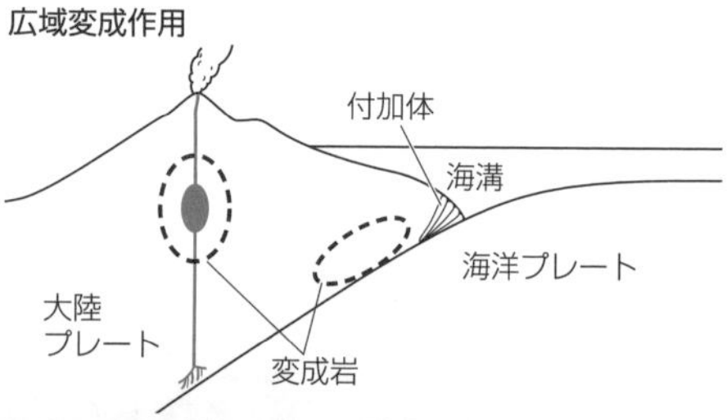

▲広域変成岩の例（片岩）

▲広域変成岩の露頭（埼玉県長瀞）

② **接触変成作用**　マグマの貫入で周囲の岩石が加熱されて起こる変成作用。再結晶によって鉱物が成長し，モザイク状組織が形成される。
石灰岩は大理石に，泥岩や砂岩はホルンフェルスに変化する。

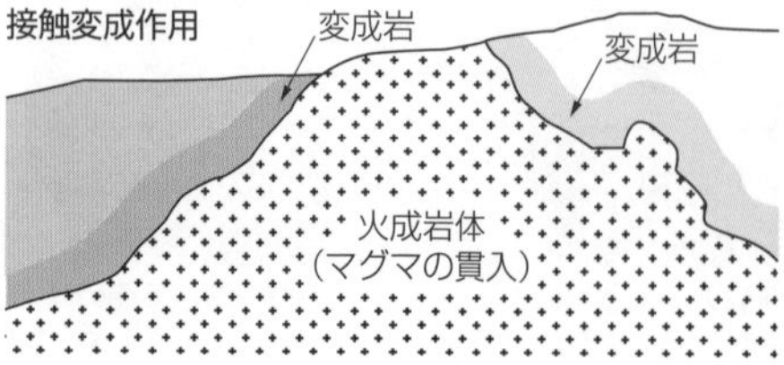

▲接触変成岩（大理石）

2 プレート運動のしかた

a 過去と現在のプレート運動

① **ホットスポット**　あまり位置を変えないマグマの供給源があるような場所を**ホットスポット**という。プレートが動いてもホットスポットの位置はほとんど変化しないので，プレート上に列状に島や海山が並ぶ(例：ハワイ諸島，天皇海山列(てんのうかいざんれつ))。したがって，火山島の列の方向が過去のプレートの運動方向を示す。

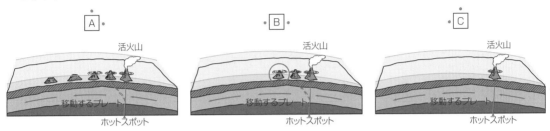

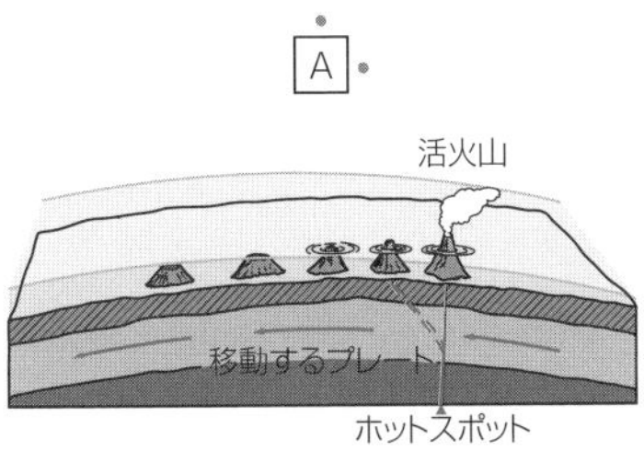

Work! 上図のA～Cは，ホットスポットの上をプレートが移動することによって海山列のできるようすを示している。A～Cが正しい順になるように，・を2本の矢印で結んでみよう。
また，図Bの○で囲んだ島は，A，Cではどの位置にあるか，Bと同様に○で囲んでみよう。

② **プレートの形成年代**　中央海嶺で生まれたプレートは，中央海嶺を軸に両側にプレートが離れるように運動して，収束境界で沈みこむ。中央海嶺から遠いプレートほど，年代が古くなる。

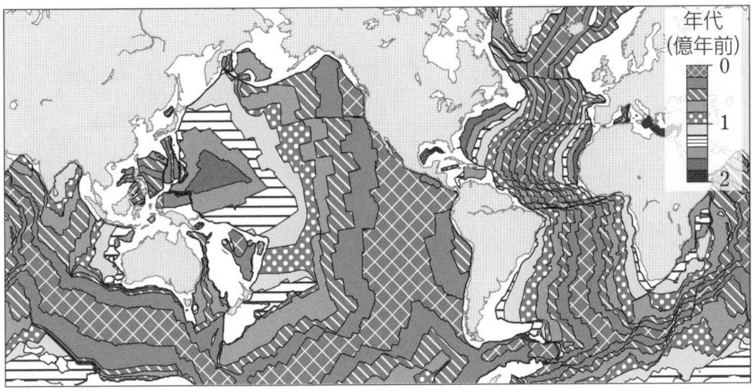

b プレート運動の原動力とエネルギー

① **プレート運動の原動力**　中央海嶺で生まれたプレートは，地球表面上を移動しながら冷やされ，密度が増し，海溝でプレートにはたらく重力によって地球内部に沈みこむ。つまり，プレートを動かす原動力は地球の重力である。

② **プルーム**　地球内部で温められ，密度が小さくなったマントルは，浮力によって上昇する。この上昇流を**プルーム**という。ホットスポットの下には，プルームが存在し，火山を継続的につくり出している。

③ **マントル対流と熱の輸送**　マントル内は下降流と上昇流，それらをつなぐ水平方向の流れがあり，循環している。この循環を**マントル対流**という。
下降流は低温高密度のまま深部に達して対流を引き起こすと同時に，地球内部を冷やす。温かい上昇流は高温低密度のまま上昇し，地球内部の熱を効率よく地表に運び出している。

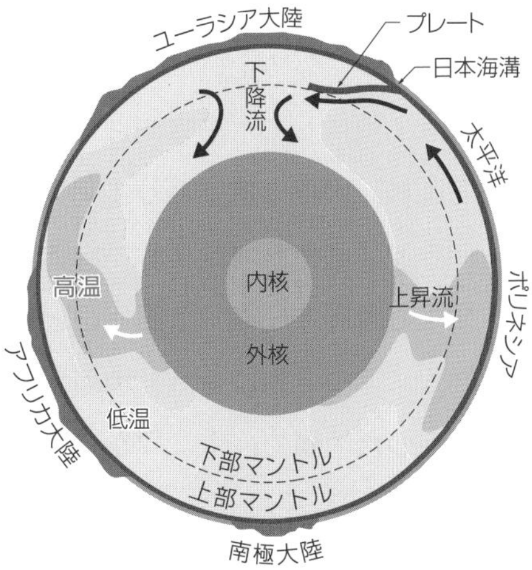

リード B

基礎 CHECK

リードBの確認問題

1. 地球の表面をおおっている十数枚の硬い岩盤(その実体はリソスフェア)を何というか。
2. プレートがそれぞれ別の方向に移動することによって，さまざまな地殻変動が起こるという考え方を何というか。
3. プレート境界のうち，プレートが引っ張られてできた割れ目をマントルから上昇してきたマグマが満たし，プレートが生産されている海底の場所を何というか。
4. プレート境界において，大陸が分裂することによって形成する凹型の地形を何というか。
5. 中央海嶺周辺には，その中軸部を橋渡しするような形で横ずれ断層ができる。このような断層を何というか。
6. 重い海洋プレートが，大陸プレートの下に沈みこむプレート境界にできる深い溝を何というか。
7. 日本列島のように，海溝にそって弧状にできる島を何というか。
8. 海溝にそって，大陸のふちにできる山脈を何というか。
9. 海洋プレートにより運ばれてきて，大陸プレートに付け加わった物質を何というか。
10. 大陸プレートどうしが衝突しているようなプレート収束境界で，大陸が押し上げられるとどのような地形ができるか。
11. 島弧や陸弧，大山脈の地質構造をつくる地殻変動を何というか。
12. 断層を境にして上側にある地盤がずり上がる断層を何というか。
13. 断層を境にして上側にある地盤がずり落ちる断層を何というか。
14. 断層を境にして水平方向にずれる断層を何というか。
15. 右図は，破線を境界として両側の地盤が矢印の向きにずれた断層を表している。この断層は右横ずれ断層と左横ずれ断層のどちらであるか。

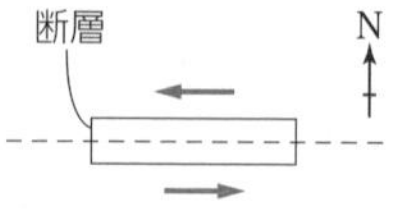

16. 地殻に加わる力によって地層が折れ曲がった構造を何というか。
17. 褶曲した地層で，上に向かって凸に曲がった部分は，背斜と向斜のどちらか。
18. 岩石が最初にできたときとは異なる温度や圧力に置かれ，鉱物どうしの化学反応が起きて新しい鉱物に変化する現象を何というか。

1.
2.
3.
4.
5.
6.
7.
8.
9.
10.
11.
12.
13.
14.
15.
16.
17.
18.

19. 変成作用によって形成された岩石を何というか。
20. 延長数百 km の広範囲にわたって，岩石が地下深部の温度と圧力にさらされることによって起きる変成作用を何というか。
21. マグマの貫入により，その周囲の岩石が加熱されて起きる変成作用を何というか。
22. 接触変成作用を受けて鉱物が成長すると，どのような組織が形成されるか。
23. ハワイ島のように，プレートの動きに関係せず，あまり位置を変えないマグマの供給源があるような場所を何というか。
24. プレートを動かす原動力は何か。
25. 地球内部で温められた，低密度のマントルの上昇流を何とよぶか。
26. マントル内を循環する流れを何というか。

19.
20.
21.
22.
23.
24.
25.
26.

基本問題

8. 地震の分布 次の文中の{ }から正しいものを選び，空欄に適切な語句を記入せよ。

世界の地震の分布を見ると，地震が活発に起こっている地域は(ア　　)でつなぐことができる。地震の震源はイ{太平洋，大西洋}を取り巻く帯状の地域に最も多く，この地域では全世界の地震のエネルギーの76%が放出されている。次に目立つのは，アルプス山脈から小アジア，(ウ　　)山脈，インドネシアへと続く地域で，22%のエネルギーを放出している。その他では，海底の火山が連なった山脈である(エ　　)に関連して発生している。大西洋では(オ　　)にそって多くの地震がみられる。

8.
(ア)
(イ)
(ウ)
(エ)
(オ)

9. プレートテクトニクス 次の文の空欄に語群から適語・数を選んで記入せよ。

地球表層は十数枚の(ア　　)がすき間なく敷きつめられている。これらの(ア　　)は(イ　　)と上部マントルの一部からできている。海洋プレートは(ウ　　)で新しく生産される。プレートの移動速度は年間(エ　　)の速さであるので，大西洋の中央にあるような(ウ　　)ではその倍の速さで海底が(オ　　)していることになる。

〔語群〕 玄武岩，花崗岩，コア，縮小，拡大，地殻，プレート，
下部マントル，中央海嶺，ホットスポット，海溝，地溝，沈降，
上昇，0.1cm ~ 1cm，1cm ~ 10cm，10cm ~ 1m，1m ~ 10m，
1μm ~ 10μm

9.
(ア)
(イ)
(ウ)
(エ)
(オ)

10. プレートの拡大● 中央海嶺付近の海洋プレート上にある地点Aと地点Bを調べたところ，以下のことがわかった。

1. 地点Aの岩石は地点Bの岩石より古い
2. 地点Aと地点Bの間の距離は時間とともに変化しない

2地点と中央海嶺の位置を模式的に示した平面図として最も適当なものを，次の①～④のうちから1つ選べ。ただし，この付近のプレートは，中央海嶺の両側に同じ速さで広がっているものとし，中央海嶺以外での溶岩の噴出はないものとする。

〔　　〕

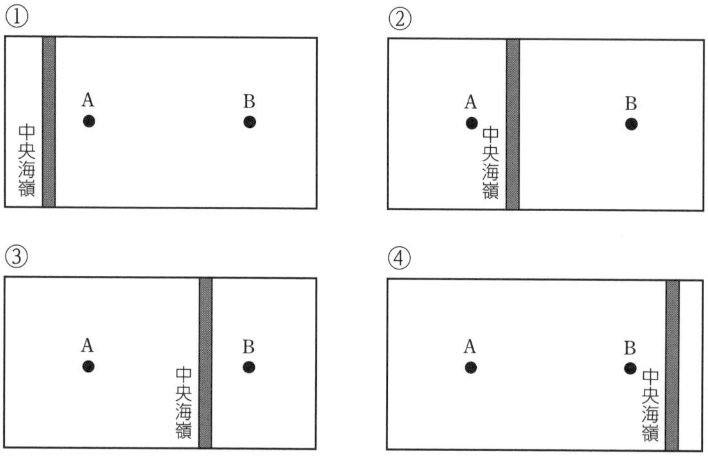

11. プレートの境界● 文中の空欄に，下の語群から最も適切な語を1つ選んで記入せよ。

地球上の地震活動や火山活動などの地殻活動を地球上にある十数枚のプレートの運動により説明しようとする理論が(ア　　　　　　　　　)である。プレートには大陸プレートと海洋プレートがあり，その厚さは大陸プレートのほうが(イ　　　　)。プレートどうしが接している境界には3つの種類がある。発散境界とは，プレートが(ウ　　　　)される場所であり，(ウ　　　　)されたプレートはお互いに離れていく。海底にある発散境界には(エ　　　　　　)がある。収束境界とは，プレートが出会う場所であり，プレートが互いに衝突し，ヒマラヤに代表される(オ　　　　　)が形成される場合と，一方のプレートが他方のプレートの下に沈みこみ，そこに(カ　　　　)とよばれる深い溝が形成される場合がある。(カ　　　　)付近では震源の深さが100kmをこえる地震も発生している。すれ違い境界とは，プレートとプレートがすれ違う場所であり，海嶺と海嶺あるいは海溝と海溝をつなぐ境界である。これは(キ　　　　　　　　　　　)とよばれる。(キ　　　　　　　　　　　)の方向はプレートの運動方向と平行である。

〔語群〕 厚い，薄い，生産，消滅，火成活動，地震活動，深い，浅い，プレートテクトニクス，マントル対流，大山脈，海溝，中央海嶺，トランスフォーム断層

10.

11.
(ア)
(イ)
(ウ)
(エ)
(オ)
(カ)
(キ)

12. 褶曲と断層● 次の図を見て下の文の空欄に適切な語句を記入せよ。

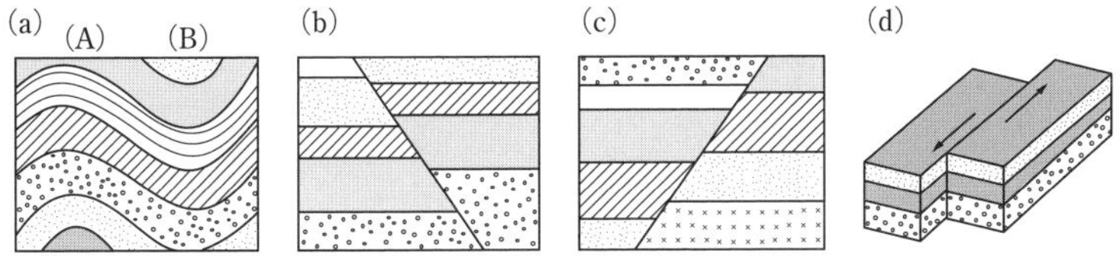

(1) (a)のように，地層が波状に曲がっている構造を(ア　　　)という。また，(a)の(A)の部分を(イ　　　)，(B)の部分を(ウ　　　)という。
(2) (b)の断層を(エ　　　)，(c)の断層を(オ　　　)という。
(3) (d)の断層は(カ　　　)横ずれ断層である。

13. プレートの運動と断層● プレートの運動と断層について，次の図と表にまとめた。(ア)～(ク)に入る適切な語を記入せよ。

地球内部の岩盤や地層は，図のように水平方向A，水平方向でAと垂直な方向B，および，鉛直方向Cの3方向から(ア　　　)力がはたらいている。プレート運動によって，これらの力の大きさに違いが生じると断層が生じる。

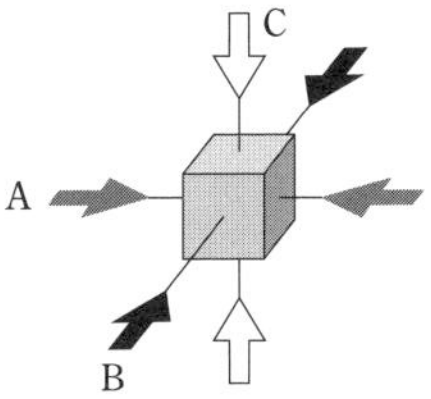

	岩盤にはたらく力		水平方向の岩盤の動き	断層ができる代表的なプレート境界
	最も強い	最も弱い		
正断層	C	AまたはB	(ウ)	(カ)
逆断層	(イ)	C	縮む	(キ)
横ずれ断層	A	B	Aの方向に(エ)	(ク)
	B	A	Bの方向に(オ)	

(イ)[　　　]，(ウ)[　　　]，(エ)[　　　]，(オ)[　　　]
(カ)[　　　]，(キ)[　　　]，(ク)[　　　]

14. 変成作用● 次の文の空欄に適切な語句を記入せよ。
(1) 岩石中の鉱物に何らかの原因で再結晶が起こり，別の岩石になる現象を(ア　　　)という。また，(ア　　　)によってできた岩石を(イ　　　)という。
(2) (1)の作用のうちで，特にマグマの貫入などにより高温の状態に置かれて岩石が変質する作用を(ウ　　　)という。また，そうしてできた岩石の特徴的な組織を(エ　　　)という。
(3) (1)の作用のうちで，広い地域で高温・高圧下で岩石が変化する作用を(オ　　　)という。そうしてできた岩石は，長期にわたって一定の方向に強い力を受けたため，鉱物が同じ方向に配列し，特定の方向に割れやすい特徴をもっていることが多い。

12.
(1)(ア)
(イ)
(ウ)
(2)(エ)
(オ)
(3)(カ)

13.
(ア)
(イ)
(ウ)
(エ)
(オ)
(カ)
(キ)
(ク)

14.
(1)(ア)
(イ)
(2)(ウ)
(エ)
(3)(オ)

15. 変成作用● 次の文章を読み，下の問いに答えよ。

地球内部において岩石が高い温度や圧力にさらされると，①鉱物どうしの化学反応によってその温度圧力条件で安定な新しい鉱物が生じ，結果として別の組織をもった岩石に変化する。このような作用を変成作用とよび，変成作用によって形成された岩石を変成岩とよぶ。

プレートの運動によって地殻に圧縮力がはたらくような変動帯では，②数十 km ～数百 km にも及ぶ広い範囲にわたって温度や圧力の高い環境がつくられる。そのような場所では，変成作用の影響で鉱物の結晶が一定方向に配列し，薄くはがれる構造の発達した(ア　　　　)や，比較的大きな無色鉱物と有色鉱物が縞(しま)状に配列した組織を示す(イ　　　　)が形成される。

一方，高温のマグマが冷たい地殻上部の岩石中に貫入すると，③マグマと接した周囲の岩石の温度が上昇し，鉱物の組成や岩石の組織が変化する。例えば，砂岩や泥岩といった堆積岩が花崗岩などのマグマの貫入を受けた場合，(ウ　　　　　　)とよばれる硬くて緻密(ちみつ)な岩石へと変化する。

(1) 文中の空欄に，下の語群の岩石から適切なものを選んで記入せよ。

〔語群〕 ホルンフェルス，大理石，片岩，片麻岩

(2) 下線部①のような現象を何というか答えよ。

①〔　　　　　　〕

(3) 下線部②および③の結果として生じる変成作用をそれぞれ何というか答えよ。

②〔　　　　　　〕，③〔　　　　　　〕

15.
(1)(ア)
(イ)
(ウ)
(2)①
(3)②
③

基本例題 2 ホットスポット

解説動画

ある海洋のプレート上に東西に並んだ海山の列がある。そのうちの海山 A は形成以来 5000km を，海山 B は 3000km を，一定の速度でプレートとともに東から移動してきた。また，海山 B は 4000 万年前につくられ，その山頂では形成直後から現在まで珊瑚(さんご)石灰岩がつくられてきて，その厚さは 400m に達している。

(1) これらの海山から求められるプレートの移動速度(mm/年)はいくらか。

(2) 海山 B の平均沈降速度(mm/年)はいくらか。

指針 プレートの移動速度は海山 B の移動距離から計算する。
海山 B の沈降速度は石灰岩の厚さを利用する。

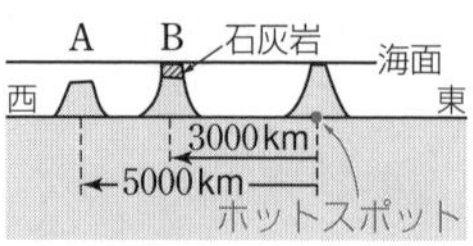

サンゴは浅い海にすみ，その深さはほぼ一定していて，海山の沈降に伴って珊瑚石灰岩が上へ成長する。したがって，石灰岩の厚さはほぼ沈降量を表していると考えられる。

解答 (1) 海山 B の移動距離を mm 単位に直して，その経過年数で割ると

$$\frac{3000\times10^6}{4000\times10^4}=\mathbf{75\,mm/年}$$

(2) 石灰岩の厚さ 400m を経過年数で割ると(単位に注意)

$$\frac{400\times10^3}{4000\times10^4}=\mathbf{0.01\,mm/年}$$

16. **ホットスポット●** 太平洋の赤道付近には，中央部に浅い海をもつ環状の珊瑚礁（さんごしょう）(環礁)が数多く分布している。これらの環礁がどのようにしてつくられたかを調べるため，図の環礁Xで地下の岩石を調査した。この調査で，環礁の表面から地下1000mまでは珊瑚礁の堆積物の固まった岩石が，その下には約4000万年前に火山島で噴出した溶岩が認められた。この火山島は太平洋プレート内の火山で，溶岩の噴出後すぐに珊瑚礁の形成が始まったことがわかっている。

(注)太線はプレート境界

(1) 約4000万年前に溶岩が噴出した当時，この火山島は図の①～⑥のうちどこにあったと考えられるか。 〔　　〕

(2) 環礁Xの土台となる火山島は，約4000万年前から現在まで，平均すると，1万年当たり約何cm隆起または沈降しているか。

〔　　cm/万年〕，〔　　　〕

▷例題2

17. **火山島と海山列●** 次の文章を読み，下の問いに答えよ。

太平洋などの海底には，図のような火山島とそこから直線状にのびる海山の列が見られることがある。これは，アセノスフェアの中にほぼ固定されたマグマの供給源が海のプレートA上に火山をつくり，プレートAがマグマの供給源の上を動くために，その痕跡（こんせき）が海山の列として残ったものと考えられる。

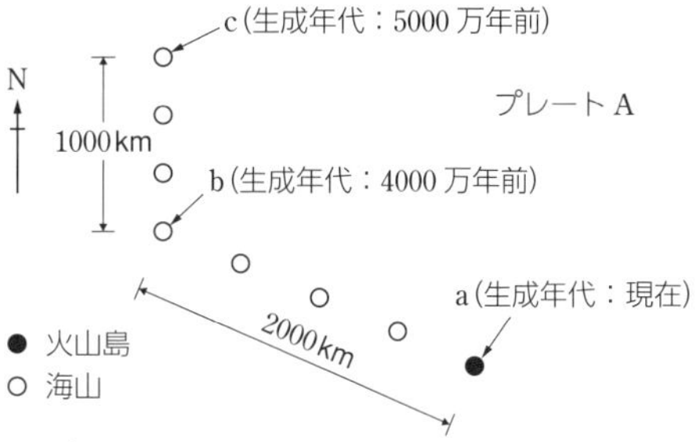

プレートA上の火山島と海山の生成年代と配置

(1) 下線部のようなマグマの供給源の名前を答えよ。〔　　　〕

(2) 5000万年前から4000万年前までのプレートAが動く速さと，4000万年前から現在までのプレートAが動く速さを，cm/年の単位を用いて整数でそれぞれ答えよ。

5000万年前～4000万年前：〔　　cm/年〕
4000万年前～現在：〔　　cm/年〕

(3) 図の海山の配列は，マグマの供給源に対するプレートAの運動が4000万年前を境に変化したことを示している。4000万年前以前と以後のプレートAが動く向きを答えよ。

4000万年前以前〔　　　〕，4000万年前以降〔　　　〕

▷例題2

16.
(1)
(2) cm/万年

17.
(1)
(2) 5000万年前～4000万年前： cm/年
4000万年前～現在： cm/年
(3) 4000万年前以前
4000万年前以降

第1編

第3章 地震

1 地震

a 地震発生のしくみ

地震は，プレートの運動などによって地下に蓄積されたひずみが断層のずれとして短時間で解消される現象である。断層面上にある**震源**(地震の開始地点)から地盤のずれが開始し，この急激なずれによって**地震波**が発生し地球の中を伝わっていく。震源の真上の地表の点を**震央**という。

b 震度とマグニチュード

① **震度**　各地点のゆれの強さをはかるものさし。日本で使用されている震度階級は気象庁震度階級で，0 ～ 7 の 10 段階(震度 5 と 6 はそれぞれ弱・強の 2 段階)に分けられている。

② **マグニチュード(M)**　地震の規模(大きさ)をはかるものさし。M が 1 大きくなると地震のエネルギーは $10\sqrt{10}$ 倍(約 32 倍)になり，M が 2 大きくなると，エネルギーはちょうど 1000 倍になる。

c 本震と余震

群れて発生する地震の中で最も大きい地震を**本震**，本震より前に起こった地震を**前震**，後に起こった地震を**余震**という。余震は時間の経過とともに減少し，余震が発生する領域を**余震域**という。

d 地震波

① **地震波の性質**

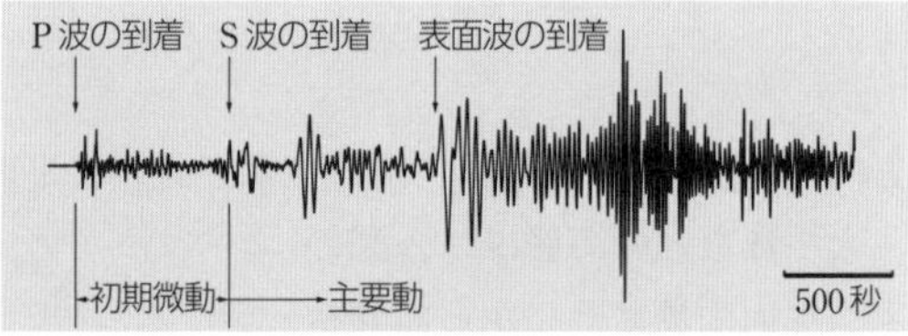

P 波　初めに観測点に到達し，地面を小刻みにゆらす。速度は 5 ～ 7km/s 程度である。

S 波　P 波の次に到達し，地面を大きくゆらす。速度は 3 ～ 4km/s 程度である。

表面波　S 波の後に地球表面を伝わって到達する周期の長い波。速度は 3km/s 程度である。P 波や S 波に比べ，距離による減衰の効果が小さく，遠方では表面波が強調された形で観測される。

初期微動継続時間　P 波と S 波の到着時刻の差を**初期微動継続時間**(P–S 時間)という。

② **震源の求め方**　震源から観測点までの距離を震源距離，震央から観測点までの距離を震央距離という。初期微動継続時間 T〔s〕は，震源距離 D〔km〕に比例する。

大森公式　$D = kT$　(k は比例定数で，地域によって異なる)

ある地震について，3 つの観測点で震源距離を算出すると，震源の位置を決定することができる。

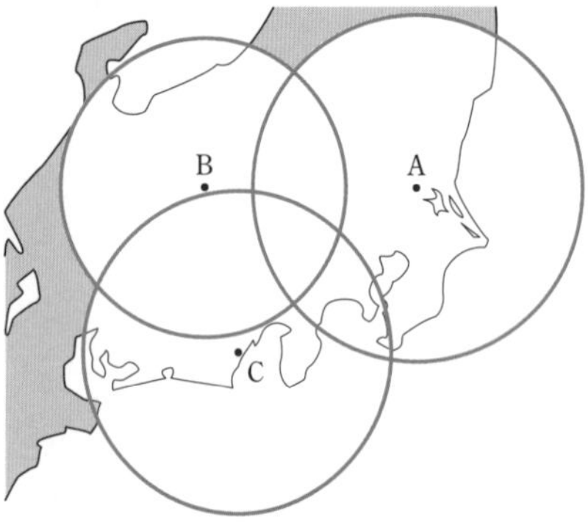

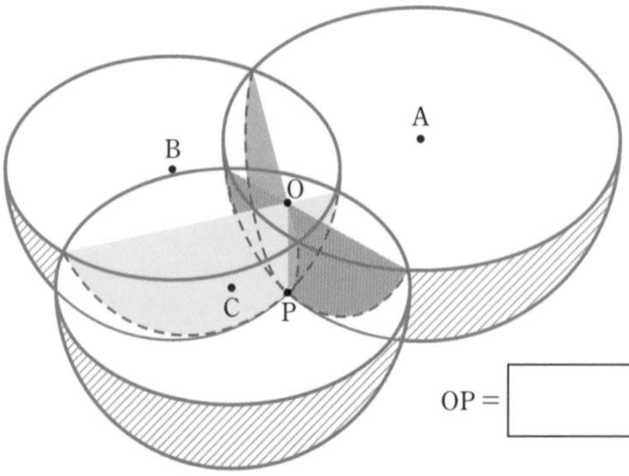

半球 A，B，C の球面は地下で破線のように交わっており，3 つの球の交点が震源 P となる。

OP = [　　　]

Work!　(1) 上左図で震源距離を半径とする 3 つの円の共通弦の交点 O が震央となる。震央 O を作図によって求めてみよう。

(2) 上左図で震央 O と観測点 A を結んだ線の垂線を O を起点として引き，A を中心とする円と交わる点を P′ とする。点 P′ を作図によって求めてみよう。

(3) 上右図で P は震源である。震源の深さ OP は，上左図のどこの長さに等しいか。

参考 緊急地震速報

気象庁は，地震の発生直後に，震源情報から震度分布を予測したり，強いゆれを観測した地点の近くのゆれを予測したりして，各地に大きなゆれがくる前に震度の大きさを知らせる緊急地震速報を提供している。

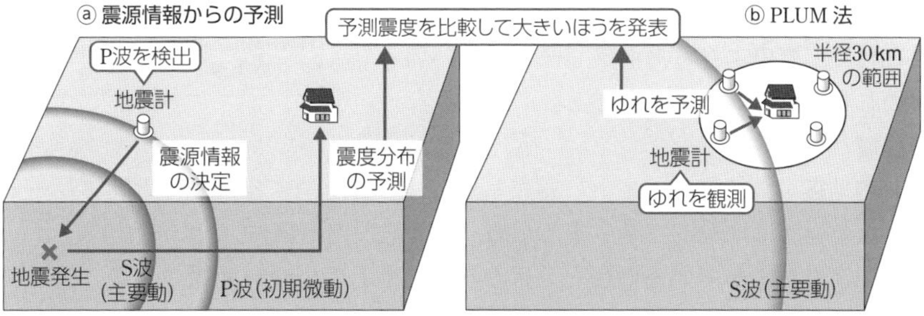

緊急地震速報のしくみ　ⓐ震源近くの P 波から震源情報（震源の位置・発生時刻・マグニチュード）を即時に決定し，震度分布を予測する。ⓑ強いゆれが観測された地点の近くでは，同じように強いゆれが観測されると想定し，ゆれを予測する。PLUM 法では，ゆれがくるまでの猶予は短時間となるが，震源域が広い地震でも精度よく震度を予測できる。

2 地震の分布

a プレート境界で発生する地震

プレート境界はひずみが集中する場所であり，地震が集中し，変動帯とよばれる。

プレートの動きと断層の運動は密接にかかわっていて，発生する地震のタイプも，プレートの 3 種類の境界と密接に関係する。

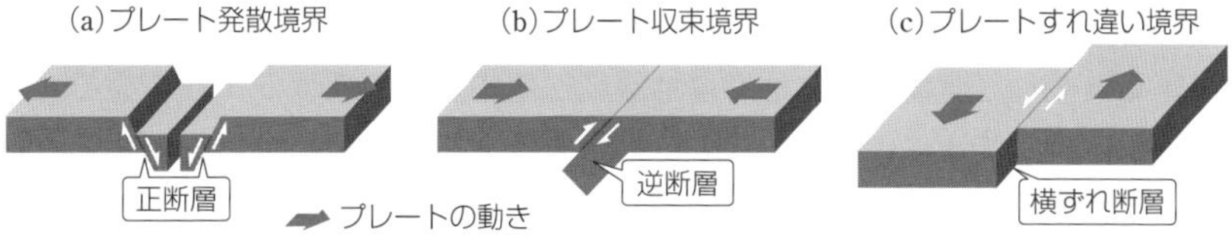

b 日本で発生する地震

日本の周辺では 4 つのプレートが，互いに押しあったり沈みこんだりしていて，地球上で地震活動が最も活発な地域の一つである。

日本で発生する地震には，プレート境界で発生するプレート間地震，海洋プレート内で発生する海洋プレート内地震，大陸プレート内で発生する大陸プレート内地震がある。

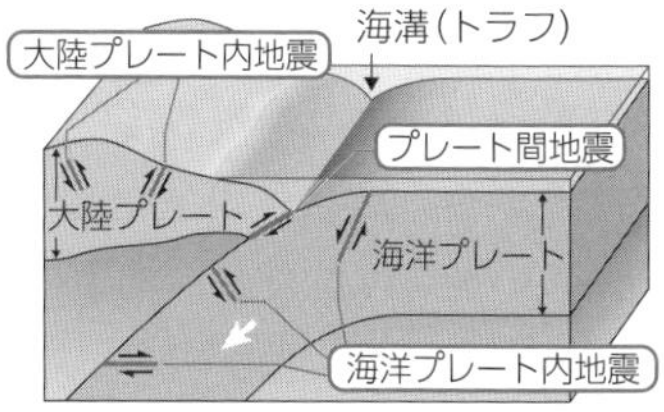

① **日本周辺のプレート間地震**　沈みこむ海洋プレートと大陸プレートの境界面で蓄えられたひずみは，大地震や巨大地震によって急激に解消される。このとき，大地震に伴う地殻変動によって津波(つなみ)が引き起こされることが多い。

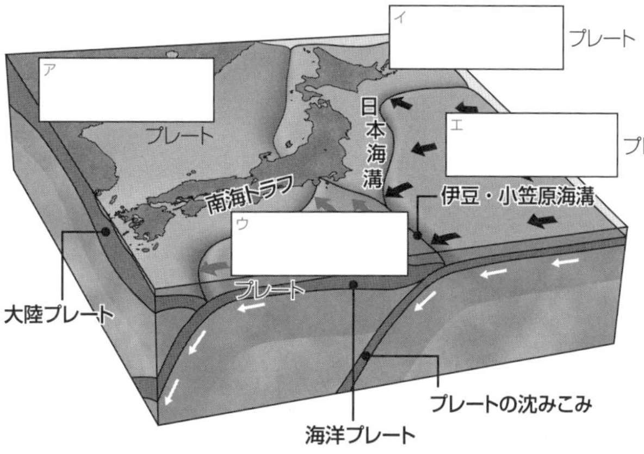

Work! 右の日本地図のア～エにプレート名をそれぞれ記入してみよう。

② **海洋プレート内地震**　海溝で沈みこむ海洋プレートの内部では，海溝から沈みこむ方向に向かって震源が徐々に深くなるように分布し，深さ 700km に達している(**深発地震面**または**和達-ベニオフ帯**とよぶ)。
深発地震では，地震波のエネルギーが海洋プレート内に閉じこめられて，震央よりも海洋プレートに近い場所で大きなゆれが観測されることがある。このような領域を**異常震域**という。

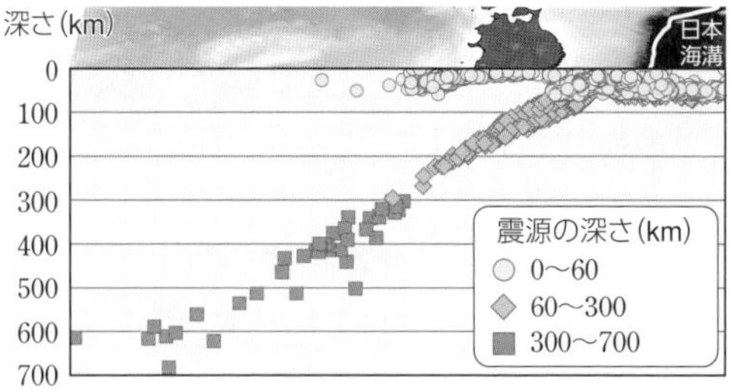

③ **大陸プレート内地震**　大陸プレート内に蓄積したひずみを解消するように大陸プレート内で地震が発生する。これらの地震は地殻内で発生するため，内陸地殻内地震(または内陸地震)ともいう。
地殻内には，現在も活動している断層と，ほとんど活動していない断層がある。最近数十万年間にくり返し活動し，将来も活動する可能性がある断層を**活断層**という。

3 地震災害

a 地震による被害

地震が起こると，激しい振動により，建造物の倒壊や火災，土砂災害，津波，地盤の液状化などの災害が発生する。

① **断層による被害**　地震を起こした岩盤の破壊が地表にまで達したものを地震断層という。地震断層の直上に位置する建造物は被害を免れない。
例 根尾谷断層(濃尾地震：1891 年)，野島断層(兵庫県南部地震：1995 年)

② **地震動による被害**　地震災害の程度は表層の地盤の状態の影響を大きく受ける。海に隣接した低地や川ぞいの泥が厚く堆積した地域，埋立地では地震動が増幅されて震度が大きくなる。
地表にそって伝わる表面波には周期の長い成分が含まれており，減衰しにくい性質をもち，地盤によって増幅されることがある。このような周期の長いゆれ(長周期地震動)によって高層の建物や石油タンクなどが大きくゆれ続けることがある。

③ **液状化現象**　水を大量に含んだ砂層が強い振動を受けると，砂粒子間の結合が外れ，圧力が高くなって砂粒子が水中に浮遊した状態となる。これを**液状化現象**という。液状化現象が起こると地盤は強度を失って，重い建物は沈降し，地下に埋設された軽い下水管などは浮上する。
兵庫県南部地震や東北地方太平洋沖地震において，沿岸部を中心に発生し，多くの被害が発生した。

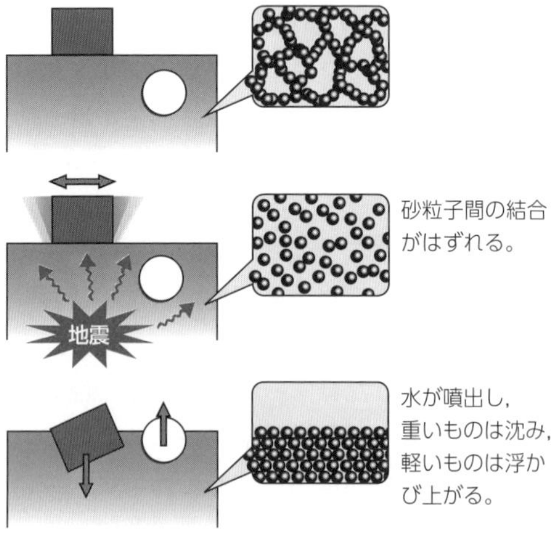

砂粒子間の結合がはずれる。
地震
水が噴出し，重いものは沈み，軽いものは浮かび上がる。

液状化現象のしくみ

b 津波と津波による被害

① **津波**　海底近くで発生した地震や地すべり，火山活動などによる隆起・沈降によって，**津波**が発生する。

② **津波による被害**　津波はその膨大な質量によって，沿岸部に致命的な打撃を与える。スマトラ沖地震や東北地方太平洋沖地震では，津波による甚大な被害が起こった。

③ **津波対策**　日本では，地震が発生してから約 3 分で津波に関する警報を出すシステムが導入されている。予想される津波の高さは 5 段階の数値で発表される。

リードＢの確認問題

基礎 CHECK

1. 地震による断層のずれは，断層面上のある１点から開始する。この開始点を何というか。
2. 震源の真上の地表の点を何というか。
3. 地震波が到達したとき，その地点でのゆれの強さを表したものを何というか。
4. 日本で用いられている震度階級は，何段階に分けられているか。
5. 地震の規模を表すものさしを何というか。
6. マグニチュード(M)が１大きくなると，地震のエネルギーは約何倍になるか。
7. 地震は短期間に狭い場所で群れて発生することが多い。その地震の群れの中で最も大きい地震を何というか。
8. 本震の後に起こった地震を何というか。
9. ある地震が起こったとき，その地震の余震が発生する領域を何というか。
10. 地震が起こったとき，初めに観測点に到達する波は，Ｐ波とＳ波のどちらか。
11. 観測点にＰ波が到達してからＳ波が到達するまでの時間を何というか。
12. 震源距離と初期微動継続時間の間には，どのような関係があるか。
13. プレートの発散境界で発生する地震は，どのタイプの断層が多いか。
14. 東日本から東北，北海道は何プレートに属しているか。
15. 近畿地方や九州など西日本は何プレートに属しているか。
16. 日本海溝から東北地方の下に沈みこんでいる海洋プレートは何プレートか。
17. 沈みこむ海洋プレート内では，海溝から沈みこむ方向に向かって震源が徐々に深くなる。この地震が発生する場所を何というか。
18. 最近数十万年間にくり返し活動し，将来も活動する可能性のある断層を何というか。
19. 地震動によって未固結地盤の砂粒子が水中に浮遊する状態となり，液体のようにふるまう現象を何というか。
20. 海底近くで発生する地震などで生じた海面の変動を何というか。

1.
2.
3.
4.
5.
6.
7.
8.
9.
10.
11.
12.
13.
14.
15.
16.
17.
18.
19.
20.

基本問題

18. 地震● 次の文中の空欄(ア)～(ウ)に適切な数を，(エ)～(カ)に適切な漢字 1 字を入れよ。

地震そのものの大きさをはかるものさしはマグニチュードである。マグニチュードが 1 大きくなると，地震のエネルギーは約(ア　　)倍大きくなる。一方，地震による各地点のゆれの強さをはかるものさしは震度である。わが国では現在，気象庁の定めた(イ　　)段階の震度が用いられている。この震度階級における最大の震度は，震度(ウ　　)である。

地震は，近い場所や近い時間で群れて発生する場合が多い。この地震の群れの中で最も大きい地震を(エ　　)震，(エ　　)震の前に起こった地震を(オ　　)震，(エ　　)震の後に起こった地震を(カ　　)震という。

18.
(ア)
(イ)
(ウ)
(エ)
(オ)
(カ)

基本例題 3 マグニチュードと地震のエネルギー

解説動画

マグニチュード M が 1 大きくなると地震のエネルギーは約 32 倍，M が 2 大きくなると地震のエネルギーはちょうど 1000 倍となる。

$M\,7.0$ の地震のエネルギーは，$M\,4.0$ の地震のエネルギーの何倍となるか。

指針 なるべく，M が 2 大きいと地震のエネルギーが 1000 倍になることを用いて計算する。

解答 M は $7.0 - 4.0 = 3.0$ 大きい。地震のエネルギーは M が 2 大きいことで 1000 倍，さらに 1 大きいことで 32 倍となる。

$1000 \times 32 =$ **32000 倍**

19. マグニチュード● 次の文中の空欄に適切な語句や数を記入せよ。

地震のゆれや規模をはかるものさしには，震度とマグニチュードの 2 つがある。震度が各地点の(ア　　)を表すのに対し，マグニチュード M は地震そのものの(イ　　)を表している。

$M\,7$ の地震のエネルギーは，$M\,5$ の地震の(ウ　　)倍である。

▶例題 3

19.
(ア)
(イ)
(ウ)

20. 地震波● 次の文の空欄に適切な語句や数を記入せよ。

地震が発生すると，震源から地震波が同心球状に伝わる。地球内部を伝わる地震波には 2 種類あり，観測点に初めに到達する波を(ア　　)波，次に到達する波を(イ　　)波という。ほかに，(イ　　)波の後に地球表面を伝わって観測点に到着する周期が長い波もあり，(ウ　　)という。

図の地震波の記録例において，T の長さが 10 秒で，この地域での大森公式の比例定数が 7km/s だとすると，観測点からの震源距離は(エ　　)km である。

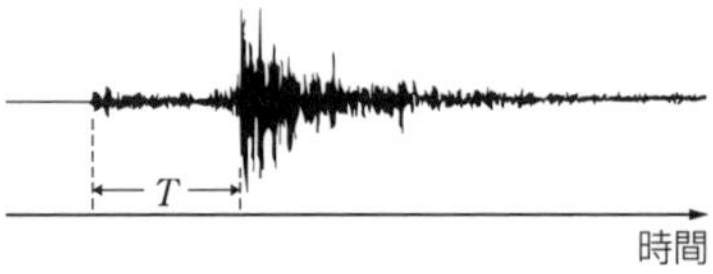

20.
(ア)
(イ)
(ウ)
(エ)

基本例題 4 震源の決定

解説動画

図は，ある地震について3地点(A, B, C)で観測された地震波をもとに震源距離を求め，地図上にそれぞれの地点から震源距離を半径とする円を描いたものである。

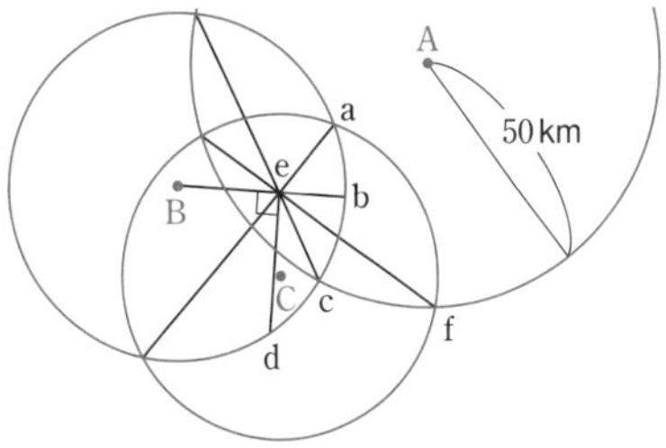

(1) A地点からの震源距離は50kmであった。この地震の震源の深さが30kmであったとすると，A地点の震央距離は何kmか。

(2) この地震の震源の深さは，図中のどの線分と等しいか。次の中から選べ。

(ア) ae　(イ) be　(ウ) ce　(エ) de　(オ) ef

指針 3地点から描いた，震源距離を半径とする円の共通弦の交点が，震央となる。

解答 (1) 震央距離，震源の深さ，震源距離は図のような関係にある。三平方の定理より，震央距離をxとすると

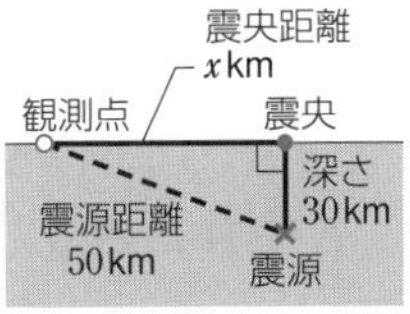

$$x^2 + 30^2 = 50^2$$

よって　$x^2 = 50^2 - 30^2 = 1600 = 40^2$

ゆえに　$x =$ **40km**

(2) 震源の深さは，B地点から震央を通る半径に垂直な線を震央から描き，その線がBを中心とする円と交わる点と震央との長さである。

したがって，図の(**エ**) **de**である。

21. **大森公式●** 地下の岩盤のずれや破壊が突然起こると地震が発生する。地震の発生した所を震源といい，その真上の地表を(ア　　　)という。地震は，各地に置かれた地震計で記録され，震源の位置や地震の規模などが推定される。

図はある地点の地震計の記録である。図の中でaのゆれを(イ　　　　)，bのゆれを(ウ　　　)という。これはP波とS波という性質の異なった2つの地震波が伝わったことを示す。aの継続時間t[s]は震源からの距離d[km]と比例的な関係にあり，P波とS波の伝わる速度をそれぞれV_P[km/s]とV_S[km/s]とすると，$t = \dfrac{d}{V_S} - \dfrac{d}{V_P}$　で表される。

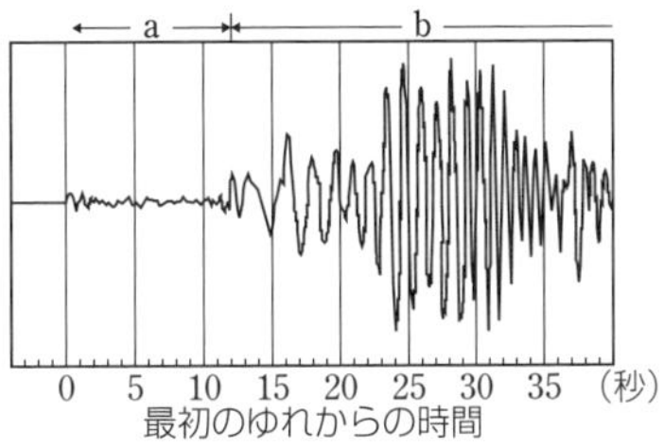

(1) 文中の空欄に適切な語句を記入せよ。

(2) V_Pが7.0km/s，V_Sが3.8km/sとした場合，図で記録された地点から震源までの距離dは何kmか，小数点以下を四捨五入して整数値で答えよ。

〔　　　km〕

(3) 上記の(2)で，(ア)までの距離が80kmであった場合，震源の深さは何kmか。

〔　　　km〕

▷例題 4

21.
(1)(ア)
(イ)
(ウ)
(2)　　　km
(3)　　　km

第1編

22. 緊急地震速報●　次の文の{　}から正しいものを選び，〔　　〕に記せ。

地震による大きなゆれの発生を速報によって事前に少しでも早く周知できれば，震災の軽減に役立てられる。近年，このような速報を提供するシステムが実用化されている。このシステムは，地震の直後に，最も速く伝わる地震波をいくつかの観測点で検知(観測)し，地震波が最初に発生した場所である[ア]{震央，震源}と地震の規模を表す[イ]{震度，マグニチュード}を推定する。さらに，各地の大きなゆれ(主要動)の発生時刻や，そのゆれの程度を表す[ウ]{等級，エネルギー，震度}を予測し，これらの情報を速やかに伝達する。

(ア)〔　　　〕，(イ)〔　　　　　　　　〕，(ウ)〔　　　〕

22.
(ア)
(イ)
(ウ)

23. プレートの運動と地震●　次の図1は，地球表層のプレート分布を，図2は，3種類のプレートの境界と断層のタイプを示している。図1のA～Dについて，該当する名称を下の語群から選べ。また，A～Dにおいて多く発生する地震のタイプを，図2の(a)～(c)より選べ。

A　名称〔　　　　　　　　〕　タイプ〔　　〕
B　名称〔　　　　　　　　〕　タイプ〔　　〕
C　名称〔　　　　　　　　〕　タイプ〔　　〕
D　名称〔　　　　　　　　〕　タイプ〔　　〕

〔語群〕　大西洋中央海嶺，東太平洋海嶺，サンアンドレアス断層，日本海溝

図1　地球表層のプレート分布

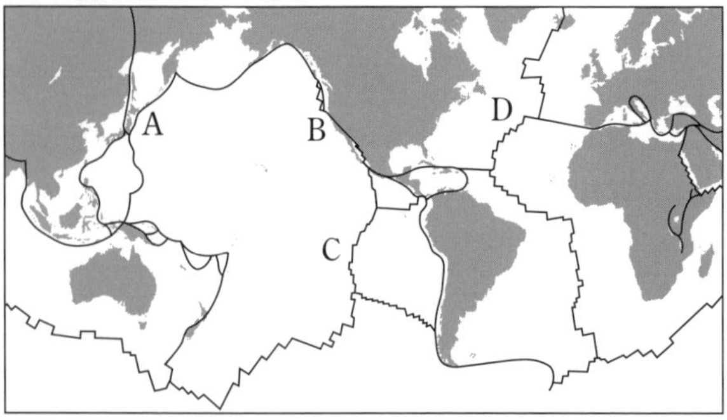

図2　3種類のプレート境界と断層のタイプ

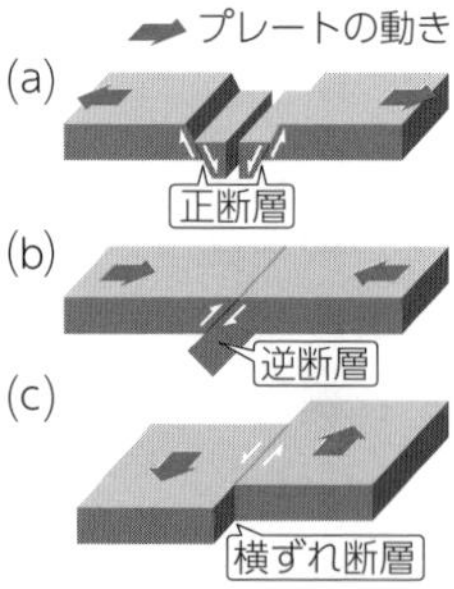

23.
A
タイプ
B
タイプ
C
タイプ
D
タイプ

24. 日本周辺のプレートと地震●　日本列島の周辺では，千島海溝と日本海溝，伊豆・小笠原海溝から(ア　　　　)プレートが沈みこみ，南海トラフなどから(イ　　　　)プレートが沈みこむ。南海トラフでは，(a)<u>プレートの境界面で巨大地震がくり返し発生</u>している。沈みこむプレートの内部で発生する地震は深さ100km以上の深部でも発生し，面上に分布する。この面は深発地震面または(ウ　　　　　　)とよばれる。また，日本列島とその周辺には最近(エ　　　　)年間にくり返し活動し，将来も活動する可能性がある(オ　　　　)が数多く存在する。

(1) 文中の空欄に適切な語句を記入せよ。

(2) 下線部(a)の巨大地震の断層運動として最も適当なものを，次の語群から選んで記入せよ。〔　　　〕

〔語群〕　正断層，右横ずれ断層，左横ずれ断層，逆断層

24.
(1)(ア)
(イ)
(ウ)
(エ)
(オ)
(2)

25. 地震災害●　地震災害には，都市化に伴って被害が一層著しくなるものが多い。しかしながら，住んでいる場所の地盤・地形・地質や地理的条件を考えると，そこでどのような型の災害が発生するかをある程度予測できるので，被害の軽減は可能である。

(1) 上の文中の下線部に関連して，昔の河川敷や海岸を埋め立てた造成地などで，地震時に発生すると予測される代表的な現象はどれか。次から最も適当なものを1つ選べ。〔　　〕

地すべり，土石流，液状化現象，洪水

(2) 建物を建てるとき，上の文中の下線部を考慮に入れて地震災害を軽減しようとすれば，どのような地盤の土地を選んだらよいと考えられるか。次から最も適当なものを1つ選べ。〔　　〕

① 粒のそろった砂が厚く堆積(たいせき)した土地
② 谷を埋め立てた人工造成地
③ やわらかい地層が厚く堆積した土地
④ ほとんど風化していない岩盤が広がる土地

26. 津波●　地震が発生すると，気象庁は，各地の観測点から送られてくる地震記録に基づいて地震の規模と震源位置を推定し，津波発生の可能性を検討する。地震の特徴から，(a)津波発生の可能性が高いと判断すると，対象地域の防災関連機関に対して，ただちに津波に関する情報を通報する。それに基づいて，住民への伝達など必要な防災体制がとられることになっている。

(1) 上の文中の下線部(a)に関連して，どのような地震に伴って津波が起こると考えられるか。次から最も適当なものを1つ選べ。〔　　〕

① 内陸部の活断層の活動によって発生する地震
② 震源の深さが100km以上で海洋プレート内部に発生する地震
③ 海域に発生する震源の浅い地震
④ 内陸部にある火山の噴火口の付近に発生する地震

(2) 津波について述べた文として**誤っているもの**を，1つ選べ。〔　　〕

① 震央から1000km以上離れた海岸でも，津波の被害を受けることがある。
② マグニチュード5以下の地震でも，広い範囲に大きな津波が生じることがある。
③ 最初に押し寄せた波が引いたあとにも，高い波が押し寄せることがある。
④ 火山の噴火によって津波が起こることがある。

25.
(1)
(2)

26.
(1)
(2)

第1編

第4章 火山

1 火山活動

a 火山噴火のしくみ

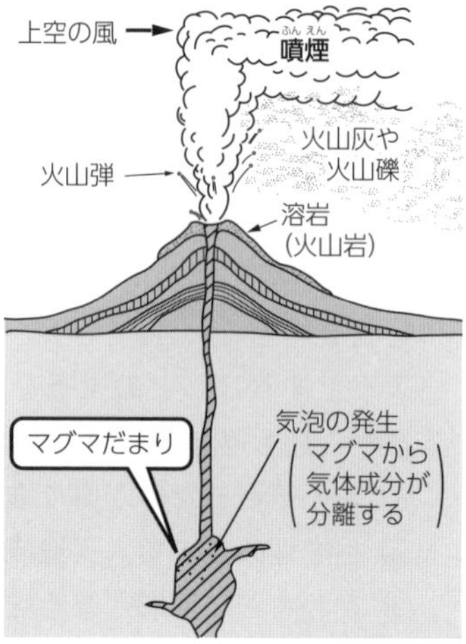

① **マグマの上昇**　マントルや地殻を構成する岩石がとけたものが**マグマ**である。地下深部で形成されたマグマは周囲の岩石よりも密度が小さいので上昇し，マグマの密度と周囲の岩石の密度が等しくなる地下の浅い場所で停止して，**マグマだまり**をつくる。

② **マグマの噴出**　マグマだまりで圧力が低下すると，マグマから気体成分が分離して気泡になる(発泡する)。発泡したマグマは，周囲より密度が小さくなるので，マグマだまりからさらに上昇し，地表から噴出して噴火に至る。

③ **火山の形成**　火山の噴火によって放出される物質を**火山噴出物**という。火山噴出物には，**溶岩**，火山砕屑物，火山ガスなどがある。

火山噴出物		特　徴
火山砕屑物	火　山　灰	粒径 2mm 未満のもの
	火　山　礫	粒径 2 ～ 64mm のもの
	火　山　弾	紡錘状，パン皮状などの岩塊
	軽石・スコリア	多孔質で，軽石は白く，スコリアは黒い
溶　岩		マグマが流れ出たものや固まったもの
火山ガス		おもに水蒸気。他に SO_2，CO_2，H_2S

b 噴火のしかたと火山地形

噴火のしかたは，マグマの粘性や含まれる気体成分の量で決まる。

火山地形は，下表のように溶岩の性質や噴火のようすにより分類できる。

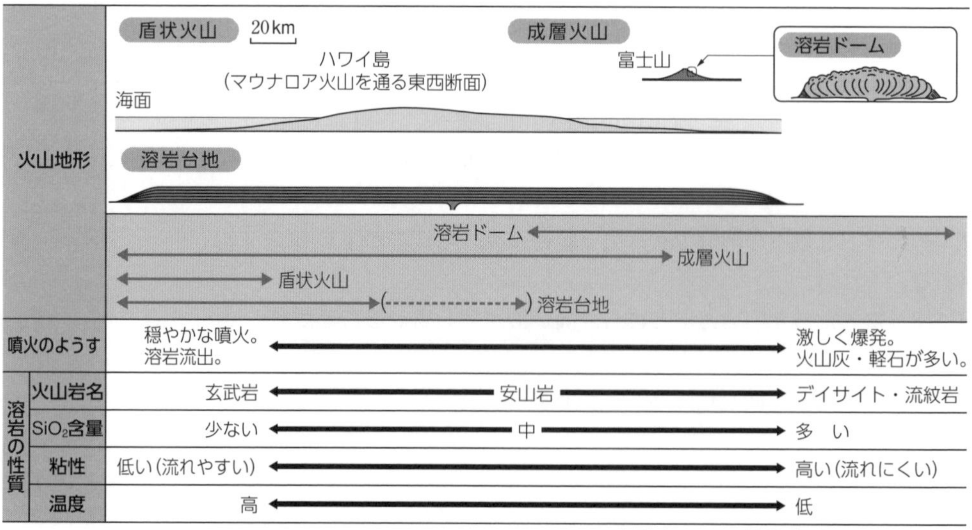

噴火のようす		穏やかな噴火。溶岩流出。	⟷	激しく爆発。火山灰・軽石が多い。
溶岩の性質	火山岩名	玄武岩	安山岩	デイサイト・流紋岩
	SiO_2含量	少ない	中	多い
	粘性	低い(流れやすい)	⟷	高い(流れにくい)
	温度	高	⟷	低

粘性の低い流れやすい溶岩がくり返し大量に流出すると，**盾状火山**や**溶岩台地**のような，傾斜がゆるやかで規模の大きな火山地形となる。やや粘性の高い溶岩や火山砕屑岩 (→p.37) が交互に積み重なると，**成層火山**がつくられる。火山灰や軽石が一度に大量に噴出すると，地下のマグマが急激に失われるため地表が陥没して，火山性の凹んだ地形である**カルデラ**が形成される。

第1編

c マグマの発生

岩石は融点をこえると一部がとけてマグマが生じる。岩石がとけるとき，全体がとけるのではなく，一部の鉱物がとけ残る。このような現象を**部分融解**(部分溶融)という。

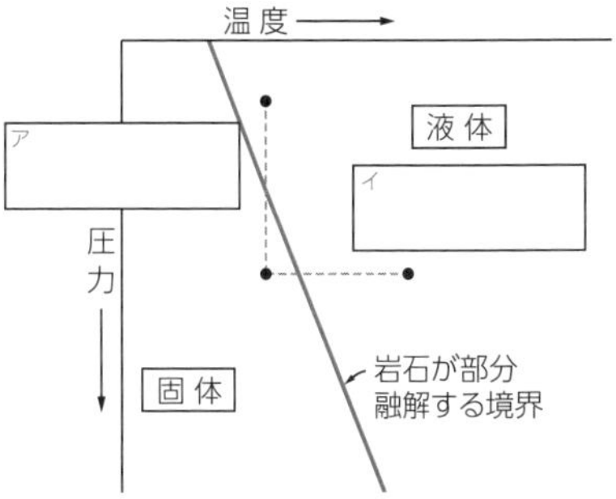

① **圧力の低下によるマグマの生成** 中央海嶺やホットスポットでは，マントル物質の上昇に伴う圧力の低下によって融点が下がり，とけてマグマとなる。

② **温度上昇によるマグマの生成** 高温のマントル物質が上昇すると，周囲の地殻をとかし，マグマができる場合がある。

Work! 右上の図は，岩石が部分融解するときの温度と圧力の関係をグラフに表したもので，岩石はグラフの線の左側では固体の状態に，右側では液体の状態になっている。この図で，岩石が固体の状態となっている範囲を灰色に塗ってみよう。
また，圧力低下や温度上昇によってマグマができるときの変化の過程を表すように，•を圧力低下は青色，温度上昇は赤色の矢印で結び，□の中にそれぞれの変化の過程(圧力低下または温度上昇)を記入してみよう。

d 火山ができる所

① **中央海嶺** 地球上のマグマ生産量の 60 ~ 70%を占め，最も活発な火山活動が起きている場所である。大規模な割れ目噴火が起こり，マグマが海底に噴出すると表面が急激に冷え，枕状溶岩を形成する。割れ目にそって上昇したマグマが地下で固まって海洋地殻が形成される。

② **沈みこみ帯** 日本列島など。地球上で2番目に火山活動が活発。地球上のマグマ生産量の 20 ~ 30%を占める。上昇したマグマが地下で固まって大陸地殻が形成される。

③ **ホットスポット** ハワイ島など。地球上のマグマ生産量の約 10%を占めている。海底にあるホットスポットでは，海山や海山列が形成される。

e 火山の分布

世界の活火山は，おもにプレート境界に分布している。
プレート沈みこみ帯では，火山は海溝から 200 ~ 400km 離れた場所から現れ始める。海溝と平行に帯状に分布する**火山帯**の中で，最も海溝側にある火山を結んだ線を**火山フロント**(**火山前線**)とよぶ。

Work! 右図で，火山フロントを表す線を赤色でなぞってみよう。

2 火成岩

a 鉱物

マグマが冷却して固化すると**火成岩**になる。
鉱物は岩石を構成する物質の最小単位。鉱物は，原子が規則正しく配列した結晶からなる。
岩石を形づくる鉱物を**造岩鉱物**といい，造岩鉱物の多くはケイ素(Si)や酸素(O_2)を主成分とする**ケイ酸塩鉱物**である。

SiO_4 四面体

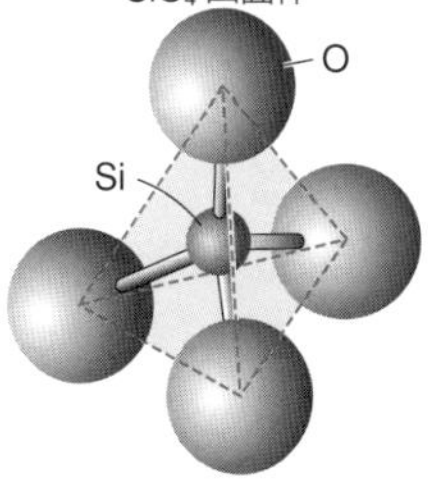

① **ケイ酸塩鉱物の構造** ケイ酸塩鉱物では，**SiO_4 四面体**が隣りの SiO_4 四面体と酸素を共有して連結し，鉱物の骨格を形づくっている。

② **苦鉄質鉱物とケイ長質鉱物** 鉄(Fe)とマグネシウム(Mg)を含むかんらん石・輝石・角閃石・黒雲母を**苦鉄質鉱物**(有色鉱物)，斜長石・カリ長石・石英を**ケイ長質鉱物**(無色鉱物)という。

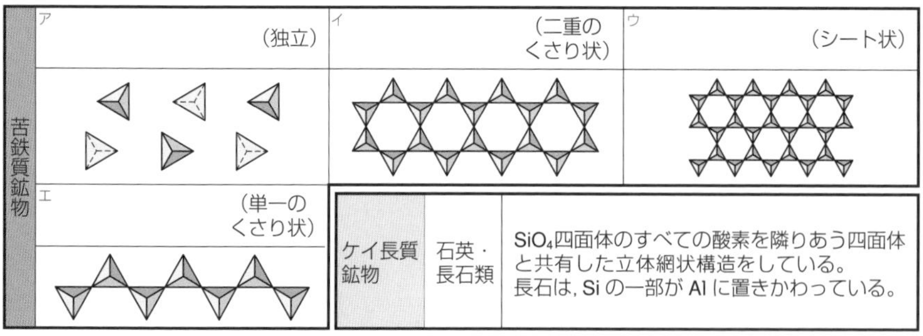

かんらん石…SiO_4 四面体がそれぞれ独立している。
輝石…SiO_4 四面体が単一のくさり状につながっている。
角閃石…SiO_4 四面体が二重のくさり状につながっている。
黒雲母…SiO_4 四面体がシート状の構造をしている。

Work❶ ケイ酸塩鉱物の基本構造を示す上表のア〜エに，適する鉱物名を記入してみよう。

b 火山岩と深成岩

マグマが固まってできた火成岩は，**火山岩**と**深成岩**に分けられる。

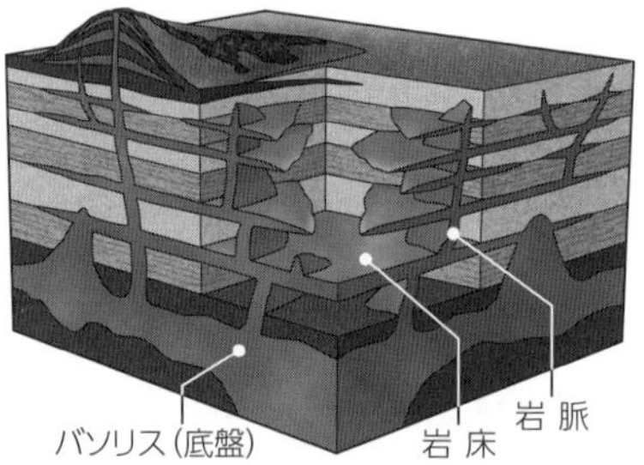

① **火成岩の産状** マグマが地下深部から割れ目をつくって上昇(貫入)し，冷えて固まったものが**岩脈**や**岩床**である。マグマだまりがゆっくり固化した深成岩体には，直径 10km をこえる大規模なものもあり，**バソリス(底盤)**とよばれる。

② **火山岩** マグマが地表や地下の浅いところで急速に冷えて固まったもの。地下深部で結晶化した大きい結晶を**斑晶**といい，急速に結晶化した細粒の結晶と非結晶の固体(火山ガラス)の部分を**石基**という。火山岩は斑晶と石基からなる**斑状組織**を示す。

③ **深成岩** マグマが地下深くでゆっくり冷えて固まったもの。鉱物が大きく成長して粒径がそろった**等粒状組織**を示すことが多い。
先に結晶化する融点の高い鉱物は**自形**(鉱物本来の形)となり，結晶化が遅い融点の低い鉱物は**他形**となる。両者の中間の形は**半自形**という。

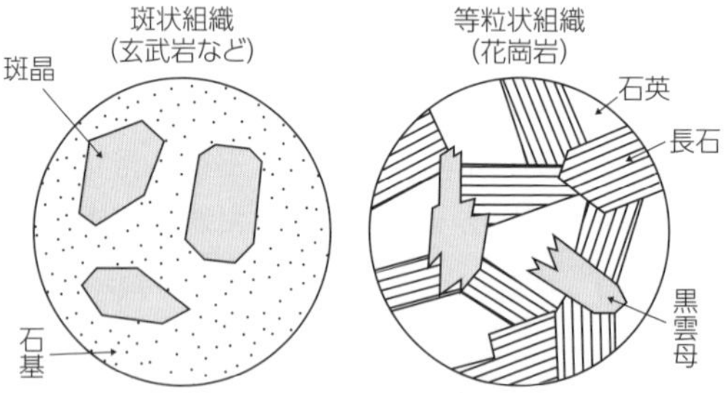

c 火成岩の分類

苦鉄質鉱物(有色鉱物)に富む火成岩を**苦鉄質岩**，ケイ長質鉱物(無色鉱物)に富む火成岩を**ケイ長質岩**，両者の中間のものを**中間質岩**とよぶ。また，ほとんど苦鉄質鉱物だけからなる火成岩は**超苦鉄質岩**とよばれる。

① **火山岩の分類** 火山岩は SiO_2 量によって分類される。SiO_2 量(質量%)が 45 〜 52%は玄武岩，52 〜 63%は安山岩，63 〜 70%はデイサイト，70 〜 75%は流紋岩に分類される。

② **深成岩の分類** 深成岩は含まれるケイ長質鉱物(無色鉱物)の割合で分類する。深成岩に含まれる苦鉄質鉱物(有色鉱物)の割合を体積パーセントで表したものを**色指数**という。

	超苦鉄質岩	苦鉄質岩	中間質岩	ケイ長質岩	
SiO_2(質量%)	45	52	63	70	75
火山岩		ア	イ	デイサイト	ウ

	超苦鉄質岩	苦鉄質岩	中間質岩	ケイ長質岩
深成岩	かんらん岩	斑れい岩	閃緑岩	花崗岩

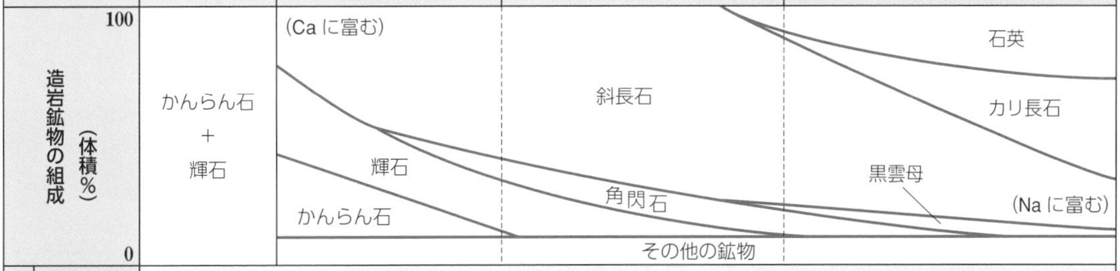

特徴				
色調	黒っぽい	←	→	白っぽい
密度	大きい	←	→	小さい
含有量 Fe, Mg, Ca, Al	多い	←	→	少ない
含有量 Si, Na, K	少ない	←	→	多い

Work! 火山岩の分類を示す図の上部のア～ウに，適する岩石名を下の語群から選び，記入してみよう。深成岩の分類を示す図の下部で，造岩鉱物の組成のうち苦鉄質鉱物(有色鉱物)の部分を灰色で塗ってみよう。
〔語群〕 流紋岩，安山岩，玄武岩

3 火山がもたらす恵みと災害

a 火山がもたらす恵み

① **火山の恵み**　火山は災害を引き起こす一方で，多くの恩恵ももたらす。火山の独特な景観は観光地になり，火山の熱は温泉や地熱発電に利用されている。栄養分に富んだ火山性の土壌は農業に適する。
② **鉱物資源**　火山の地下や周辺では，マグマ由来の熱水から元素が沈殿して熱水鉱床を生じている。

b 火山災害

① **噴石・降灰**　噴火によって，火山弾などの岩塊が放出されたものを噴石，噴煙中の火山灰が地表に降下したものを降灰という。
② **火砕流**　火山灰や軽石，火山ガスなどからなる噴煙が地表を這うように流れ下る現象。
③ **溶岩流**　火口から流出した溶岩の流れで，遠方まで到達することはまれである。
④ **火山泥流**　噴火に伴う泥水と土石の流れ。とかされた氷雪を含むものを融雪型火山泥流とよぶ。
⑤ **有毒ガス**　火山ガスは，二酸化硫黄，硫化水素，二酸化炭素，フッ化水素などの有毒成分を含む。
⑥ **岩屑なだれ・火山性津波**　火山噴火はまれに山体の崩壊を引き起こす。崩壊した大量の土石が流れ下り，山麓を埋めつくす現象が**岩屑なだれ**で，土石が海に流入すると，火山性津波が発生する。

c 火山噴火の予知と対策

① **活火山の監視**　過去1万年以内に噴火した火山と，現在活発な噴気活動のある火山を**活火山**という。活動的な活火山については，24時間体制で地殻変動や火山性地震などの変化を監視している。
② **噴火への警戒**　噴火の前兆現象に基づいて，気象庁は噴火警戒レベルによる噴火警報を発令している。
③ **火山噴火対策**　過去の噴火から今後の噴火災害の予想範囲などを示したハザードマップ，ハザードマップをもとに具体的な避難対策などを示した防災マップが作成されている。

リード B

リードBの
確認問題

基礎CHECK

1. マグマに溶けこんでいる気体成分のうち最も多いものは何か。
2. 火山噴火によって放出される物質を何というか。
3. 粒径2mm 未満の火山噴出物を何というか。
4. 紡錘状，パン皮状など特定の形をもった火山噴出物を何というか。
5. 発泡して多孔質になった火山噴出物で，黒っぽいものを何というか。
6. マグマが流体として流れ出たものや，それが冷えて固まったものを何というか。
7. 火山の噴火のしかたは，マグマに含まれる気体成分の量のほか，マグマのどのような性質によって決まるか。
8. やや粘性の高い溶岩と火山砕屑岩(火砕岩)が交互に積み重なってできる火山は何火山とよばれるか。
9. 大量の火山噴出物を噴出して地表が陥没することでできる火山性の凹んだ地形を何というか。
10. マグマができるとき，岩石の一部のとけやすい鉱物がとけ，それ以外の鉱物がとけ残る状態のことを何というか。
11. マグマが海底に噴出し，海水に触れて表面が急激に冷えたときに形成される岩石を何というか。
12. プレート沈みこみ帯に分布する火山のうち，最も海溝側に分布する火山を結んだ線のことを何というか。
13. マグマが冷却・固化してできた岩石を何というか。
14. 岩石を形づくる最小単位で，原子が規則正しく配列した結晶を何というか。
15. おもな造岩鉱物はケイ素(Si)や酸素(O)を主成分とするため，何鉱物とよばれるか。
16. 造岩鉱物のうち，鉄やマグネシウムを含む黒っぽい鉱物を何というか。
17. 造岩鉱物のうち，鉄やマグネシウムを含まず白っぽい鉱物を何というか。
18. マグマが，地表や地下の浅い所で急速に冷えてできた火成岩を何というか。
19. マグマが，地下の深い所でゆっくりと冷えてできた火成岩を何というか。

1.
2.
3.
4.
5.
6.
7.
8.
9.
10.
11.
12.
13.
14.
15.
16.
17.
18.
19.

20. 地層面を横切るようにマグマが入りこみ，固まったものを何というか。
21. 火山岩中に見られる比較的大きな結晶を何というか。
22. 火山岩中に見られる細粒の結晶と火山ガラスの集合体を何というか。
23. 斑晶と石基の見られる火山岩の組織を何組織というか。
24. 粗粒(そりゅう)で粒径のそろった結晶でできた深成岩の組織を何組織というか。
25. マグマが固化して岩石ができるとき，先に結晶化する鉱物は，鉱物本来の形となる。このような形を何というか。
26. 火山岩は，岩石に含まれるどの成分の量によって分類されるか。
27. SiO_2 量が 52 ～ 63%の火山岩は何とよばれるか。
28. 深成岩に含まれる有色鉱物の割合を体積パーセントで表したものを何というか。
29. 火山噴火に伴って，火山ガスや軽石，火山灰などが地表を這(は)うように流れ下る現象を何というか。
30. 火山噴火に伴って発生した泥水と土石からなる流れを何というか。
31. 山体が崩壊して大量の土石が流れ下り，山麓を埋めつくす現象を何というか。
32. 過去 1 万年以内に噴火した火山と，現在活発な噴気活動のある火山を何というか。
33. 火山噴火や過去の噴火から今後の噴火災害の予想範囲を示した地図を何というか。

20.
21.
22.
23.
24.
25.
26.
27.
28.
29.
30.
31.
32.
33.

基本問題

27. 火山噴火のしくみ● 文中の空欄に適切な語句を記入せよ。

(1) 火山噴火は，地下で発生したマグマの上昇により起こる。マグマは地殻およびマントル物質の(ア　　　　)により生じる。マグマが地球深部から上昇するのは，まわりよりマグマの密度が(イ　　　　)ためである。上昇するマグマは，地表付近(地下数 km ～数十 km の深さ)で止まり，(ウ　　　　)を形成する。

(2) マグマには(エ　　　　)や二酸化炭素などの気体成分が多量に溶けこんでいる。マグマの圧力が低下すると，中に溶けこんでいた気体成分は，炭酸飲料のふたを開けたときのように(オ　　　　)する。このようなマグマは周囲の岩石よりも密度が小さいため上昇し，地表から噴出する(カ　　　　)が起こる。

27.
(1)(ア)
(イ)
(ウ)
(2)(エ)
(オ)
(カ)

28. 火山の噴火● 右の図は火山とその地下の構造を模式的に示したものである。次の問いに答えよ。

図のＡ～Ｅに当てはまる語句を語群から選び，記入せよ。なお，ＥはＣよりも高速で流れ下るために大変危険である。

Ａ〔　　　　　〕，Ｂ〔　　　〕，
Ｃ〔　　　〕，Ｄ〔　　　〕，
Ｅ〔　　　〕

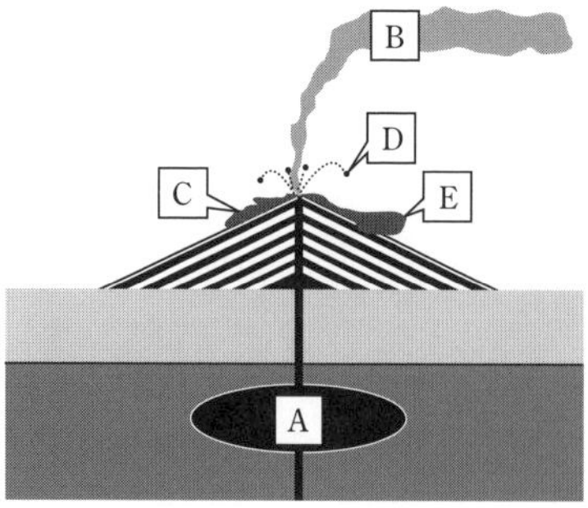

〔語群〕 砂岩，噴煙，カルデラ，溶岩流，火砕流，マグマだまり，火口，火山弾

29. マグマの性質と火山の形● 次の文の空欄に適切な語句を記入せよ。

地表に流出したマグマを(ア　　)という。マグマの流れやすさは含まれる(イ　　)の量と対応関係にあり，含まれる(イ　　)の量が多いマグマは(ウ　　)が高く，流れ(エ　　)い。(イ　　)の量が少ないマグマは(ウ　　)が低く，流れ(オ　　)い。

(ウ　　)が低い(ア　　)がくり返し大量に流出すると，なだらかな傾斜の(カ　　)火山になる。やや(ウ　　)の高い(ア　　)や火山砕屑岩が交互に積み重なると，富士山のような円錐型の(キ　　)火山がつくられる。

30. 火山ができる場所● 火山の活動はプレート境界の種類と関連している。マグマの年間生産量が最も多いのは(ア　　)境界付近で，２番目は(イ　　)境界付近である。他に，(ウ　　　　)も火山活動の活発な場所であり，ハワイ島の火山はそのタイプの一例である。

(1) 文中の空欄(ア)，(イ)に入る適切な語句を下の語群から選んで記入せよ。
〔語群〕 収束，すれ違い，発散

(2) 文中の空欄(ウ)に適切な語句を記入せよ。

(3) (ア)境界での水中火山噴火によって，特徴的な形をした溶岩が形成される。この溶岩の名前を答えよ。
〔　　　　〕

(4) (イ)境界に関連した火山噴火によって，火砕流が発生することがある。火砕流の特徴について述べている文章として**間違っているもの**を１つ選べ。
〔　　〕

① 火砕流には高温の火山ガスと火山砕屑物が含まれる。
② 火砕流は火山斜面を高速で流下する。
③ 高温の火砕流に巻きこまれた生物や建造物は瞬時に破壊され焼きつくされることがある。
④ 火砕流は粘性の低いマグマの噴出に伴って発生する。

28.
A
B
C
D
E

29.
(ア)
(イ)
(ウ)
(エ)
(オ)
(カ)
(キ)

30.
(1)(ア)
(イ)
(2)(ウ)
(3)
(4)

31. 火山の分布● 火山の分布について，次の問いに答えよ。

(1) 活動が活発な火山は，世界の限られた場所に分布している。火山の分布は，マグマの生成と深く関係し，3つのタイプに分類される。下の①～③に該当する場所を，次の語群からそれぞれ選べ。また，地球上でのマグマの年間生成量が多い順に1～3の番号を記入せよ。

〔語群〕 東太平洋海嶺，ハワイ島，日本列島

① プレートが引っ張られてできる割れ目を埋めるようにマグマが上昇する。
場所〔　　　　　　　　〕マグマの生成量〔　　〕

② プレートの沈みこみに伴いマグマが生成し，上昇する。
場所〔　　　　　　　　〕マグマの生成量〔　　〕

③ プレート境界に関係せず，あまり位置を変えないマグマの供給源により火山を形成する。 場所〔　　　　　　　　〕マグマの生成量〔　　〕

(2) 日本列島では，火山が帯状に分布し，その線よりも海溝側に火山が現れない火山フロントがみられる。火山フロントを示した図として正しいものを以下から1つ選べ。〔　　〕

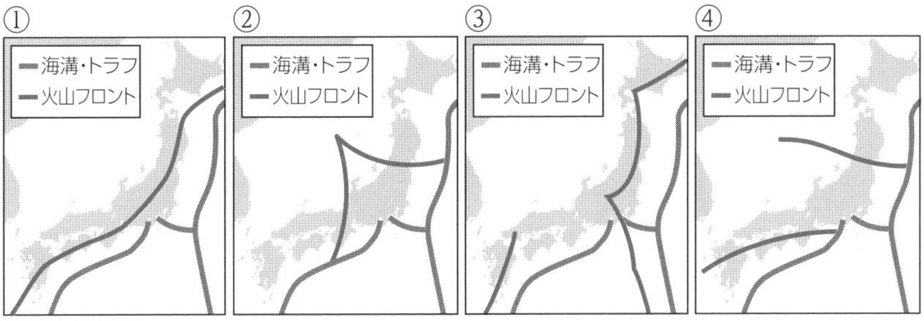

32. 火成岩の造岩鉱物● 次の文中の空欄に適切な語句を記入し，問いに答えよ。

火成岩を構成する主要な造岩鉱物には，石英，長石，(ア　　　　)，(イ　　　)，(ウ　　　)，(エ　　　)がある。長石には，(オ　　　　)と(カ　　　)がある。火山岩は(キ　　　　　)の含まれる量によって，(キ　　　　　)の量の多いものから順に(ク　　　)質岩，(ケ　　　)質岩，(コ　　　)質岩に分類される。上述の鉱物は，鉄やマグネシウムを含む黒っぽい(サ　　　)鉱物と，それらの元素を含まない白っぽい(シ　　　)鉱物とに分けられる。一方，造岩鉱物の多くは(キ　　　　　)を含んでいるので(ス　　　)鉱物ともよばれる。(ス　　　)鉱物の結晶の基本構造は，1個の(セ　　　)原子のまわりに(ソ　　)個の(タ　　)原子が配列した四面体である。鉱物によって四面体の配列が異なり，この(A)<u>四面体が単独に存在するもの</u>，(B)<u>くさり状に連結して単一のくさり状になっているものまたは2列に連結して二重のくさり状になっているもの</u>，(C)<u>平面的に六角形のシート状に連結しているもの</u>，(D)<u>立体的に網目状に連結しているもの</u>がある。

問い 石英と黒雲母の場合，(タ)原子の四面体はどのように連結しているか。下線(A)～(D)に示される状態の中からそれぞれ選び，その記号を記せ。
石英〔　　〕，黒雲母〔　　〕

31.
(1)①
生成量
②
生成量
③
生成量
(2)

32.
(ア)
(イ)
(ウ)
(エ)
(オ)
(カ)
(キ)
(ク)
(ケ)
(コ)
(サ)
(シ)
(ス)
(セ)
(ソ)
(タ)
問い 石英
黒雲母

33. マグマと火成岩● (1) 次の文中の空欄に適切な語句を記入せよ。

上部マントルはおもに(ア　　　　)岩からなり，その一部がとけて(イ　　　　)になり，少しずつ集まって上昇する。この(イ　　　　)は地下の浅い場所で停止して(ウ　　　　)をつくる。(イ　　　　)は冷却・固結して(エ　　　　)になる。

(エ　　　　)で，地下深部でゆっくり冷えてできた岩石を(オ　　　　)といい，この岩石の鉱物は(カ　　　　)が大きく成長しているので，このような組織を(キ　　　　)という。融点の高い鉱物は早く晶出するので，その鉱物本来の形になる。これを(ク　　　　)というが，融点の低い鉱物は遅く晶出するため，先にできた鉱物にじゃまされ，本来の形になれず，すき間を埋めるように固まっている。これを(ケ　　　　)という。

(エ　　　　)で，地表近くで急速に冷却してできた岩石を(コ　　　　)という。この岩石の鉱物の多くはその粒子が細かく非晶質の部分があり，これを(サ　　　　)という。しかし，一部には大きい粒子も見られ，これを(シ　　　　)という。このような(コ　　　　)の組織を(ス　　　　)という。

(2) 図は，ある火成岩を偏光顕微鏡で観察したときのスケッチである。造岩鉱物として，輝石，斜長石，かんらん石が観察された。図のスケッチに示された岩石の名称を答えよ。また，鉱物が晶出した順に1～3の番号を記入せよ。

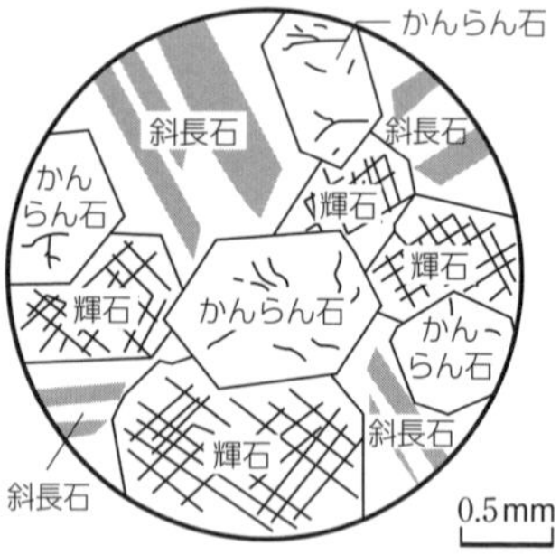

岩石の名称〔　　　　　〕
鉱物の晶出順：輝石〔　　　〕，斜長石〔　　　〕，かんらん石〔　　　〕

34. 火成岩の分類● 次の文の空欄に最も適するものを下の語群から選んで記入せよ。

マグマとは，地下に存在し，溶融した岩石のことである。マグマは地下深部から割れ目をつくって上昇してくる。周囲の地層を横切って貫入したマグマが固結したものを(ア　　　　)，地層にほぼ平行にマグマが入りこんで固結したものを(イ　　　　)という。マグマが固結した岩石を総称して(ウ　　　　)とよぶが，地下深部でゆっくり冷えて固結したものを(エ　　　　)，地表または地表付近で急速に冷えて固結したものを(オ　　　　)という。これらのうち(オ　　　　)は SiO_2 成分の含有量によりさらに区分され，SiO_2 の含有量(質量％)が50％ほどの岩石は(カ　　　　)，およそ70％以上の岩石は(キ　　　　)とよぶ。(エ　　　　)のうち(キ　　　　)に対応する岩石は(ク　　　　)であり，石材としてひろく利用されている。

〔語群〕 安山岩，花崗岩，火山岩，変成岩，かんらん岩，深成岩，玄武岩，斑れい岩，閃緑岩，火成岩，岩脈，岩床，流紋岩，石灰岩

33.
(1)(ア)
(イ)
(ウ)
(エ)
(オ)
(カ)
(キ)
(ク)
(ケ)
(コ)
(サ)
(シ)
(ス)
(2)名称
輝石
斜長石
かんらん石

34.
(ア)
(イ)
(ウ)
(エ)
(オ)
(カ)
(キ)
(ク)

35. 深成岩の分類●　深成岩は，ケイ長質鉱物の割合によって分類することができる。深成岩の分類を示した次の図の空欄に適切な語句を記入せよ。

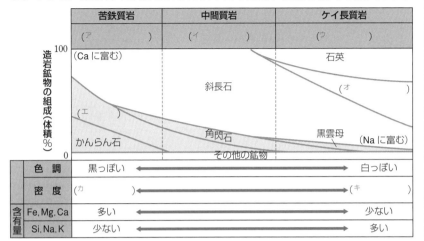

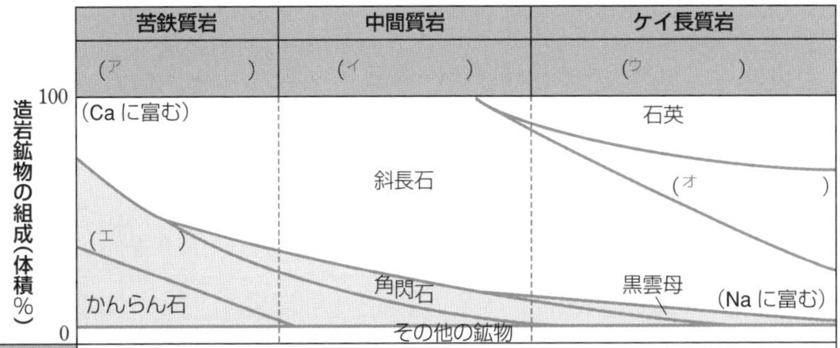

色　調	黒っぽい	⟷	白っぽい
密　度	(カ　　　)	⟷	(キ　　　)
含有量 Fe, Mg, Ca	多い	⟷	少ない
含有量 Si, Na, K	少ない	⟷	多い

36. 火山がもたらす恵みと災害●　火山噴火によって放出される物質を火山噴出物という。火山噴出物には，火口から流れ出たマグマやそれが固結した(ア　　　)，火山岩塊や火山弾，火山灰，マグマに含まれていた水蒸気，二酸化炭素，二酸化硫黄などの(イ　　　)がある。

爆発的な噴火では，高温の噴煙が地表を這(は)うように流れ下る(ウ　　　)が発生することがある。また，噴煙中の火山灰が大量に降り積もって，建物や田畑などを埋没させたりする。

(1) 文中の空欄に適切な語句を記入せよ。

(2) 火山は噴火などの災害をもたらす一方で，人々に多くの恩恵を与えてきた。マグマの熱に由来する恩恵の例を2つ答えよ。

①[　　　]，②[　　　]

37. 火山災害●　火山災害について述べた文として最も適当なものを1つ選べ。　[　　]

① 火山ガスの主成分は二酸化炭素であり，人体には無害である。

② 火山噴火によって生じた溶岩流は，海に流れこめば災害にならない。

③ 火山砕屑(さいせつ)物(火砕物)に水が加わって生じる火山泥流は，低温なので災害の規模は小さい。

④ 火砕流の流れは非常に速いので，発生してから避難したのでは間に合わないことが多い。

35.
(ア)
(イ)
(ウ)
(エ)
(オ)
(カ)
(キ)

36.
(1)(ア)
(イ)
(ウ)
(2)①
②

37.

第1章 地層の形成

1 堆積作用と堆積岩

a 堆積の過程

名称		粒径
礫	巨礫	256 mm 以上
	大礫	64 〜 256 mm
	中礫	4 〜 64 mm
	細礫	2 〜 4 mm
砂		$\frac{1}{16}$ 〜 2 mm
泥	シルト	$\frac{1}{256}$ 〜 $\frac{1}{16}$ mm
	粘土	$\frac{1}{256}$ mm 以下

① **岩石の風化**　岩石が太陽からの光による熱や風雨によって，破壊されたり性質が変化して分解されたりすることを**風化**といい，次の 2 種類がある。

- **物理的風化**　水の凍結による膨張，気温変化による鉱物の膨張・収縮によって岩石が破壊される風化。寒冷地域や乾燥地域で進みやすい。
- **化学的風化**　岩石を構成する鉱物が水と反応して溶けたり変化したりすることで，岩石が分解される風化。高温多湿地域で進みやすい。

② **侵食・運搬・堆積**　流水や風には，侵食作用・運搬作用・堆積作用の 3 作用がある。風化や侵食によってできた礫・砂・泥などをまとめて**砕屑粒子**という。

粒径と流速の関係を表す右の図で，Ⅰの線は，移動する粒子が堆積を始める境界を示し，Ⅱの線は，底に静止する粒子が動き始める境界を示す。

- **侵食**　地表が流水，風雨，波，氷河などによって削られる作用。
- **運搬**　砕屑粒子は流水や風によって運搬される。
- **堆積**　流水や風によって運ばれた砕屑粒子は，流水の流れや風が弱まったり，止まったりしたときに堆積する。

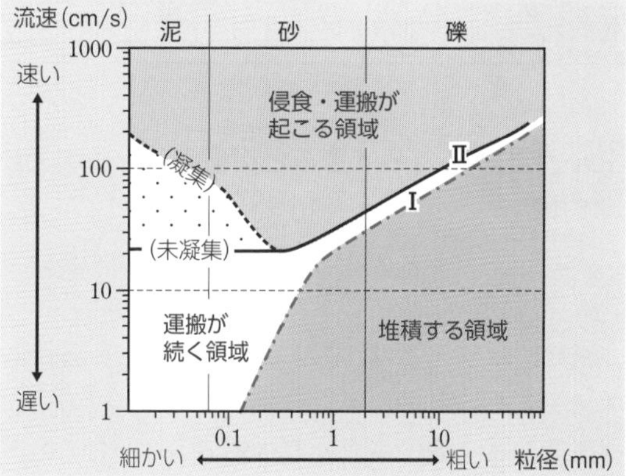

③ **陸上での堆積作用**　川の上流では下方侵食(川底を削る)がさかんで**V字谷**が形成され，下流では側方侵食(川幅を広げる)がさかんで川は蛇行し，三日月湖が形成されることもある。河川が山地から平野に出たところに砕屑粒子が堆積し，**扇状地**ができ，河口付近には**三角州**ができる。

④ **海底での堆積作用**

- **大陸棚**　海底の比較的浅い部分の平らな地形。川によって運搬された土砂が堆積する。
- **大陸斜面**　大陸棚の沖合にある斜面。谷状の地形である**海底谷**が形成されることがある。
- **混濁流(乱泥流)**　海底谷で発生する水と土砂の混じりあった流れ。細かい粒子を長い距離運搬し，広い範囲に堆積させる。混濁流によって形成される地形を海底扇状地という。

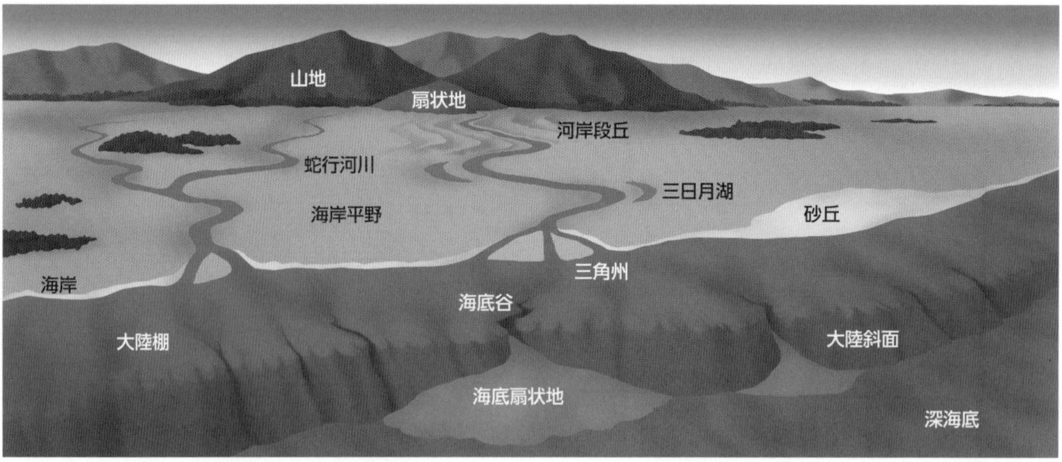

b 続成作用と堆積岩

続成作用　砕屑粒子や火山の噴出物，生物の遺骸(いがい)などからなる粒子が堆積したもの，または，化学的に沈殿(ちんでん)したものを**堆積物**(たいせきぶつ)という。堆積物が固結(こけつ)していく作用を**続成作用**(ぞくせいさよう)という。続成作用では，上位の地層の重みで圧縮されて地層中の水分がしぼり出されたり，粒子のすき間にある水から新たに鉱物が沈殿したりして固結が進む。

堆積岩　堆積物が固結したものを**堆積岩**(たいせきがん)という。

種類	粒径(mm)	堆積物		続成作用 → 堆積岩	
砕屑岩		泥	粘土	ア　粘土岩	頁岩(けつがん)
	$\frac{1}{256}$		シルト	シルト岩	
	$\frac{1}{16}$	砂		イ	
	2	礫		礫岩	
火山砕屑岩（火砕岩）		火山灰		ウ	
	2	火山礫		火山礫凝灰岩	
	64	火山岩塊(がんかい)		凝灰角礫岩，火山角礫岩	
生物岩		石灰質遺骸：$CaCO_3$ が主成分，フズリナ（紡錘虫），サンゴなど		石灰岩：フズリナ石灰岩，珊瑚(さんご)石灰岩	
		ケイ質遺骸：SiO_2 が主成分，放散虫，ケイソウの殻など		チャート：放散虫チャート，珪藻土(けいそうど)	
		植物		石炭	
化学岩		$CaCO_3$ が主成分		エ	
		SiO_2 が主成分		オ	
		NaCl が主成分		岩塩	
		$CaSO_4 \cdot 2H_2O$ が主成分		石こう	

Work!　上の図中のア～オに，堆積岩の名称を記入してみよう。

c 土砂災害

① **斜面崩壊**(しゃめんほうかい)　土砂や岩が高速で混じりあいながら斜面を崩れ落ちる現象。大量の降雨や地震がきっかけで，砂や岩からなる傾斜が30°以上の急な斜面で起こる。

② **地すべり**(じすべり)　土砂や岩が原形を保ちながらゆっくりと斜面を移動する現象で，傾斜がゆるやかな斜面で起こる。

③ **土石流**(どせきりゅう)　谷や山間部で土砂が水と混じりあい，河川や斜面を高速で流れ下る現象。土石流が起こるきっかけは，大量の降雨であることが多い。

2 地層の形成

a 地層

① **地層**　堆積物や堆積岩が層状に重なっているものを**地層**(ちそう)という。地層の上には，次々と地層が堆積していく。地層が堆積した順序を**層序**(そうじょ)という。一度に連続して堆積した地層を**単層**(たんそう)という。地層はふつう水平な面で堆積する。単層と単層の境を**層理面**(そうりめん)という。

② **地層累重の法則**　地層が堆積した状態では，下にある地層ほど古く上にある地層ほど新しい。これを**地層累重の法則**(ちそうるいじゅうのほうそく)という。年代が新しい側を上位(じょうい)の地層，古い側を下位(かい)の地層という。

b 整合と不整合

連続して堆積する地層の重なり方を**整合**という。

上下の地層の間に時間の隔たりがある場合の地層の重なり方を**不整合**という。不整合の部分では，下位の地層の侵食・傾斜・変形などの時間が含まれる。また侵食・堆積の環境変化や隆起・沈降の地殻変動も示すことが多い。

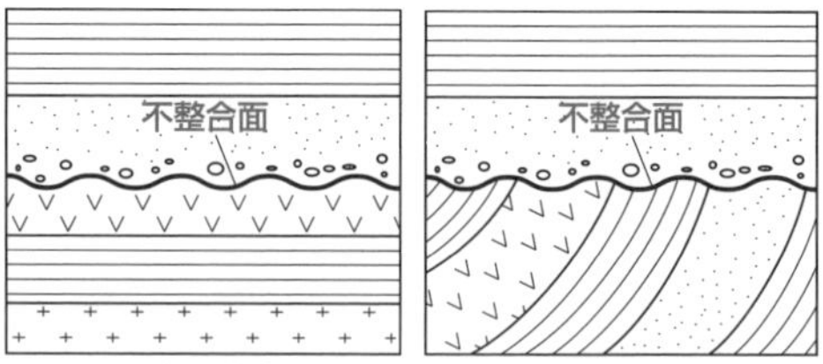

不整合面の直上には礫岩が見られることがあり，これを基底礫岩という。

c 地層の上下判定

地層は地殻変動により，鉛直になったり上下が逆転したりすることもある。地層が堆積した順番を判定することを地層の上下判定という。

d 堆積構造と堆積環境

① **堆積構造**　堆積の過程で地層中に形成される構造を**堆積構造**といい，堆積時の水や風の流れの向きなどの堆積環境を示すものもある。地層の中で粒子の大きさが上に向かって小さくなる構造を**級化成層**(**級化層理**)という。また，単層内に見られる細かい縞模様を**葉理**という。地層面に斜交する葉理を**クロスラミナ**(**斜交葉理**)という。クロスラミナは**リプルマーク**(**漣痕**)の内部構造となっている。

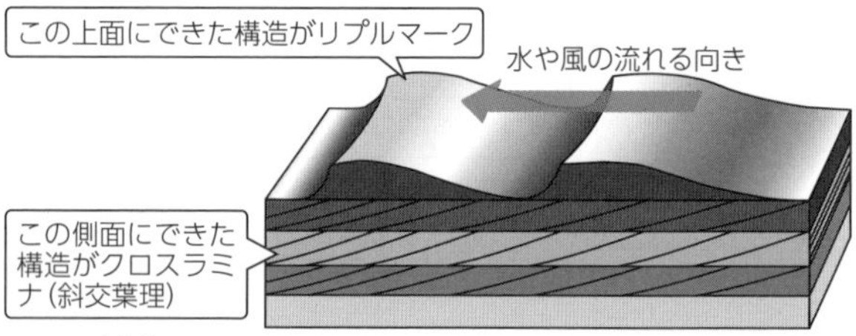

A クロスラミナ(斜交葉理)
流れのある環境で砕屑粒子が堆積

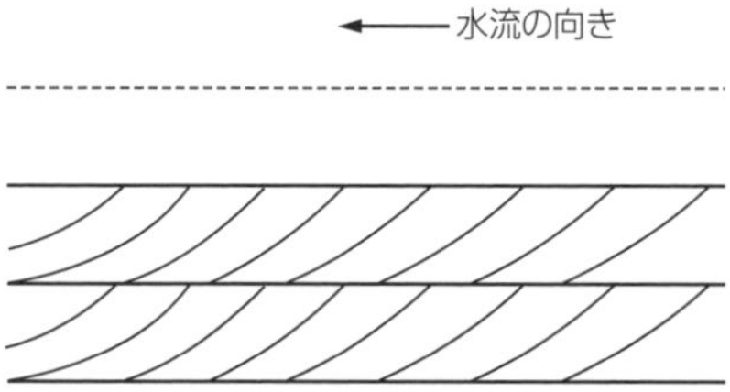

B 級化成層（級化層理）
いろいろな大きさの砕屑粒子が一気に堆積

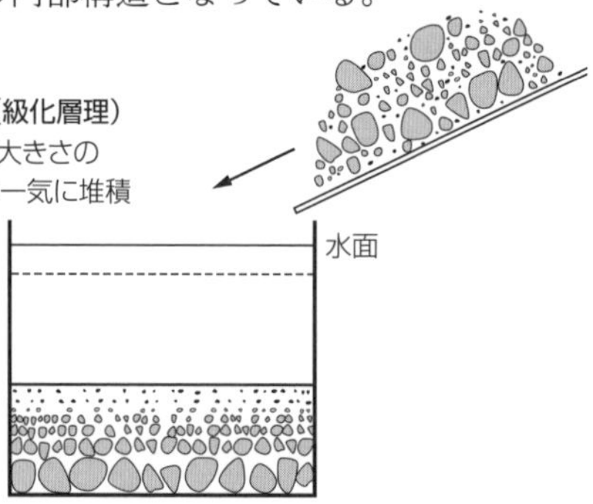

Work! 上図のA，Bの条件で砕屑粒子が破線の高さまで堆積したとき，地層中にできる構造を，それより下のようすを参考にして，それぞれ記入してみよう。

② **岩石の新旧関係**　地層が形成された順序は，次のⅠ～Ⅲから判定する。

Ⅰ．地層の新旧は，地層の上下関係・対比(→p.46)・不整合の関係からわかる。

Ⅱ．火成岩どうしでは，貫入しているほうが新しい。

Ⅲ．堆積岩と火成岩では，堆積岩に接触変成岩があると火成岩が新しい。

Ⅰによる地層の新旧

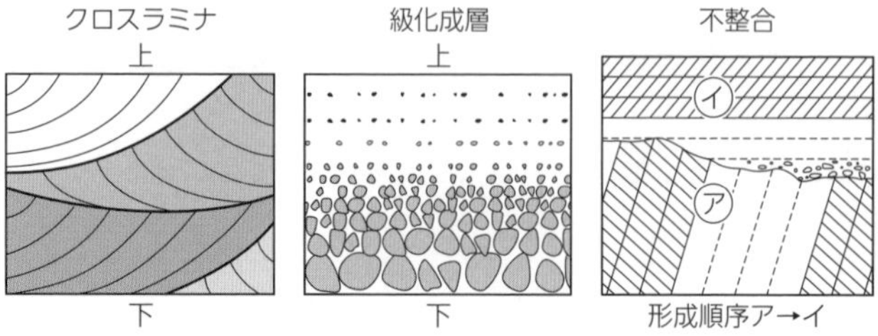

Ⅱ．火成岩に火成岩が貫入

Ⅲ．堆積岩に火成岩が貫入

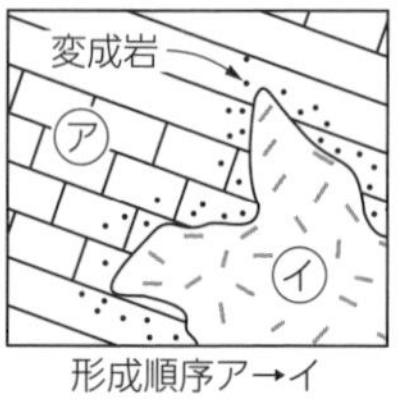

基礎 CHECK

リード B の確認問題

1. 岩石が，太陽からの光による熱や風雨によって，破壊されたり性質が変化して分解されたりすることを何というか。
2. 風化のうち，岩石の割れ目に入りこんだ水の凍結や，気温の変化などによって引き起こされるものを何というか。
3. 礫，砂，泥などの粒子を総称して何というか。
4. 流水や風には 3 つの作用がある。侵食と堆積ともう 1 つは何か。
5. 砕屑粒子のうち，$\frac{1}{16}$ ～ 2mm までのものを何というか。
6. 川が山地から平野に出た所で流速が遅くなり，それまで運搬していた土砂を堆積させてつくる扇形(おうぎがた)の地形を何というか。
7. 海底谷などで発生する，海底を流れ下る土砂と水が混じりあった流れを何というか。
8. 泥や砂などの砕屑粒子，火山の噴出物，生物の遺骸や化学的に沈殿した堆積物などが固結してできる岩石を総称して何というか。
9. やわらかい堆積物が，水がしぼり出されるなどのさまざまな作用によって固結していく作用を何というか。
10. 火山噴出物が堆積してできる岩石を総称して何というか。
11. サンゴや紡錘虫(フズリナ)などの石灰質の遺骸が堆積してできる岩石を何というか。
12. チャートの主たる化学組成は何か。化学式で答えよ。
13. 土砂と水が混じりあい，河川や斜面を流れ下る現象を何というか。
14. 大規模な地殻変動がない限り，上にある地層ほど新しく堆積したものであるという法則を何というか。
15. 一旦地層が隆起して侵食が起こった後，再び沈降してその上に地層が堆積した場合，その間の地層の関係を何というか。
16. 地層の断面において，下方から上方に向かって粒子がしだいに小さくなる構造を何というか。
17. 砂が水や風に流されて堆積するとき，川底や海底にできる小さなさざ波状の構造を何というか。
18. 砂が水や風に流されてできた地層の内部に形成された，層理面に斜交した構造を何というか。

1. ______
2. ______
3. ______
4. ______
5. ______
6. ______
7. ______
8. ______
9. ______
10. ______
11. ______
12. ______
13. ______
14. ______
15. ______
16. ______
17. ______
18. ______

基本問題

38. 風化● 岩石の風化は，長い時間をかけてさまざまな原因で進行する。この作用は2つに分けられる。1つは，ア温度の変化，(イ　　　)の凍結，ウ植物の根の生長などの原因によるもので，(エ　　　)風化とよばれる。もう1つは，地下水などと化学反応を起こして溶けたり，変化したりするもので(オ　　　)風化とよばれる。

さて，(エ　　　)風化が原因となる風化の実験をしてみよう。3cm ほどの花崗岩をガスバーナーで加熱し，これを水中に入れて急冷する。この作業をくり返していくと花崗岩はしだいにもろくなり，ハンマーによって割れやすくなるのが確かめられる。次に，水で十分ぬらした軽石を冷蔵庫に入れて凍結し，これを温水に入れて氷を解かすことをくり返していくと，やがて岩石は手で割れるようになる。

(1) 文中の空欄に適語を記入せよ。
(2) 下線部は，文中のア～ウのどの作用にあたるか。　［　　　］

39. 河川のはたらき● 次の文中の{　}から正しいものを選び，空欄に適切な語を記入せよ。

河川の上流では流速が速いので，ア{下方，側方}への(イ　　　)作用が強くはたらき，断面がウ{U字，V字}形をした(エ　　　)という地形をつくる。河川が山間部から平野部へ出るところでは，流速が急に弱まるので河川の(オ　　　)力が衰え，(カ　　　)や砂が堆積して(キ　　　)ができる。中流から下流部ではク{下方，側方}への(イ　　　)作用がはたらき，河川は(ケ　　　)し，広い河原がつくられる。(ケ　　　)が著しくなると，流路が変化して河川の一部が取り残され，(コ　　　)ができることもある。河口部では流速がきわめて遅くなるので，砂や泥が堆積して(サ　　　)ができる。

40. 堆積作用● 山地で生産された土砂は，地表を流れる水や風によって運ばれ，より低い場所に堆積する。こうして陸からもたらされる土砂が最も大量に堆積するのは，(A)陸と海との境界付近である。この境界付近に堆積した土砂の一部は，沖へ向かう流れによって水深約140mまでの平坦面である(ア　　　)まで運ばれて再び堆積する。

海底地すべりが起こると，(ア　　　)の末端に堆積した土砂の一部は，(B)土砂と水が混ざり合いながら深海底に向けて流下し，海底扇状地を形成する。

(1) 空欄(ア)に当てはまる最も適当な語句を記入せよ。
(2) 下線部(A)のうち，河口に形成される地形の名称を答えよ。［　　　］
(3) 下線部(B)のような流れの名称を答えよ。［　　　］

38.
(1)(イ)
(エ)
(オ)
(2)

39.
(ア)
(イ)
(ウ)
(エ)
(オ)
(カ)
(キ)
(ク)
(ケ)
(コ)
(サ)

40.
(1)
(2)
(3)

基本例題 5 流速と粒径の関係

解説動画

(1)に答え，(2)の文の{ }から適語を選べ。

(1) 地表付近の岩石は流水などによって侵食作用，運搬作用，堆積作用を受けている。図は流水の速さと粒径と，3 つの作用の関係を示している。図中の A 線は静止している粒子が動き始める境界，B 線は移動する粒子が停止して堆積し始める境界を示している。図中のア・イ・ウの領域で起こる主となる作用の名称を記せ。

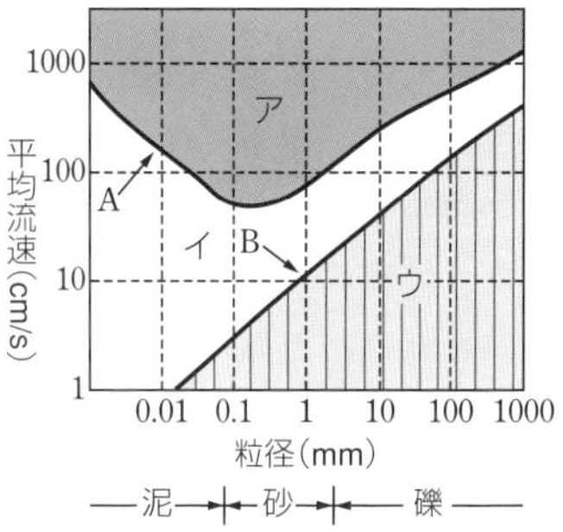

(2) A 線から上の領域になると，粒子が移動 [a]{する，しない}ことを表しているので，この線は最小の流速で移動し始めるのが砂であることを示している。B 線から下の領域では粒子が堆積 [b]{する，しない}ことを表し，粒径が大きい粒子は大きな流速で堆積 [c]{する，しない}ことを示している。これらから，泥はいったん浮遊すると堆積し [d]{やすい，にくい}が，堆積すると砂より動き [e]{やすい，にくい}ことを示している。

指針 アの領域は静止していたものが運搬され始める範囲で，侵食作用がはたらく。イの領域では，動いているものが運搬され続ける。ウの領域では，運搬されてきたものが停止して堆積を始める。
また，A 線は砂のところで下に凹で，砂が最小流速で移動を始めることを示す。

解答 (1) (ア) 侵食作用，運搬作用 (イ) 運搬作用 (ウ) 堆積作用
(2) (a) する (b) する (c) する (d) にくい (e) にくい

41. 流速と粒径の関係● 図は粒子の大きさと流水の速さによる侵食・運搬・堆積の関係を示したものである。Ⅰの線は水底に静止している粒子が動き始める境界を，Ⅱの線は移動している粒子が停止して堆積し始める境界を示す。

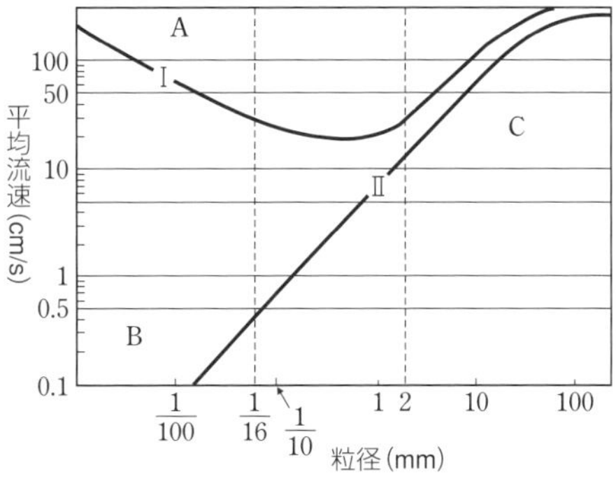

(1) 粒子が侵食・運搬される領域，浮遊している粒子が引き続き運搬される領域，粒子が堆積する領域は，それぞれ図の A，B，C のどの領域か。

侵食・運搬される領域[ ]，引き続き運搬される領域[ ]，
堆積する領域[ ]

(2) 粒子が 2mm，$\frac{1}{16}$mm の粒子はそれぞれどれくらいの流速で動き始め，堆積し始めるか。図から読みとり，次の①～⑥より選べ。ただし，同じ記号をくり返し選んでもよい。

2mm の粒子　動き始める：[ ]　堆積し始める：[ ]
$\frac{1}{16}$mm の粒子　動き始める：[ ]　堆積し始める：[ ]

① 0.45cm/s　② 1.2cm/s　③ 3cm/s　④ 12cm/s　⑤ 30cm/s
⑥ 45cm/s

(3) 相対的に最も小さい流速で動き出すのは，泥・砂・礫のうちどれか。
[ ]

▶例題 5

41.
(1) 侵食・運搬：
引き続き運搬：
堆積：
(2) 2mm 動：
2mm 堆積：
$\frac{1}{16}$mm 動：
$\frac{1}{16}$mm 堆積：
(3)

42. 堆積物と堆積岩● 次の文中の空欄に適する語句を記入し，下の問いに答えよ。

岩石が地表に露出すると，温度変化や水の影響を受け，長い年月の間には割れ目が生じ，化学反応も進行する。その結果，砂礫(されき)や粘土が生じる。このような過程を(ア　　)とよぶ。

また，地表のさまざまな物質は，降水や河川水による(イ　　)で絶えず削り取られるとともに，その後の運搬作用によって運ばれ，海底などに沈殿する。これらが続成作用によって固結したものが(ウ　　)である。

さらに(ウ　　)は構成物や成因によっていくつかの種類に分けられる。泥岩や礫岩などは(エ　　)に，凝灰岩は(オ　　)に分類される。また，<u>石灰岩やチャートは，海水などからの化学的な沈殿や，生物の骨格や殻の集積でできる</u>ため，化学岩や生物岩に分類される。

問い 下線部について，石灰岩とチャートのおもな化学組成と起源となる生物を，それぞれ1つずつ答えよ。

石灰岩　化学組成〔　　　〕，起源となる生物〔　　　〕，
チャート　化学組成〔　　　〕，起源となる生物〔　　　〕

43. 堆積岩● 次の矢印の左側のものは堆積物，矢印の右側のものはそれが続成作用を受けて固まってできた堆積岩である。空欄に適する語句を記入せよ。

(1) (　　)→ 泥岩
(2) (　　)→ 凝灰岩
(3) 砂 →(　　)
(4) NaCl →(　　)
(5) 放散虫の遺骸 →(　　)
(6) サンゴ →(　　)
(7) 火山灰と火山岩塊 →(　　)
(8) おもに礫を含む砕屑物 →(　　)
(9) フズリナの遺骸 →(　　)

44. 堆積岩の分類● 次の文中の下線部が正しければ○，誤りは正しい語を書け。

(1) 砕屑岩は構成粒子の大きさにより，<u>泥岩・砂岩・凝灰岩</u>などに分類する。〔　　　〕
(2) 頁岩は<u>化学岩</u>の一種である。〔　　　〕
(3) 生物の遺骸が集積してできたものが<u>凝灰角礫岩</u>である。〔　　　〕
(4) 石灰岩は炭酸カルシウムを成分とし，<u>生物岩</u>に含まれるものが多い。〔　　　〕
(5) 岩塩は化学岩の一種で，<u>海水中の NaCl</u> が蒸発沈殿したものである。〔　　　〕
(6) 礫岩は岩石の種類は問わない礫からできる<u>砕屑岩</u>である。〔　　　〕

42.
(ア)
(イ)
(ウ)
(エ)
(オ)
問い　石灰岩
化学組成：
起源：
チャート
化学組成：
起源：

43.
(1)
(2)
(3)
(4)
(5)
(6)
(7)
(8)
(9)

44.
(1)
(2)
(3)
(4)
(5)
(6)

45. 土砂災害●　土砂災害について述べた次の文の中から正しいものをすべて選べ。

ア　地すべりは，斜面の表層部分が立木や人家をのせたまま，地下のすべり面にそってゆっくり移動する現象である。

イ　土石流は，水を含んだ多量の土砂や岩塊が斜面をゆっくりと流れ下る現象である。

ウ　豪雨や長雨により谷の奥で山崩れが起こると，土石流が谷から平地まで達することがある。この現象がくり返されて，扇状地が形成される。

エ　花崗岩で構成されている山地には風化作用によってまさ土層が形成されるため，斜面崩壊や土石流は起こりにくい。

オ　斜面崩壊は，大量の降雨や地震がきっかけで，砂や岩からなるゆるい斜面(傾斜が30°以下の斜面)で起こる。

カ　地すべりは，同じ場所でくり返し起こることもあるが，斜面崩壊は一度発生した箇所ではしばらくの間は再発しにくい。

〔　　　　　　　〕

46. 海底地形と堆積構造●　次の文中の空欄に適切な語句を記入せよ。

右図は，砂岩と泥岩の互層の一部を詳しくスケッチしたものである。図に示す構造は，多量の土砂が混じった水が海底谷を流れ下ることで形成される。このような水の流れを(ア　　　　　)とよぶ。また，このような多量の土砂が何度も堆積して形成される地形を(イ　　　　　)とよぶ。

図に見られるように，下方ほど粒子が粗く，上方ほど細粒となる堆積構造は，地層の(ウ　　　)判定に用いることが可能である。このような構造を(エ　　　　　)とよぶ。

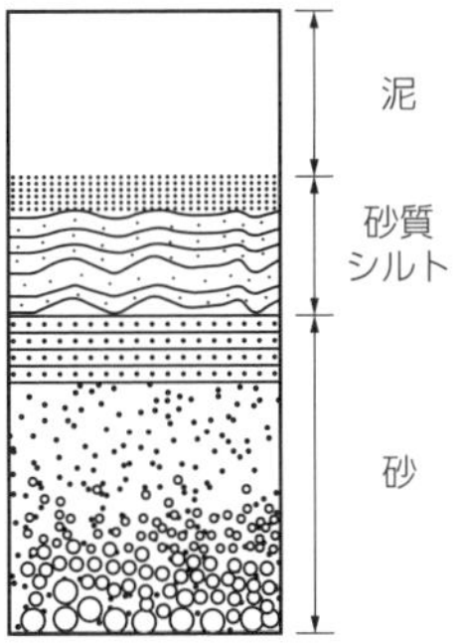

47. 堆積構造●　3か所で地層を観察したところ，右図のようになっていて，Ⓐ，Ⓑは地殻変動で地層が直立していた。

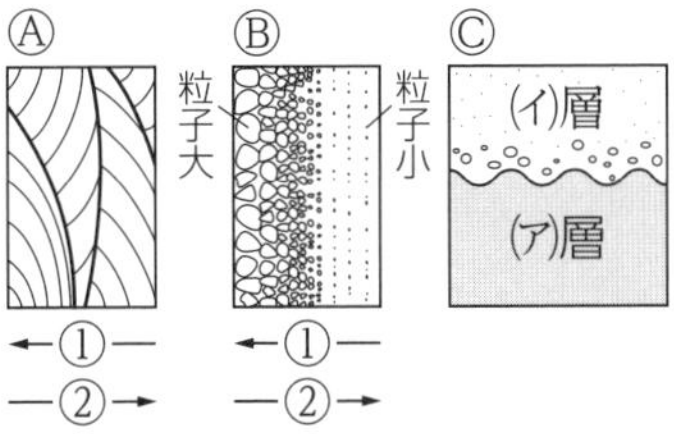

(1) Ⓐ，Ⓑの地層で本来上に向かう方向は，それぞれ①，②のうちどちらか。

Ⓐ〔　〕，Ⓑ〔　〕

(2) Ⓐは粒子の配列によるしま模様が斜めに交わっている。この構造を何というか。〔　　　　〕

(3) Ⓐ，Ⓑのような地層が2枚以上重なっているとき，その境界面を何というか。〔　　　　〕

(4) Ⓐ，Ⓑのような地層が連続的に堆積しているとき，その地層の重なり方を何というか。〔　　　〕

(5) Ⓒにおいて，(ア)層と(イ)層の境界面を何というか。〔　　　　〕

(6) (ア)層が堆積した後，(ア)層はどのような作用を受けたと考えられるか。次の中から1つ選べ。〔　　〕

① 侵食　② 運搬　③ 堆積　④ 続成

45.

46.
(ア)
(イ)
(ウ)
(エ)

47.
(1)Ⓐ
Ⓑ
(2)
(3)
(4)
(5)
(6)

第2編

48. 堆積構造と堆積環境● 地層中の堆積構造を調べると，その地層が形成された当時の堆積環境を推定できることがある。

堆積物は，水平面に平行に堆積することが多いが，水流の向きや強さによって，層理面に対して葉理面が斜交する(ア　　　　　)が形成されることがある。また，混濁流(乱泥流)によって堆積した地層には，単層内で粒径が変化する堆積構造である(イ　　　　　)が観察されることがある。

(1) 文中の空欄に適語を記入せよ。

(2) 東西に通じた直線道路ぞいにある，南に面した崖を観察したところ，下図のような構造が観察された。この構造(地層)が形成されたときの水流の向きを，次の中から1つ選べ。　〔　　〕

① 北から南
② 南から北
③ 東から西
④ 西から東

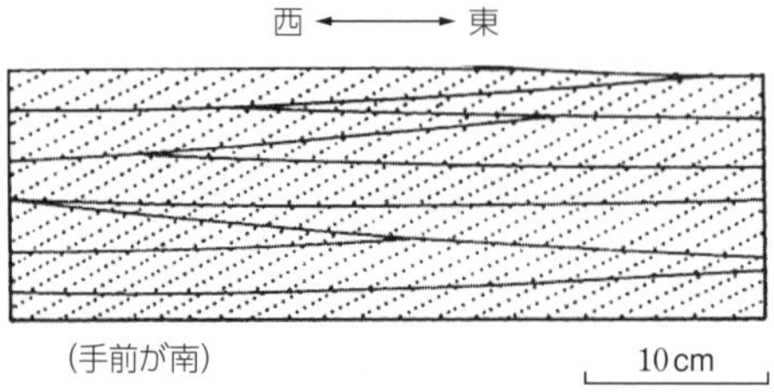

48.
(1)(ア)
(イ)
(2)

基本例題 6 岩石の新旧

解説動画

ある地域の露頭を観察したところ，右図のようになっていた。次の問いに答えよ。

(1) a 層と b 層の関係を何というか。
(2) a 層の礫岩層と砂岩層の関係を何というか。
(3) 花崗岩によって泥岩が接触変成作用を受けているところにできた岩石を何というか。
(4) a 層(砂岩，礫岩)，b 層(泥岩，安山岩，花崗岩)を古い順に並べよ。

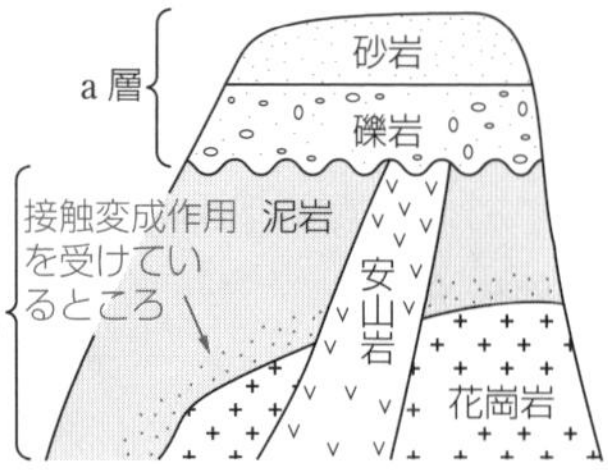

指針 (4) 安山岩は，花崗岩，泥岩に貫入しているのでそれらより新しいと考えられる。泥岩は花崗岩により変成作用を受けているので，花崗岩より古い。不整合の場合は，侵食されているほうが古い。安山岩と泥岩は a 層と不整合の関係で，侵食を受けているので a 層より古いことになる。

解答 (1) 不整合　(2) 整合　(3) ホルンフェルス
(4) b 層(泥岩→花崗岩→安山岩)→a 層(礫岩→砂岩)

49. 地層の構造● 図はある地域の露頭の一部である。異なる地層の接し方には，整合・不整合・断層などがある。

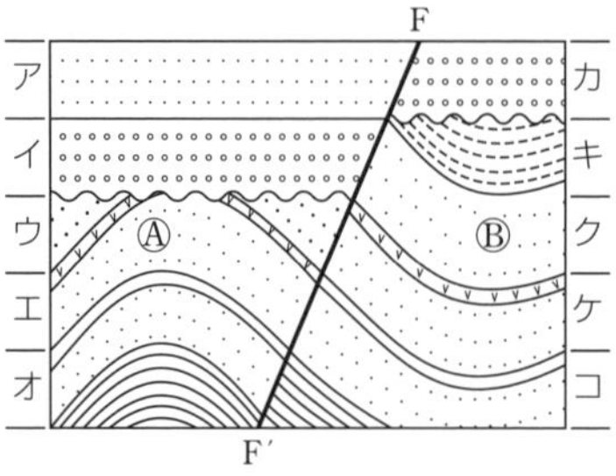

(1) 次の地層の関係(接し方)は何か。
① アとイ　② イとウ
③ ウとエ　④ エとコ
①〔　　　　〕，②〔　　　　〕，
③〔　　　　〕，④〔　　　　〕

(2) イ，ウ，オの地層に連続する地層は，それぞれカ～コのどれになるか。
(イ)〔　　〕，(ウ)〔　　〕，(オ)〔　　〕

(3) F－F′ はどのような断層か。〔　　　　〕

(4) 褶曲している地層中に示したⒶ，Ⓑの構造は何というか。
Ⓐ〔　　　〕，Ⓑ〔　　　〕 ▶例題6

49.
(1)①
②
③
④
(2)(イ)
(ウ)
(オ)
(3)
(4)Ⓐ
Ⓑ

50. 岩石の新旧● 図 1 は，ある海岸地域で観察される地層の模式断面図である。A 岩体は深成岩である。B 層は 8000 万年前にできた凝灰岩である。C 層は礫(れき)を含む砂岩層であり，新第三紀(2300 万年前～ 260 万年前)の貝化石が見られる。D 層は薄い泥岩層をはさむ砂岩層である。この砂岩層にはリプルマーク(漣痕(れんこん))が見られる(図 2)。C ～ D 層には熱による変成作用(図 1 網掛け部分)が見られる。

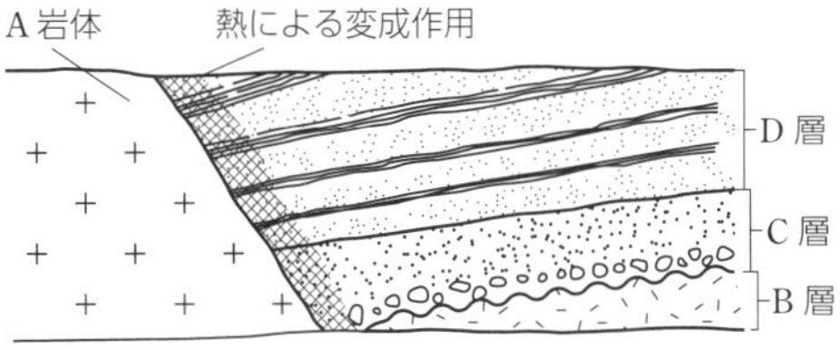

図 1 海岸地域で観察される地層の模式断面図

図 2 リプルマークの例

(1) 図 2 のリプルマークの説明として最も適当なものを，次の①～④の中から 1 つ選べ。 [ ]
① 水流の跡である。
② 生息していた生物が移動した跡である。
③ 地震による液状化の跡である。
④ 堆積した後に地層が曲がった跡である。

(2) 図 1 の模式断面図について，B 層と C 層の地層の関係および C 層の礫について述べた文として最も適当なものを，次の①～④の中から 1 つ選べ。 [ ]
① B 層と C 層は整合の関係にあり，C 層の礫には，A 岩体の深成岩が含まれる可能性がある。
② B 層と C 層は整合の関係にあり，C 層の礫には，B 層の凝灰岩が含まれる可能性がある。
③ B 層と C 層は不整合の関係にあり，C 層の礫には，A 岩体の深成岩が含まれる可能性がある。
④ B 層と C 層は不整合の関係にあり，C 層の礫には，B 層の凝灰岩が含まれる可能性がある。

(3) 図 1 の模式断面図について，A 岩体と B ～ D 層が形成された順序として最も適当なものを，次の①～④の中から 1 つ選べ。 [ ]
① A 岩体 → B 層 → C 層 → D 層
② A 岩体 → D 層 → C 層 → B 層
③ B 層 → A 岩体 → C 層 → D 層
④ B 層 → C 層 → D 層 → A 岩体

▷ 例題 6

50.
(1)
(2)
(3)

第2章 古生物の変遷と地球環境

リード A

1 化石と地質年代の区分

a 化石

① **化石とは** 地質時代の過去の生物のことを**古生物**(こせいぶつ)といい，古生物の遺骸(いがい)や痕跡(こんせき)を**化石**(かせき)という。古生物の遺骸を**体化石**(たいかせき)，古生物の活動の痕跡である，這(は)い跡，足跡，巣穴などを**生痕化石**(せいこんかせき)という。

② **示準化石**(しじゅんかせき) 地層が堆積した年代を決定するのに利用できる化石のことをいう。示準化石として有効な条件は，次の3つである。

Ⅰ．生存した期間が短い。

Ⅱ．分布が広い。

Ⅲ．多数産出する。

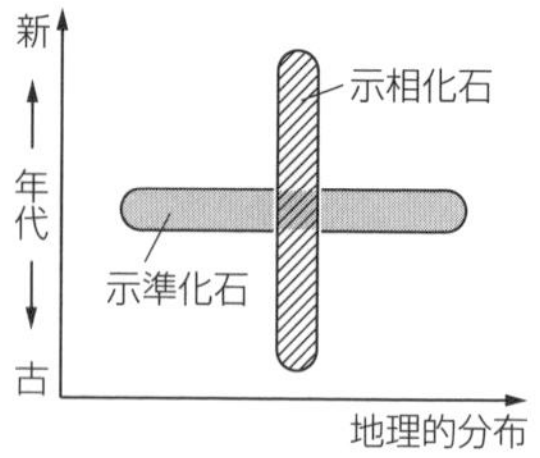

例 古生代：アノマロカリス，三葉虫(さんようちゅう)，クサリサンゴ，コノドント，筆石(ふでいし)，リニア，イクチオステガ，リンボク，ロボク，フウインボク，フズリナ(紡錘虫)

中生代：アンモナイト，恐竜，モノチス，イノセラムス，トリゴニア，始祖鳥

新生代：メタセコイア，カヘイ石(ヌンムリテス)，ビカリア，デスモスチルス

③ **示相化石**(しそうかせき) 地層が堆積した環境を特定するのに利用できる化石。生息環境がわかる現在の生物と比較し，過去の環境を推定するのに役立つ。

例 サンゴ→浅い暖海，針葉樹→寒冷地

b 地層の対比

離れた地点の地層を比べて，それらの新旧を明らかにすることを，**地層の対比**(ちそうのたいひ)という。この手がかりとなるのが，鍵層，示準化石である。地層の対比に有効な特徴のある地層を**鍵層**(かぎそう)という。その条件は，Ⅰ．短い期間に，Ⅱ．広い地域に堆積し，Ⅲ．地層中で特徴をもつ地層 である。

例 凝灰岩層(火山灰層)，石炭層，石灰岩層

c 地質年代の区分のしかた

地層の堆積した順序や地層中の示準化石をもとに推定され，過去の出来事の前後関係を表す区分を**相対年代**(そうたいねんだい)という。区分の単位は代→紀→世。

地層中の岩石の年代を推定し，数値で表した年代を**数値年代**(すうちねんだい)(絶対年代，放射年代)という。

d 先カンブリア時代と顕生累代

地質年代は，硬い骨格をもった多細胞動物が多数出現したときを境に2つに分けられ，この境界より前を**先カンブリア時代**(せん)(**隠生累代**(いんせいるいだい))といい，この境界以降を**顕生累代**(けんせいるいだい)という。顕生累代の時代区分は，おもに古生物の絶滅を境界にしている。顕生累代には5回の大量絶滅が起こった。

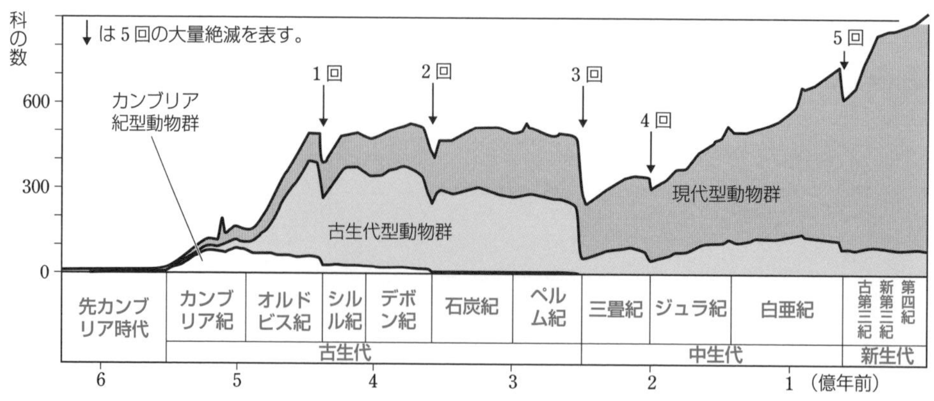

2 古生物の変遷

a 先カンブリア時代～地球・生命の誕生～

宇宙は約 138 億年前に誕生し，約 46 億年前に地球が誕生した。地球の誕生から顕生累代の始まり(5 億 3900 万年前)までを，先カンブリア時代という。

① **冥王代**　原始大気の主成分は水蒸気と二酸化炭素であった。また，地表全体がとけ，**マグマオーシャン**(マグマの海)でおおわれていた。やがて，地表が冷えてマグマが固まると雨が降り，原始海洋が誕生した。このとき，大気中の多くの二酸化炭素は海水中に溶けこみ，海水中のカルシウムと結びついて石灰岩となった。

② **太古代(始生代)**　太古代に生命の歴史が始まった。初期生命の証拠としては，約 34 億年前の地層から**原核生物**と考えられている有機質の体化石が産出している。

③ **原生代**　原生代初期に大気中の酸素濃度が爆発的に増加した(大酸化イベントという)。これは原核生物のシアノバクテリアの光合成によるものと考えられている。シアノバクテリアはストロマトライトとよばれるドーム状の構造をもった岩石をつくる。海洋の酸素は，海水中の鉄イオンと結合して酸化鉄となり，海底に堆積して**縞状鉄鉱層**を形成した。22 億年前と 7 億年前，6.5 億年前には，地球全体が氷河におおわれた**全球凍結**となった。

原生代には酸素呼吸によって効率的なエネルギー生成ができる**真核生物**が出現し，原生代の終わりごろには大型多細胞生物も出現した。5.7 億～ 5.4 億年前の地層からは，硬い殻をもたない**エディアカラ生物群**の化石が見つかっている。

b 古生代～生物の多様化・陸上への進出～

① **カンブリア紀**　多様な動物が一斉に出現した。これを**カンブリア紀の爆発**という。世界各地で，**アノマロカリス**，**三葉虫**などの，**バージェス型動物群**の化石が産出している。アノマロカリスに代表される捕食動物の出現は，防御用の硬い骨格や大きな体などを急速に進化させた。これには酸素濃度の増大が欠かせない条件だった。

アノマロカリス

三葉虫

② **オルドビス紀**　**サンゴ**類，コノドント類，筆石類，三葉虫類，腕足動物などが繁栄した。オルドビス紀末に顕生累代最初の大量絶滅が起こり，コノドント類，筆石類，三葉虫類，腕足動物の大部分が絶滅した。オルドビス紀までには，生物に有害な紫外線を吸収するオゾン層が形成されていた。

③ **シルル紀**　陸上植物である**クックソニア**，**リニア**が出現した。海中では，温暖な気候のもと，サンゴ類が繁栄した。また，顎のある**魚類**が出現した。

④ **デボン紀**　デボン紀の地層からは裸子植物の化石が見つかっている。また，魚類が繁栄した。陸上に進出した節足動物は昆虫に進化した。魚類からは**両生類**が進化し，**イクチオステガ**が出現した。デボン紀末には 2 回目の大量絶滅が起こり，多くの海生生物が絶滅した。

⑤ **石炭紀**　陸上では，**ロボク**，**リンボク**，**フウインボク**などのシダ植物や，裸子植物などが繁栄し，森林が広がった。植物の光合成により大気中の二酸化炭素は減少し，酸素濃度は上昇した。気候は寒冷化し，ペルム紀にかけてゴンドワナ大陸には巨大な氷床が発達した。また，陸上生活に適応した**爬虫類**が進化した。石炭紀に繁栄した大森林はその後埋没し，石炭となった。

⑥ **ペルム紀**　**超大陸パンゲア**が形成された。爬虫類と単弓類が繁栄した。海には，**フズリナ**(**紡錘虫**)，サンゴ類などが繁栄していた。日本の石灰岩は，この時代の珊瑚礁やそこに生息した石灰質の骨格をもつ生物の化石からなるものが多い。ペルム紀末に，顕生累代における最大規模の大量絶滅が起きた。

c 中生代〜環境・生物の進化〜

① **三畳紀(トリアス紀)**　三畳紀後期に，単弓類から**哺乳類**が進化した。爬虫類では**恐竜**類が誕生した。植物では，裸子植物の**ソテツ**類，イチョウ類が繁栄した。海洋では，**モノチス**などの二枚貝類や，古生代とは異なるタイプの**アンモナイト**類が繁栄した。

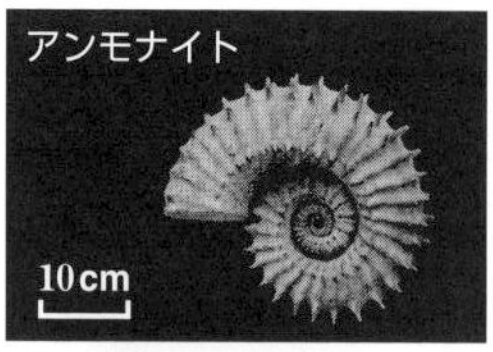

モノチス

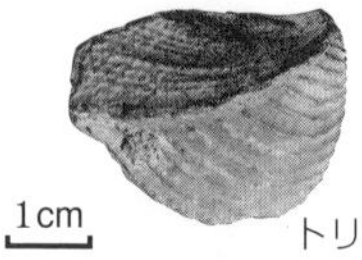

トリゴニア

イノセラムス

② **ジュラ紀**　温暖な気候で，陸上では草食のマメンチサウルスや肉食のアロサウルスなどの巨大な恐竜が出現した。海洋では，**首長竜**や**魚竜**といった大型の海生爬虫類が出現し，繁栄した。ジュラ紀の終わりには，恐竜類から**鳥類**が進化した。

③ **白亜紀**　白亜紀前期に超大陸パンゲアが分裂し，火山活動が活発になって二酸化炭素が大量に放出された。その結果，中期と後期は白亜紀から現在までの中で最も温暖な時期となった。
陸上では花を咲かせる**被子植物**が出現し，温暖な気候のもとで繁栄した。恐竜類は白亜紀にも繁栄し，白亜紀後期には最大級の肉食恐竜であるティラノサウルスが出現した。海洋では，アンモナイト類，二枚貝類の**トリゴニア**類や**イノセラムス**類が繁栄した。また，プランクトンが増加し，海底に大量の有機物が堆積した。石油の多くは，これらの白亜紀の有機物に由来する。
白亜紀末に，5回目の大量絶滅が起きた。これは，巨大な隕石の衝突が引き起こした地球環境の変化が原因だと考えられている。

d 新生代〜新しい気候と哺乳類時代の成立〜

① **古第三紀**　哺乳類，鳥類，被子植物が繁栄し，哺乳類は大型化した。海底では，大型の有孔虫類である**カヘイ石**(**ヌンムリテス**)が繁栄していた。

ヌンムリテス

ビカリア

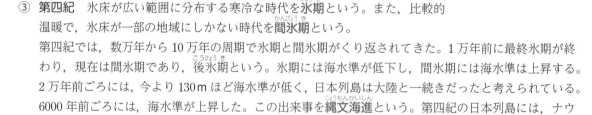

② **新第三紀**　太平洋沿岸には，哺乳類の**デスモスチルス**が生息していた。古第三紀から新第三紀初期の地層からは温暖な汽水環境を示す示相化石である**ビカリア**の化石が産出する。
新第三紀の後期には寒冷化し始め，アジア内陸部ではイネ科の植物が繁栄し，これらを食べるウマ，ラクダなどが発展した。

③ **第四紀**　氷床が広い範囲に分布する寒冷な時代を**氷期**という。また，比較的温暖で，氷床が一部の地域にしかない時代を**間氷期**という。
第四紀では，数万年から10万年の周期で氷期と間氷期がくり返されてきた。1万年前に最終氷期が終わり，現在は間氷期であり，後氷期という。氷期には海水準が低下し，間氷期には海水準は上昇する。2万年前ごろには，今より130mほど海水準が低く，日本列島は大陸と一続きだったと考えられている。6000年前ごろには，海水準が上昇した。この出来事を**縄文海進**という。第四紀の日本列島には，ナウマンゾウが生息した。

④ **人類の進化**　直立二足歩行していたと考えられている最古の人類は，アフリカ大陸のサハラ砂漠南部で発見された700万〜600万年前のサヘラントロプスという初期の**猿人**である。260万年前ごろになると，人類は多様な石器をつくるようになった。240万年前ごろには，**原人**が出現し，180万年前以降にアフリカを出てユーラシア大陸の中東から東南アジア周辺に分布を広げた。60万年前には，アフリカで**旧人**(ネアンデルタール人など)が出現し，ヨーロッパにも分布を広げた。20万年前ごろに，**新人**の現生人類(ホモ・サピエンス)が出現し，世界中に分布を広げた。

e 地質時代の生物

地質年代		年代(年前)	自然環境の変遷と古生物の歴史	生物界	
新生代	第四紀	260 万	ナウマンゾウやマンモスの繁栄。人類の繁栄。 氷期・間氷期が数万年周期でくり返された。	被子植物時代	哺乳類時代
	新第三紀	2300 万	人類の誕生。 デスモスチルスなどの哺乳類の繁栄。		
	古第三紀	6600 万	大型哺乳類の出現。 カヘイ石(ヌンムリテス)が繁栄。		
中生代	白亜紀	1 億 4500 万	被子植物の繁栄。イノセラムスやトリゴニアなどの二枚貝類や，アンモナイトが繁栄。	裸子植物時代	爬虫類時代
	ジュラ紀	2 億 100 万	温暖な気候。巨大な恐竜や始祖鳥の出現。		
	三畳紀(トリアス紀)	2 億 5200 万	恐竜類の誕生。モノチスなどの二枚貝類やアンモナイト類(セラタイトなど)の繁栄。		
古生代	ペルム紀	2 億 9900 万	超大陸パンゲアの形成。アンモナイト類(ゴニアタイトなど)，フズリナ(紡錘虫)類の繁栄。	シダ植物時代	単弓類時代
	石炭紀	3 億 5900 万	リンボク・ロボク・フウインボクなどのシダ植物や，裸子植物の森林が繁栄。		両生類時代
	デボン紀	4 億 1900 万	魚類の繁栄。イクチオステガなどの両生類が出現。 アンモナイト類の誕生。		魚類時代
	シルル紀	4 億 4400 万	シダ植物のリニアなどが陸上に進出。	菌類・藻類時代	
	オルドビス紀	4 億 8500 万	オゾン層の形成。 サンゴ類やコノドント類，筆石類の繁栄。		無脊椎動物時代
	カンブリア紀	5 億 3900 万	アノマロカリス，オパビニア，三葉虫の出現。 脊索動物の祖先(ピカイア)の出現。		
先カンブリア時代	原生代	5 億 7000 万 7 億，6.5 億 16.5 億 22 億 25 億	エディアカラ生物群 全球凍結 真核生物の化石 全球凍結 縞状鉄鉱層の形成(27 億～ 19 億年前)	真核生物時代	
	太古代(始生代)	40 億	最古の堆積岩(礫岩：海洋の存在を示唆) 原始海洋の誕生	原核生物時代	
	冥王代		マグマオーシャン	無生物時代	

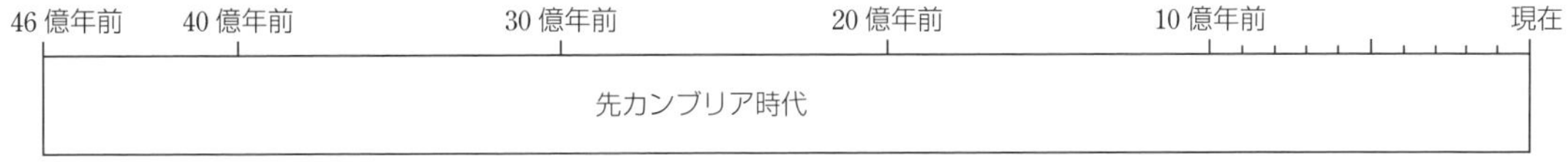

Work! 上図は，46 億年の地球の歴史を表している。この図に先カンブリア時代・古生代・中生代・新生代の境界線をかき入れ，それぞれの時代に色を塗って色分けしてみよう。

第2編

リード B

基礎 CHECK

リードBの確認問題

1. 地質時代の過去の生物のことを何というか。
2. 古生物の遺骸や，古生物の活動の痕跡を何というか。
3. 地層が堆積した年代を決めるのに役立つ化石を何というか。
4. 地層が堆積した環境を推定するのに役立つ化石を何というか。
5. 火山灰など同じ時代に広い範囲に堆積し，地層の対比に有用な地層を何というか。
6. 過去に栄えた生物を基準にして決めた地質年代の区分を何というか。
7. 具体的に数値で何年前と表す年代を何というか。
8. 約5.4億年前，硬い骨格をもった多細胞生物が出現したとき以前の地質時代を何というか。
9. カンブリア紀以降，多数の生物が地球上から姿を消した事件が5回あった。このような事件を何というか。
10. 地球が誕生したのは，今から約何年前か。
11. シアノバクテリアがつくるドーム状の構造の岩石を何というか。
12. 酸化鉄とチャートが交互に堆積し縞状に見える堆積物を何というか。
13. 原生代末期に出現した硬い殻をもたない生物群を何というか。
14. カンブリア紀に多数・多種類の動物群が突如出現した現象を何というか。
15. シルル紀に生物の上陸が可能になったのは，大気中に何という層が形成されたためか。
16. 古生代末期には地球上の大陸がすべて合体して単一の超大陸が形成された。その超大陸を何というか。
17. 中生代の陸上で繁栄したティラノサウルスやアロサウルスなどの爬虫類を何というか。
18. 中生代末に恐竜やアンモナイト類などが絶滅したのは，地球に何が衝突したことが原因と考えられているか。
19. 第四紀に氷床が広範囲に分布した寒冷な時期を何というか。
20. 氷期に挟まれた比較的温暖な時期を何というか。
21. 人類は，地球上のどの大陸で誕生したと考えられているか。
22. 現生人類である新人は，何とよばれるか(学名)。

1. ....
2. ....
3. ....
4. ....
5. ....
6. ....
7. ....
8. ....
9. ....
10. ....
11. ....
12. ....
13. ....
14. ....
15. ....
16. ....
17. ....
18. ....
19. ....
20. ....
21. ....
22. ....

基本問題

51. 化石●　次の文中の空欄に適する語を語群から選んで記入せよ。

過去に生息していた生物を(ア　　　　)といい，それらの遺骸や生活の痕跡が地層中に保存されているものを総称して(イ　　　)という。(イ　　　)の多くは，遺体またはその一部がそのまま，あるいは鉱物に置きかわったりして残されているが，遺体の部分が地下水などに溶かされ，堆積岩中にその形だけが残されている場合も多い。また，顕微鏡で認められるような小型の化石を(ウ　　　　)といい，(エ　　　　)・放散虫・ケイソウなどのプランクトン，(オ　　　)や胞子などがその例である。(イ　　　)のうちで，地層が形成された特定の環境を推定するのに特に重要な手がかりを与えるものを(カ　　　　)といい，例えばサンゴの化石は(キ　　　)い気候の(ク　　　)い海であったことを示す。一方，特定の時代を示す(イ　　　)を(ケ　　　　)といい，地層の対比に重要な手がかりを与える。

〔語群〕　古生物，化石，体化石，微化石，生痕化石，示相化石，示準化石，有孔虫，花粉，三葉虫，暖か，寒，浅，深

52. 地質年代の区分●　次の(A)～(C)について下の問いに答えよ。

(A) 新生代〔第四紀，新第三紀，ペルム紀，古第三紀〕
(B) 中生代〔ジュラ紀，シルル紀，白亜紀，三畳紀〕
(C) 古生代〔カンブリア紀，三畳紀，ペルム紀，石炭紀〕

(1) (A)～(C)の地質年代(代)の中で，その時代に当てはまらないものはどれか。
　(A)〔　　　　〕，(B)〔　　　　〕，(C)〔　　　　〕

(2) 地質年代の紀を，それぞれ正しいものだけ古い順に並べよ。
　(A)〔　　　　〕
　(B)〔　　　　〕
　(C)〔　　　　〕

53. 地球と生命の誕生●　地球が誕生した約(ア　　　)億年前から古生代の初めまでを(イ　　　　　　)といい，古いほうから順に(ウ　　　　)，(エ　　　　)，(オ　　　　)に分けられる。誕生してすぐの地球では，材料となった微惑星物質から揮発成分が蒸発分離し，(カ　　　　)として地球をおおった。やがて地表の温度が下がりはじめ，大気中の水蒸気が雨となって地表に降り注ぎ，<u>最初の海洋が誕生した</u>。また，堆積岩起源の約 40 億年前の変成岩からは，(キ　　　)の証拠とされる化学化石が見つかっている。

(1) 文章中の空欄に当てはまる語句を語群から選び，記入せよ。

〔語群〕　46，25，太古代，冥王代，原生代，先カンブリア時代，オゾン層，生命，真核生物，マグマオーシャン，原始大気，生痕，体

(2) 下線部について，海洋が誕生することで，大気中の二酸化炭素はどのように変化したか。最も適当なものを次の選択肢から選べ。〔　　〕

① 海洋から放出され増加し，オゾン層を形成した。
② 海洋に溶けこみカルシウムと結びつき石灰岩となり堆積し，減少した。
③ 海洋に溶けこみ鉄と結びつき縞状鉄鉱層となり堆積し，減少した。

51.
(ア)
(イ)
(ウ)
(エ)
(オ)
(カ)
(キ)
(ク)
(ケ)

52.
(1)(A)
(B)
(C)
(2)(A)
(B)
(C)

53.
(1)(ア)
(イ)
(ウ)
(エ)
(オ)
(カ)
(キ)
(2)

54. 地質年代と化石●　次の(1)～(7)に該当するものを下の語群より選んで記入せよ。ただし，(5)，(6)は４つ，(7)は３つ選べ。

(1) カンブリア紀・オルドビス紀の生物界で特徴的な生物のなかまは何か。〔　　　〕
(2) シルル紀・デボン紀の生物界で特徴的な生物のなかまは何か。〔　　　〕
(3) 石炭紀の生物界で特徴的な生物のなかまは何か。〔　　　〕
(4) ペルム紀の生物界で特徴的な生物のなかまは何か。〔　　　〕
(5) 古生代の示準化石　〔　　　〕，〔　　　〕，〔　　　〕，〔　　　〕
(6) 中生代の示準化石
〔　　　〕，〔　　　〕，〔　　　〕，〔　　　〕
(7) 新生代の示準化石　〔　　　〕，〔　　　〕，〔　　　〕

〔語群〕　魚類，哺乳類，両生類，無脊椎動物，爬虫類，単弓類，始祖鳥，マンモス，マメンチサウルス，アンモナイト，三葉虫，カヘイ石(ヌンムリテス)，フズリナ(紡錘虫)，クサリサンゴ，デスモスチルス，トリゴニア，筆石

55. 地質年代と生物●　次の(A)～(C)の３つのグループで，化石または復元図とそれに対応する生物の名称を線で結べ。また，(A)～(C)のグループは，それぞれ古生代，中生代，新生代のどの地質年代か記入せよ。

(A)〔　　　〕

(1) •

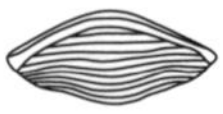
(2) •

(3) •

(4) •

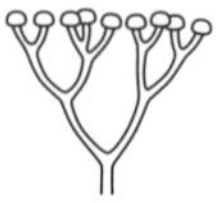
(5) •

(6) •

(7) •

• (ア) 三葉虫
• (イ) アノマロカリス
• (ウ) イクチオステガ
• (エ) フズリナ(紡錘虫)
• (オ) ハチノスサンゴ
• (カ) クックソニア
• (キ) 腕足動物

(B)〔　　　〕

(8) •

(9) •

• (ク) ビカリア
• (ケ) デスモスチルスの歯

(C)〔　　　〕

(10) •

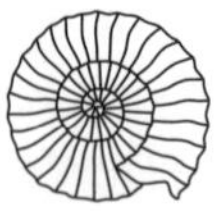
(11) •

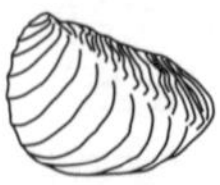
(12) •

(13) •

(14) •

• (コ) アンモナイト
• (サ) 始祖鳥
• (シ) ステゴサウルス
• (ス) イノセラムス
• (セ) トリゴニア

54.
(1)
(2)
(3)
(4)
(5)
(6)
(7)

55.
(A)
(1) •　• (ア)
(2) •　• (イ)
(3) •　• (ウ)
(4) •　• (エ)
(5) •　• (オ)
(6) •　• (カ)
(7) •　• (キ)
(B)
(8) •　• (ク)
(9) •　• (ケ)
(C)
(10) •　• (コ)
(11) •　• (サ)
(12) •　• (シ)
(13) •　• (ス)
(14) •　• (セ)

56. 地球と生命の歴史● 次の(1)～(5)にそれぞれあげた①と②のうち，古いほうを番号で答えよ。

(1) ① フズリナ(紡錘虫)の絶滅　② 植物の上陸　［　］
(2) ① 哺乳類の出現　② 白亜紀末の大量絶滅　［　］
(3) ① シルル紀　② デボン紀　［　］
(4) ① 最古の人類化石　② 最古の被子植物化石　［　］
(5) ① 脊椎動物の上陸　② ペルム紀末の大量絶滅　［　］

57. 原生代● 次の文中の空欄に適切な語句を記入せよ。

原生代初期には，石灰岩が形成されたり，分解を免(まぬが)れた有機物が地殻中に埋没したりすることで，大気中から温室効果ガスである(ア　　)が減少し，地球表層は極端に寒冷化した。赤道域も含む世界各地のこの時代の地層に氷河の証拠である(イ　　)が存在することが明らかになった。このことからこの時代には，地球全体が氷で覆(おお)われたと考えられ，それを(ウ　　)とよぶ。約 22 億年前に氷河期が終わると，細胞が大型化し，酸素呼吸のできる(エ　　)生物が出現した。(エ　　)細胞は(オ　　)細胞よりも大型であり，その進化はその後の生物の多細胞化の基礎となった。

原生代後期の 7 億年前と 6.5 億年前に再び地球は寒冷化し，(ウ　　)が起きた。その後地球は温暖化し，新しいタイプである大型の多細胞生物が出現した。南オーストラリアから発見された(カ　　)生物群がその代表である。

カンブリア紀になると，(キ　　)型動物群とよばれる，現在の動物につながる多様な動物が一斉(いっせい)に出現した。

58. 古生代● 原生代末期の約 5.8 億年前以降には，それ以前よりも大型で多様な(ア　　)生物群が現れた。古生代初期には，海の中の生物にさらに大きな変化が起こり，硬い骨格をもった多様な動物が一斉に出現した。この生物進化を(イ　　)とよぶ。古生代中ごろになると，コケ類や茎をもつ植物などが陸上に進出した。最古の陸上植物の化石は，約 4.2 億年前の(ウ　　)紀に現れたクックソニアである。その後，(エ　　)紀には，魚類から分かれた原始的な両生類のイクチオステガなどが陸上に進出した。石炭紀には，リンボクやロボクなどの(オ　　)植物の森林が広がった。古生代末期のペルム紀には，地球上のすべての大陸が合体して，単一の超大陸(カ　　)が形成された。ペルム紀末には，<u>古生代を代表する海生無脊椎動物の 9 割以上の種が短期間で大量絶滅した</u>。

(1) 上の文中の空欄に適切な語句を記入せよ。
(2) 下線部の大量絶滅で絶滅した代表的な生物を下記の語群から 2 つ選んで記入せよ。［　　］，［　　］

〔語群〕 三葉虫，ベレムナイト，カヘイ石(ヌンムリテス)，フズリナ(紡錘虫)，筆石，モノチス

56.
(1)
(2)
(3)
(4)
(5)

57.
(ア)
(イ)
(ウ)
(エ)
(オ)
(カ)
(キ)

58.
(1)(ア)
(イ)
(ウ)
(エ)
(オ)
(カ)
(2)

第2編

59. 中生代● 次の文中の空欄に適切な語句を記入せよ。

(ア　　　)紀，ジュラ紀，(イ　　　)紀と続く，約2億5200万年前から6600万年前の地質年代を中生代とよぶ。古生代の終わりに形成された(ウ　　　　)とよばれる超大陸は，中生代に入って再び分裂を始めた。(イ　　　)紀には，(ウ　　　　)の分裂に伴う活発な海底火山活動によって二酸化炭素が大量に放出され，温暖な時代となった。

海生生物による有機物の生産量は増大したが，当時の海底はたびたび酸素が乏しい状況となり，有機物が分解されず海底に大量に堆積し，これが石油の原料となったと考えられている。

中生代は恐竜の時代としても知られている。1993年に公開された映画「ジュラシックパーク」に登場するティラノサウルスやトリケラトプスは，ジュラ紀ではなく(イ　　　)紀を代表する大型恐竜である。浅海域で繁栄したアンモナイトは，炭酸カルシウムの丈夫な殻をもち，化石としてよく保存されている。植物では，イチョウやソテツなどの(エ　　　　)が繁栄し，森林を形成したが，ジュラ紀になると(エ　　　　)から最初の(オ　　　　)が分化して，(イ　　　)紀にはイチジクやモクレンなどが現在とほぼ同じ形になった。

中生代の終わりには，隕石の衝突によって陸上生物の約50%，海洋生物の約75%の種が絶滅したとされ，このとき，恐竜類は絶滅した。

59.
(ア)
(イ)
(ウ)
(エ)
(オ)

60. 地球大気の変遷● 図は，地球の大気中のあるガス成分(ガス成分Aとする)濃度の時間変化を示したものである。

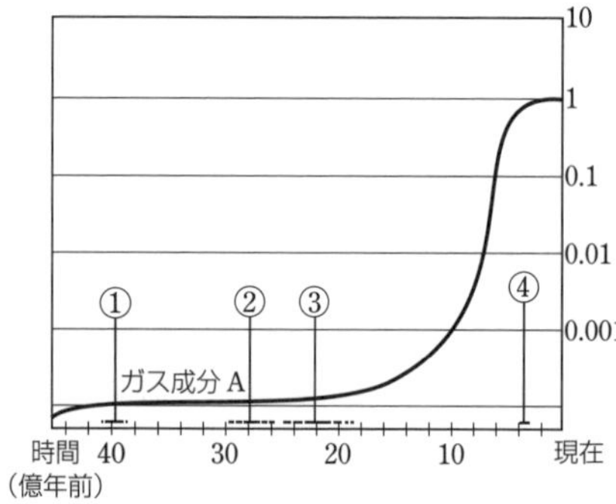

(1) ガス成分Aの名称を答えよ。 [　　　]

(2) ②の時期に初めて出現したと考えられる生物のあるはたらきが，ガス成分Aを増やすきっかけとなった。この生物の名称を答えよ。 [　　　]

(3) (2)の生物によるはたらきの名称を答えよ。 [　　　]

(4) ③の時期の海底には酸化鉄からなる厚い地層が形成された。この地層を何とよぶか。 [　　　]

(5) ①，④の時期に起こった大きな変化として正しいものを，それぞれ語群から選べ。

①[　　　]
④[　　　]

〔語群〕 海洋の誕生，真核生物の出現，魚類の出現，鳥類の出現，人類の出現，シダ植物による大森林の形成，被子植物による大森林の形成

60.
(1)
(2)
(3)
(4)
(5)①
④

61. 人類の進化●　(1) 右図の(a)~(d)は先史人類の頭骨と名称を示したものである。古い順に並べよ。

〔　　　　　　　　〕

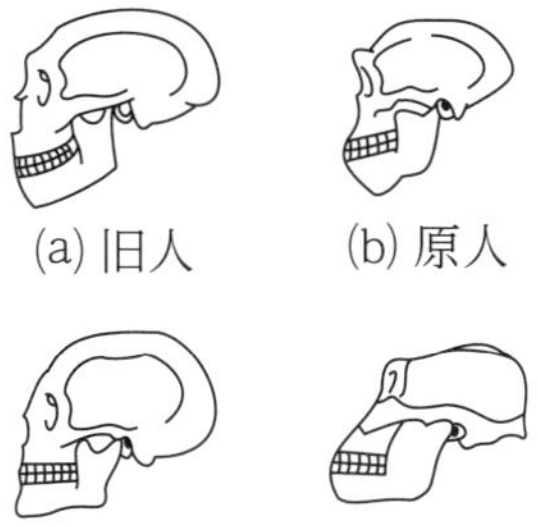
(a) 旧人　(b) 原人　(c) 新人　(d) 猿人

(2) 次の文章(a)~(e)のうち，正しいものを 2 つ選べ。

〔　　　〕,〔　　　〕

(a) 人類の出現は 500 万年前より前と考えられている。
(b) 人類の出現は約 10 万年前と考えられている。
(c) 原人は直立二足歩行ができなかった。
(d) 石器を使い始めたのは新人である。
(e) 人類の進化は下顎(あご)の変化にもよく示されている。

62. 人類の歴史●　(1) 最古の人類(サヘラントロプス)が誕生した地域と年代の組合せとして最も適当なものを，次の①~④のうちから 1 つ選べ。

〔　　　〕

	地　域	年　代		地　域	年　代
①	アフリカ	700 万年前	③	ヨーロッパ	700 万年前
②	アフリカ	400 万年前	④	ヨーロッパ	400 万年前

(2) タンザニアで猿人(360 万年前)の足跡が発見された。この猿人が生きていた地質年代の区分として最も適当なものを，次の①~④のうちから 1 つ選べ。　〔　　　〕

① 白亜紀
② 古第三紀
③ 新第三紀
④ 第四紀

(3) 人類の歴史について述べた文として**誤っているもの**を，次の①~④のうちから 1 つ選べ。　〔　　　〕

① 直立二足歩行を始めたことが人類の大きな特徴である。
② 人類は，私たちホモ・サピエンスだけが現在まで生き残っている。
③ 人類は直立二足歩行し，その後，脳容量が増加した。
④ 人類は世界各地で誕生し，誕生した地域ごとに進化した。

(4) 旧人(ネアンデルターレンシス，ネアンデルタール人)が生きていた地質年代の説明として最も適当なものを，次の①~④のうちから 1 つ選べ。

〔　　　〕

① 温暖な気候のもと，恐竜や裸子植物が繁栄していた。
② リンボク，ロボク，フウインボクなどのシダ植物の森林が繁栄していた。
③ 温暖な気候のもと，海ではカヘイ石(ヌンムリテス)が繁栄していた。
④ 氷期と間氷期をくり返す気候変動が起きていた。

61.
(1)
(2)

62.
(1)
(2)
(3)
(4)

第1章 地球の熱収支

リード A

1 大気の構造

a 大気の組成

地表から高さ 85km 付近までは大気がよく混合されており，組成はほとんど変わらない。

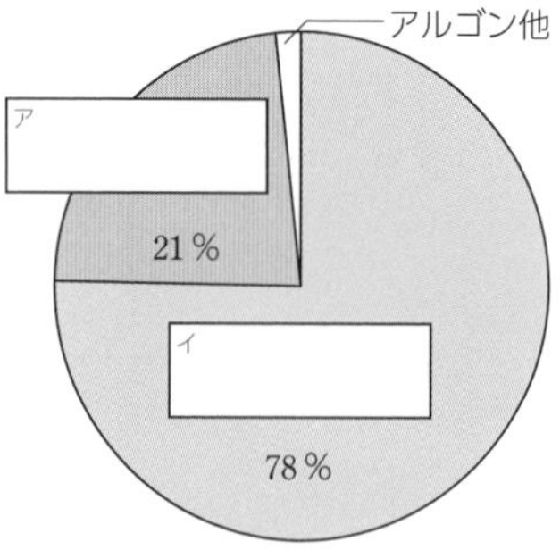

アルゴン他
ア
21％
イ
78％

Work! 左の図は地表近くの大気の成分の体積比を示す円グラフである。図の［　　］に，当てはまる気体の名称を記入してみよう。

b 気圧

空気には重さがあり，地表にある物体は，そこより上にある空気の重さを受ける。空気の重さによる圧力を**気圧**(きあつ)という。1 気圧（1atm と表す）は 1013hPa である。

c 大気の層構造

地球の大気は，気温の変化のようすによって，**対流圏**(たいりゅうけん)・**成層圏**(せいそうけん)・**中間圏**(ちゅうかんけん)・**熱圏**(ねつけん)に区分される。

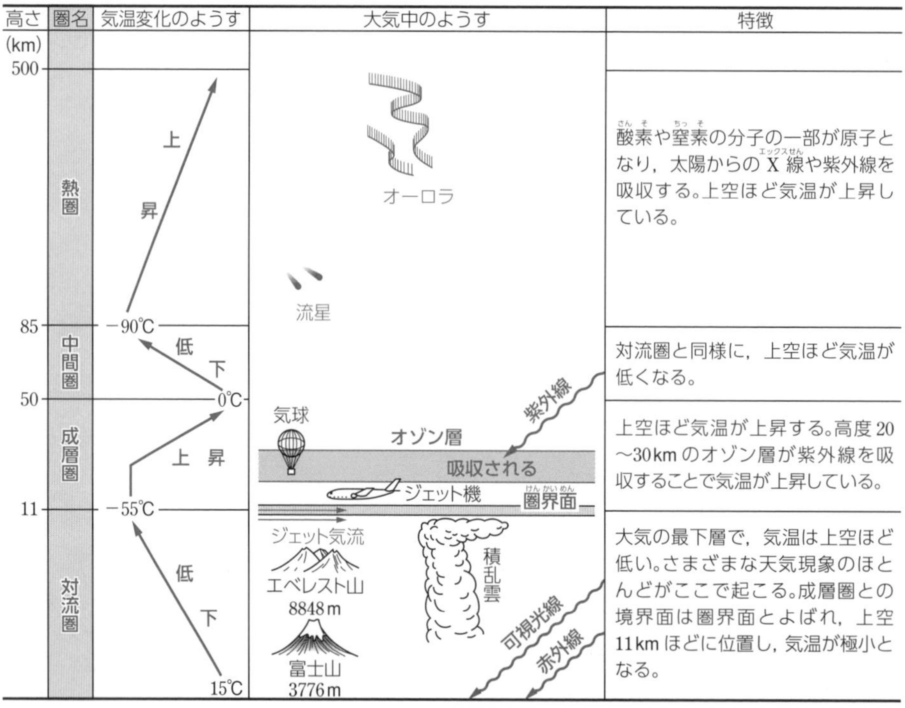

高さ (km)
圏名
気温変化のようす
大気中のようす
特徴
500
85
50
11
熱圏
中間圏
成層圏
対流圏
上昇
−90℃
低下
0℃
上昇
−55℃
低下
15℃
オーロラ
流星
紫外線
気球
オゾン層
吸収される
ジェット機
圏界面
ジェット気流
エベレスト山 8848m
富士山 3776m
積乱雲
可視光線
赤外線
酸素や窒素の分子の一部が原子となり，太陽からの X 線や紫外線を吸収する。上空ほど気温が上昇している。
対流圏と同様に，上空ほど気温が低くなる。
上空ほど気温が上昇する。高度 20〜30km のオゾン層が紫外線を吸収することで気温が上昇している。
大気の最下層で，気温は上空ほど低い。さまざまな天気現象のほとんどがここで起こる。成層圏との境界面は圏界面とよばれ，上空 11km ほどに位置し，気温が極小となる。

※気圧は気温と異なり，高さとともに急激に減少する。地球全体で平均した海面気圧は 1013hPa だが，圏界面では 200 ～ 300hPa，成層圏上端では 1hPa にまで減少する。

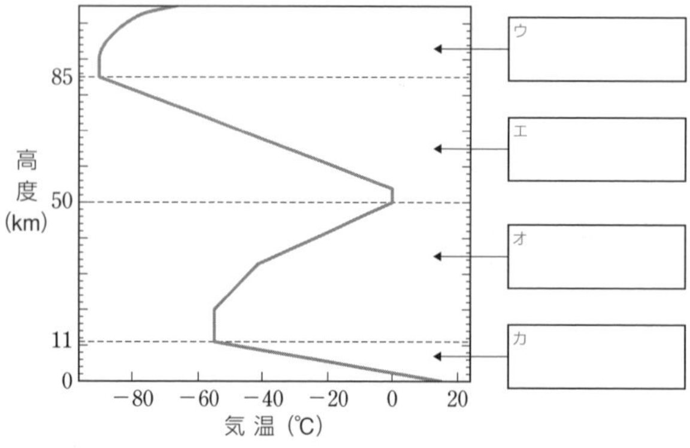

Work! 高度による気温分布を示す左のグラフについて，高度とともに気温が上昇する部分を赤で，高度とともに気温が低下する部分を青でなぞってみよう。また，それぞれの層の名称を［　　］に記入し，オゾン層の領域を黄色で塗ってみよう。

d 雲の形成

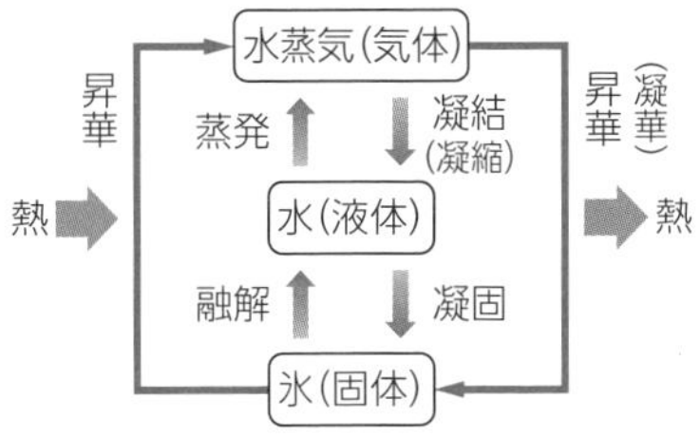

① **水の状態変化と熱**　物質が状態変化するときに吸収または放出する熱を**潜熱**という。水から水蒸気に状態変化するときは潜熱(蒸発熱)を奪い，水蒸気が凝結して水になるときは潜熱(凝結熱)を放出する。

② **大気中の水蒸気量と湿度**　1 m^3 の空気に含むことのできる最大の水蒸気量を**飽和水蒸気量**という。飽和水蒸気量に対応する水蒸気の圧力を**飽和水蒸気圧**という。飽和水蒸気量，飽和水蒸気圧とも，気温が上がると増加する。

水蒸気を含んだ空気の温度を下げていったとき，水蒸気が飽和して凝結し始める温度を**露点**という。飽和水蒸気圧(飽和水蒸気量)に対する実際の水蒸気圧(水蒸気量)の割合を**相対湿度**という。

相対湿度〔%〕

$$= \frac{\text{ある温度における水蒸気圧(水蒸気量)}}{\text{その温度での飽和水蒸気圧(飽和水蒸気量)}} \times 100$$

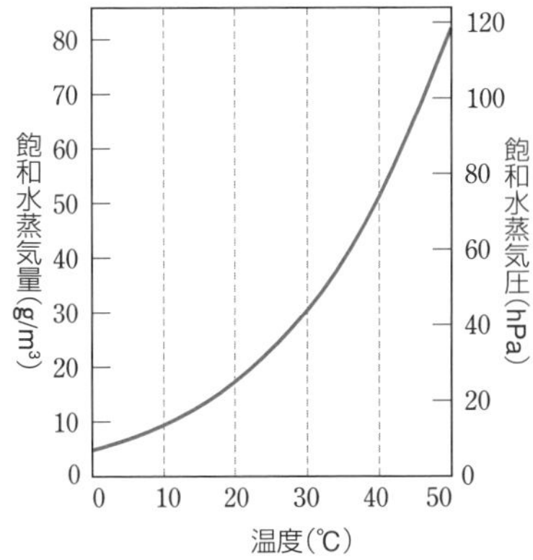

③ **雲の形成**　水蒸気を多く含んだ空気塊が上昇気流で持ち上げられると，周囲との熱のやりとりがない状態で膨張(断熱膨張)し，空気塊の温度は低下する。そして温度が露点以下になると，空気中の微粒子を核(凝結核)として水蒸気が凝結し，雲を形成する。

太陽放射による地表面の加熱や上空への寒気の流入が起こると，上昇気流が発生する。低気圧や前線付近での気流の収束によっても上昇気流が発生する。

湿った空気がゆっくり上昇すると層状の雲，急激に上昇すると積乱雲が形成されやすい。

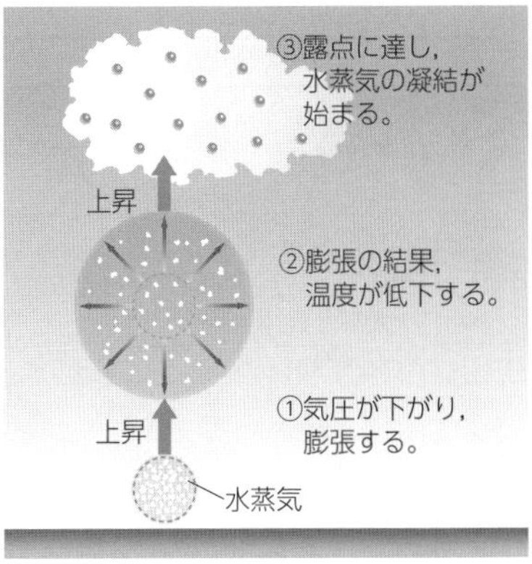

2 地球全体の熱収支

a 可視光線と赤外線

物体は，その温度に応じたエネルギーを電磁波として放射する。太陽は，私たちの視覚でとらえられる**可視光線**を最も強く放射する。一方，地球が放射するのは目に見えない**赤外線**がほとんどである。

b 地球が受ける太陽放射

太陽は，可視光線などの電磁波として，莫大な量のエネルギーを放っている。これを**太陽放射**という。およそ 1.5×10^8 km 離れた地球には，そのエネルギーのごく一部が届く。地球の大気の上端で，太陽光に垂直な 1 m^2 の面が 1 秒間に受ける太陽放射エネルギーを**太陽定数**といい，その値は 1.36 kW/m^2 である。地球が受ける太陽放射エネルギーを全表面積で平均すると，太陽定数の $\frac{1}{4}$ にあたる 0.34 kW/m^2 となる。

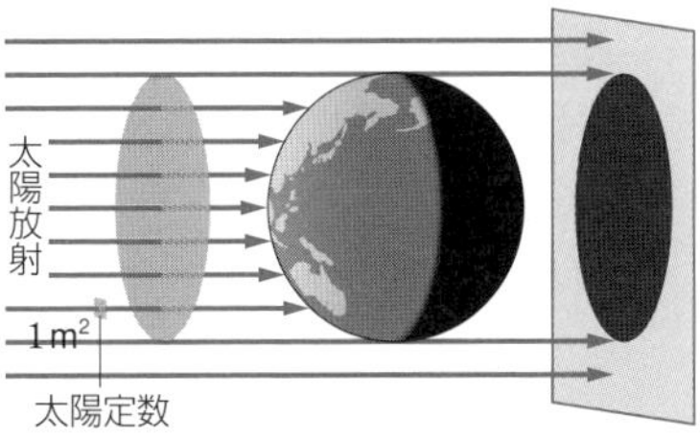

c 地球のエネルギー収支

① **太陽放射の反射と吸収** 地球の大気の上端に入射する太陽放射の全エネルギーのうち，大気や地表で反射される割合を**アルベド**という。

Work❶ 下の図は，地球のエネルギー収支を表した模式図で，大気の上端で受ける太陽放射エネルギーを地球全体で平均した量を100％としたときの相対値で表している。

⑴ 太陽放射の流れを表す矢印を黄色で，赤外放射の流れを表す矢印を赤で塗り分けてみよう。

⑵ 次の式の空欄に当てはまる数値を書き入れ，下図の㋐〜㋒に，それぞれの割合を記入してみよう。

反射される太陽放射の合計	(ア　　)	=	7 ＋ (エ　　)
地球に入射する太陽放射	100	=	㋐ ＋ 23 ＋ (イ　　)
地球からの赤外放射の合計	(ウ　　)	=	12 ＋ (オ　　)

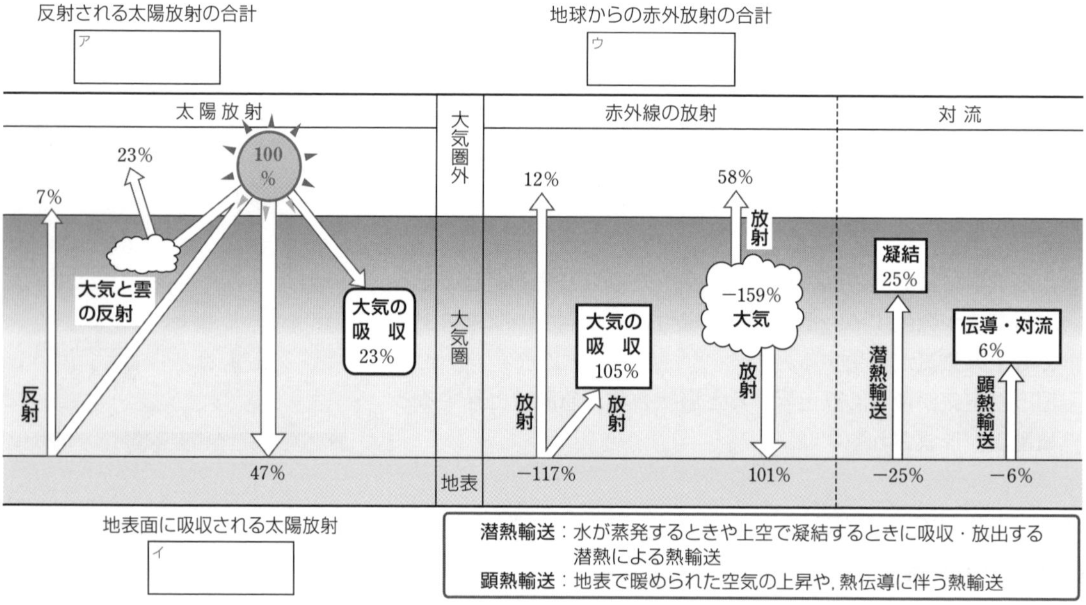

② **地球放射** 地球は，吸収する太陽放射と同量のエネルギーを，赤外線として宇宙空間に放出している。これを**地球放射**という。地球放射はおもに赤外線のため，**赤外放射**ともいう。

③ **温室効果** 地表からの赤外放射は，その大部分が大気中の**温室効果ガス**や雲によって吸収される。温室効果ガスには，水蒸気や二酸化炭素，メタン，オゾンなどがある。
温室効果ガスや雲は，吸収した地表からの赤外放射とほぼ同じ量のエネルギーを赤外放射して，再び地表を暖める。これを**温室効果**という。
温室効果がなければ，地球全体の平均地表温度は，現在の値(約15℃)より33℃も低下してしまうと計算されている。

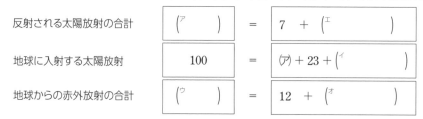

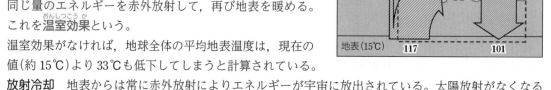

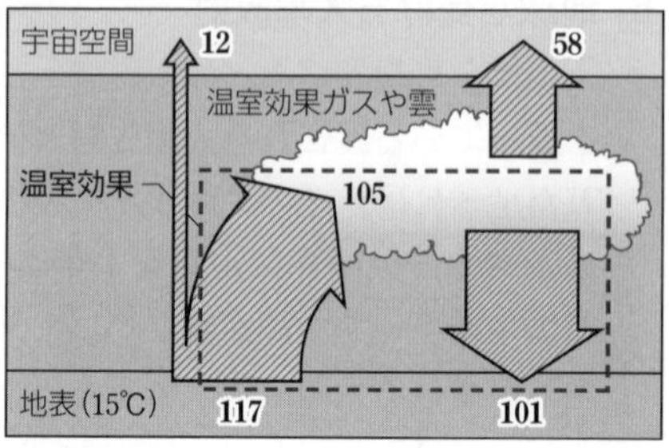

④ **放射冷却** 地表からは常に赤外放射によりエネルギーが宇宙に放出されている。太陽放射がなくなる夜間には，赤外放射によって地表面の温度は低下する。これを**放射冷却**という。

基礎 CHECK

リード B の確認問題

1. 地球大気に最も多く含まれる気体は何か。
2. 気圧の単位である hPa の読み方は何か。
3. 地表から高度 11 km ほどまでは，気温が高さとともに低下する。この層を何というか。
4. 気温が極小となる対流圏の上端を何というか。
5. 成層圏にあり，太陽からの紫外線を吸収する層を何というか。
6. 酸素分子や窒素分子の一部が原子となる際に，太陽からの X 線や紫外線を吸収し，高さとともに気温が上昇している層を何というか。
7. 熱圏で起こる発光現象には流星のほかに何があるか。
8. 水が水蒸気から水滴に変わる状態変化のことを何というか。
9. 水が水蒸気になるときに奪う熱(蒸発熱)や水蒸気が水になるときに放出される熱(凝結熱)などをまとめて何というか。
10. $1\,m^3$ の空気に含むことのできる最大の水蒸気量のことを何というか。
11. 飽和水蒸気量に対する実際の水蒸気量の割合のことを何というか。
12. 空気塊が上昇気流によって持ち上げられると，空気塊の温度はどう変化するか。
13. 太陽が宇宙空間に放射している電磁波のうち，最も強く放射しているのは何という種類の電磁波か。
14. 地球表面が宇宙空間に放射しているエネルギーは，おもに何という種類の電磁波として放射されるか。
15. 地球大気の上端で，太陽光に垂直な $1\,m^2$ の面が 1 秒間に受ける太陽放射エネルギーを何というか。
16. 地球に入射する太陽放射の全エネルギーのうち，大気や地表で反射される割合のことを何というか。
17. 地球が，赤外線として宇宙空間へエネルギーを放出している放射のことを何というか。
18. 水蒸気や二酸化炭素などのように，地表からの赤外放射を吸収する気体を何というか。
19. 温室効果ガスが，地表からの赤外放射を吸収・再放射することによって地表を暖めるはたらきを何というか。

1.
2.
3.
4.
5.
6.
7.
8.
9.
10.
11.
12.
13.
14.
15.
16.
17.
18.
19.

基本問題

63. 大気の組成● 右の表は現在の地球の大気の組成を示している。表の中の空欄(ア)～(ウ)に入る語もしくは数字として，最も適切なものを，次の語群から選んで記入せよ。

〔語群〕 オゾン，アルゴン，16，21，26，73，78，83

気体	体積%
窒素	イ
酸素	ウ
ア	0.93
二酸化炭素	0.04

地表付近のおもな大気の組成

64. 気圧● 気圧は，その場所より上にある大気の単位面積当たりの重さに等しい。ある地点の気圧を測定したところ，1010hPa であった。この地点に鉛直に立つ断面積 1m² の空気柱を考え，次の問いに答えよ。

(1) この空気柱にはたらく重力の大きさ(空気柱の重さ)は何 N か。整数で答えよ。なお，1hPa は，100Pa であり，100N/m² である。

〔　　　　N〕

(2) この空気柱の質量は何 kg か。ただし，地球上では，質量 1kg の物体に 9.8N の重力がはたらくものとして，有効数字２桁で求めよ。

〔　　　　kg〕

65. 大気の層構造● 次の文章を読み，下の問いに答えよ。

地球大気の大きな層構造は気温の高度分布によって区分される。地表面から高度 10km 付近までの，気温が高度とともに低下する層は対流圏とよばれ，雲や降水が発生する。対流圏の上端は(ア　　　)とよばれ，その高度をこえて，さらに上空に行くと気温が上昇する層が高度 50km 付近まで続いている。この層は(イ　　　)とよばれ，気温が高度とともに上昇するのは，大気に含まれる(ウ　　　)が太陽からの(エ　　　)を吸収し，大気を加熱するからである。さらに上空には高度とともに気温が低下する層が，高度 85km 付近まであり，この層は(オ　　　)とよばれる。その上空にある再び気温が上昇する層は(カ　　　)とよばれる。

(1) 空欄(ア)～(カ)に最も適する語句を記入せよ。

(2) 高度によって気温は大きく変化するが，地表から高度 85km までの範囲で，ほとんど変化しないものは何か。最も適当なものを，次の①～④のうちから１つ選べ。〔　　〕

① 水蒸気の量
② 窒素と酸素の体積比
③ 紫外線の強さ
④ 大気の密度

63.
(ア)
(イ)
(ウ)

64.
(1)　　N
(2)　　kg

65.
(1)(ア)
(イ)
(ウ)
(エ)
(オ)
(カ)
(2)

基本例題 7 相対湿度

解説動画

下の表は気温に対する飽和水蒸気圧を表している。現在の気温が 30℃，相対湿度が 70.3%のとき，この空気を 26℃まで冷やしたときの相対湿度(%)を求めよ。ただし，小数第 1 位を四捨五入して答えよ。

気温(℃)	20	22	24	26	28	30
飽和水蒸気圧(hPa)	23.4	26.4	29.8	33.6	37.8	42.4

指針 相対湿度〔%〕＝ $\dfrac{\text{実際に含まれている水蒸気圧}}{\text{その気温での飽和水蒸気圧}} \times 100$

解答 現在気温 30℃，相対湿度 70.3 %なので，表から 30℃の飽和水蒸気圧を読み取り，その 70.3 %が実際に含まれている水蒸気圧となる。

$42.4 \times 0.703 \fallingdotseq 29.8\,\text{hPa}$

26℃まで気温が低下することで，飽和水蒸気圧は 33.6 hPa まで減少するため

$\dfrac{29.8}{33.6} \times 100 \fallingdotseq 88.7\%$

よって，26℃まで冷やしたときの相対湿度は **89 %**

66. 相対湿度と露点● 次の(1), (2)に答えよ。

(1) 図は水蒸気圧と温度の関係を示したものである。曲線は飽和水蒸気圧を表している。点 A の状態にある大気の相対湿度は何%か。小数点以下を四捨五入して整数で答えよ。

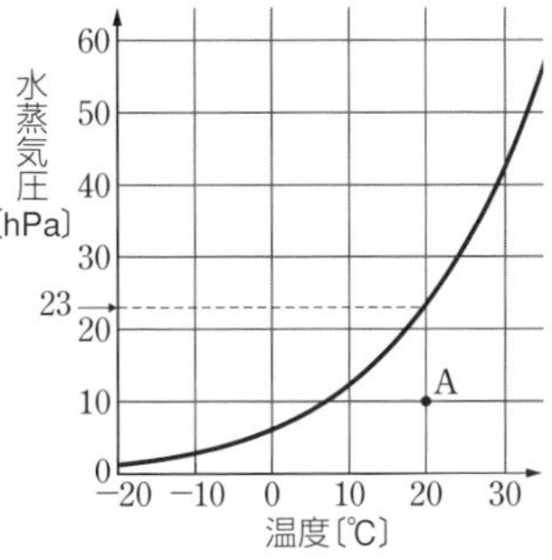

〔　　%〕

(2) 図の点 A の状態から水蒸気圧はそのままで温度を下げていくと，ある温度で水蒸気が飽和した状態になる。その温度(℃)をグラフから読み取り，最も適切なものを次の①～⑨の中から 1 つ選べ。 〔　　〕

① −10℃ ② 0℃ ③ 3℃ ④ 5℃ ⑤ 7℃ ⑥ 10℃ ⑦ 15℃ ⑧ 20℃

▶ 例題 7

67. 雲の形成● 図のような装置を作り，実験を行った。あらかじめフラスコ内の内側を水でぬらし，線香の煙を少量入れた。注射器のピストンを押したり引いたりし，フラスコ内のようすと温度の変化を調べた。ピストンを(^{ア}　　)と霧が発生し，温度が(^{イ}　　)した。その後，ピストンを(^{ウ}　　)と霧が消失し，温度が(^{エ}　　)した。

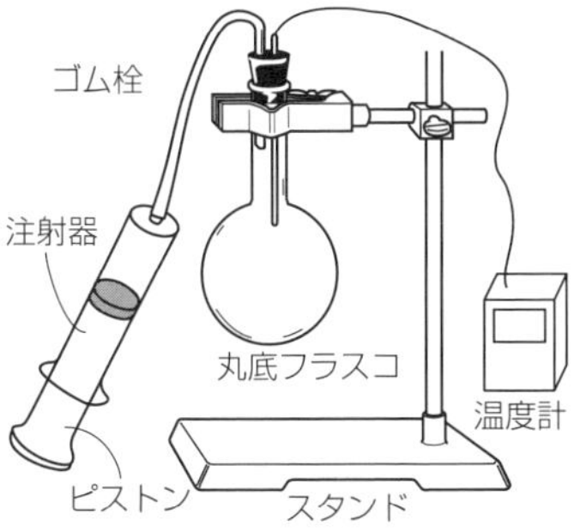

(1) 空欄に適切な語句を次から選んで記入せよ。

押す，引く，上昇，下降

(2) 下線部について，フラスコ内の煙は霧の粒が発生する際，重要な役割を果たす。このような微粒子を何というか，次から選べ。 〔　　〕

① 雲粒 ② 霧粒 ③ 内核 ④ 凝結核

66.
(1) %
(2)

67.
(1)(ア)
(イ)
(ウ)
(エ)
(2)

第3編

リード C

基本例題 8 太陽放射

解説動画

地球を半径 6.4×10^3 km の球として，次の問いに答えよ。

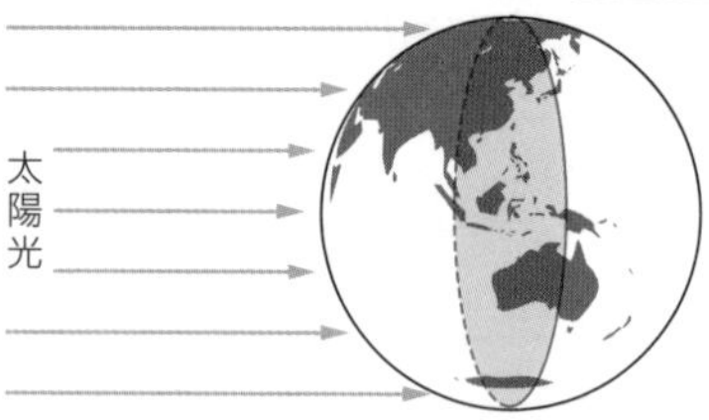

(1) 太陽から1天文単位離れて，太陽光線に垂直な $1\,\mathrm{m^2}$ の面が1秒間に受け取るエネルギー量はいくらか。有効数字2桁で答えよ（$\mathrm{kW/m^2}$ で表せ)。また，それを何というか。

(2) 地球が受け取る1秒間当たりの太陽の放射エネルギーの総量は，何 kW か。

(3) 地球の全表面で平均すると地表 $1\,\mathrm{m^2}$ 当たり1秒間に受け取るエネルギーは何 $\mathrm{kW/m^2}$ になるか。大気の吸収などは無視する。

指針 1W とは，1秒間に 1J のエネルギーが出入りしたり，変化したりすることを示す。

(2) **地球が受け取る太陽の放射エネルギーの総量は，太陽光線に垂直な地球の断面が受け取る量に等しい。**したがって，太陽定数に地球の断面積をかければよい。単位の統一に注意！

(3) 1秒間に受け取るエネルギーの総量を，地球の全表面積 $4\pi\times(\text{半径})^2$ でわればよい。

解答 (1) $1.4\,\mathrm{kW/m^2}$，太陽定数

(2) $6.4\times10^3\,\mathrm{km}=6.4\times10^6\,\mathrm{m}$

地球の断面積は

$3.14\times(6.4\times10^6)^2 \fallingdotseq 1.29\times10^{14}\,\mathrm{m^2}$

よって $1.4\times1.29\times10^{14}\fallingdotseq \mathbf{1.8\times10^{14}\,kW}$

(3) $\dfrac{1.4\times3.14\times(6.4\times10^6)^2}{4\times3.14\times(6.4\times10^6)^2}=\dfrac{1.4}{4}=\mathbf{0.35\,kW/m^2}$

68. 太陽放射量● 地球上の諸活動のほとんどは太陽からのエネルギーでまかなわれている。原理的には地表における測定から補正をほどこすことによって，地球の大気圏外で太陽光線に垂直な 1(ア　　)の面が1秒間に受けるエネルギー量を求めることができる。これを(イ　　　　　)という。その具体的な値は約 $1.4\,\mathrm{kW/m^2}$ であるが，これから太陽が毎秒放射する全エネルギーを求めることができる。

(1) 文中の空欄に適切な単位や語句を記入せよ。

(2) 地球の大気圏外での $1.4\,\mathrm{kW/m^2}$ という値から，太陽が毎秒放射する全エネルギーを計算する際に必要な量は何か。次の中から必ず必要なものを1つ選び，記号で答えよ。 [　　]

① 太陽半径 7.0×10^5 km

② 太陽の質量 2.0×10^{30} kg

③ 地球の平均公転軌道半径 1.5×10^8 km

(3) 上で選んだ値を使って，具体的に太陽が放射する全エネルギーを有効数字2桁で kW 単位で求めよ。

[　　　　　　　kW]

▶例題 8

ヒント 半径 r の球の表面積は $4\pi r^2$。太陽－地球間の距離を半径とする球の表面積を求める。その球面上の $1\,\mathrm{m^2}$ に入射する太陽放射のエネルギーが太陽定数である。

68.

(1)(ア)

(イ)

(2)

(3)　　　　kW

基本例題 9 地球の熱収支

解説動画

図は太陽放射の流れを示す。各々の数値は太陽放射を 100 としてある。

(1) 図の(例)は，「地表の吸収」に該当する。(例)にならって(a)～(c)に適当な語句を当てはめよ。

(2) 太陽からの入射エネルギーを 0.34 kW/m^2 とするとき，地表が吸収する熱量は何 kW/m^2 になるか。

(3) 図から，地球全体では太陽放射の何％を吸収し，吸収した熱量はその後どのような形で宇宙空間に放出されるか。

(4) 地表に吸収された熱はどのようにして大気に輸送されるか。

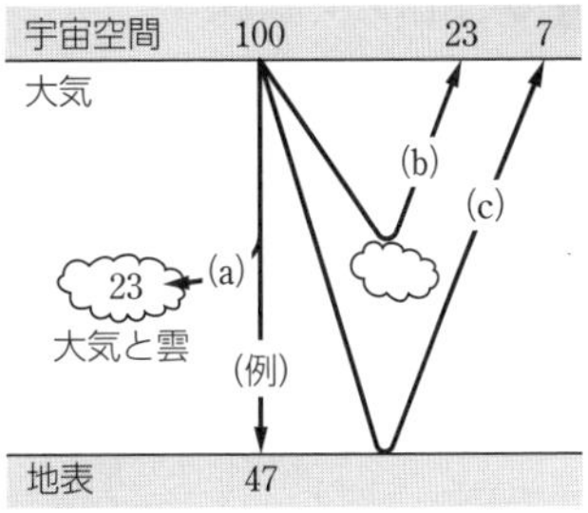

指針 **太陽放射は雲・大気・地表にいったん吸収されるが，地表と大気間で何度も熱のやりとりを行って，結局は宇宙空間へ放出される。** 地表から大気への熱輸送には，放射・対流・水蒸気によるものがある。図より，地表での吸収は大気外での太陽放射の 47％であることがわかるので，(2)の計算は入射エネルギーに 0.47 をかければよい。

解答 (1) (a) 大気と雲の吸収　(b) 大気と雲の反射
(c) 地表の反射

(2) 大気外での太陽放射の 47％が地表で吸収されるのだから

$0.34 \times 0.47 = 0.1598 \fallingdotseq$ **0.16 kW/m^2**

(3) 吸収量は，23 + 47 であるので

$(23 + 47) \div 100 \times 100 =$ **70％**

赤外放射によって宇宙空間へ放出される。

(4) 赤外放射，水の蒸発(潜熱輸送)，熱対流(顕熱輸送)によって大気に輸送される。

69. 地球の熱収支と温室効果● 次の文章を読んで，下の問いに答えよ。

図は，地球の大気上端での太陽放射の平均値を 100 としたときの地球のエネルギー収支を示している。地球大気は，太陽放射をほとんど吸収しないで通過させるが，地表面からの赤外放射の一部を吸収し，逆に地表面に向かって赤外線を放射して，地表面を暖める。<u>これを温室効果という</u>。図から，地球が吸収する太陽放射と同じだけのエネルギーが，地球から宇宙空間に放射されることが確認できる。地表面での太陽放射エネルギーの吸収は，大気上端での太陽放射の(ア　　　)である。これに対し，地球大気からの赤外放射の吸収は，地表面において吸収される太陽放射の(イ　　　)である。

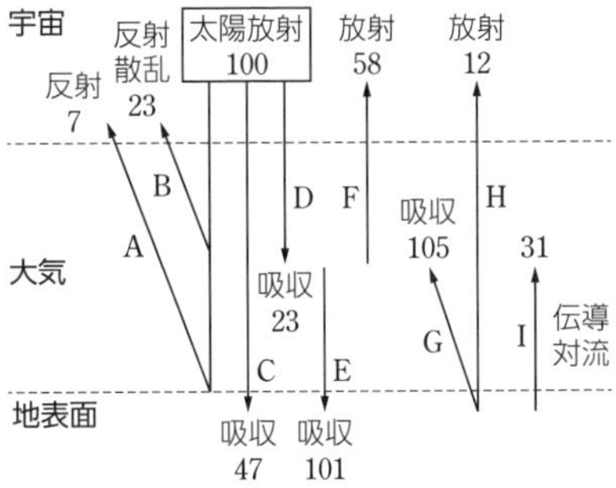

(1) 下線部について，温室効果を表しているのはどれか。図中の記号 A ～ I のうちから 2 つ選べ。　［　　］，［　　］

(2) 文章中の(ア)，(イ)に入る言葉を次の中から選んで記入せよ。

約 4 倍，約 2 倍，量とほぼ同じ，約半分，約 $\frac{1}{4}$

(3) 地球全体(地表面，大気)が吸収する 1 秒当たりの太陽放射エネルギーの総量は何 kW か。ただし，地球の大気上端で受ける太陽放射エネルギーを地球の表面積で平均した値を 0.34 kW/m^2，地球の表面積を 5×10^{14} m^2 とし，有効数字 2 桁で求めよ。

［　　　　　　kW］

▶例題 9

69.
(1)
(2)(ア)
(イ)
(3)　　kW

第3編

第2章 大気と海水の運動

1 大気の大循環

a 緯度による受熱量の違い

高緯度地域ほど太陽高度が低いので，地表面 1 m² 当たりに入射する太陽放射は少ない(左下の図)。

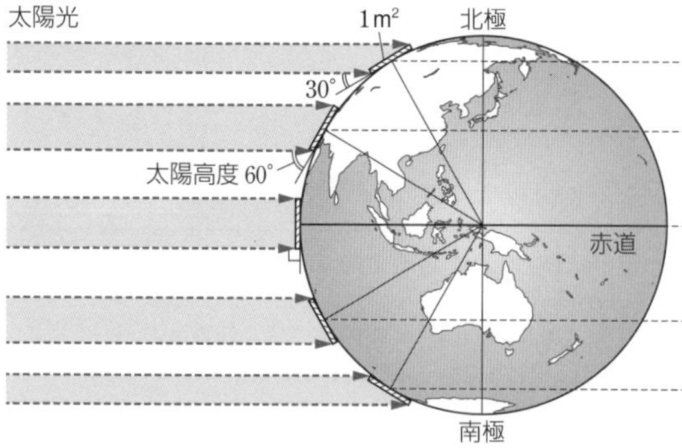

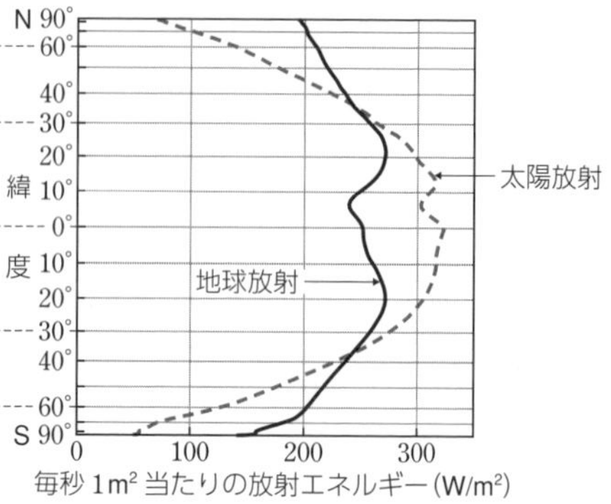

b 大気と海洋の熱輸送

地球放射の緯度による差は，太陽放射の緯度による差よりも小さい(右上の図)。

低緯度地域と高緯度地域では，平均的な放射エネルギー収支においても不均衡が保たれている。これは，低緯度地域で太陽放射として多く受け取った熱エネルギーが，大気や海洋の運動によって高緯度地域へと常に運ばれているからである(右図)。

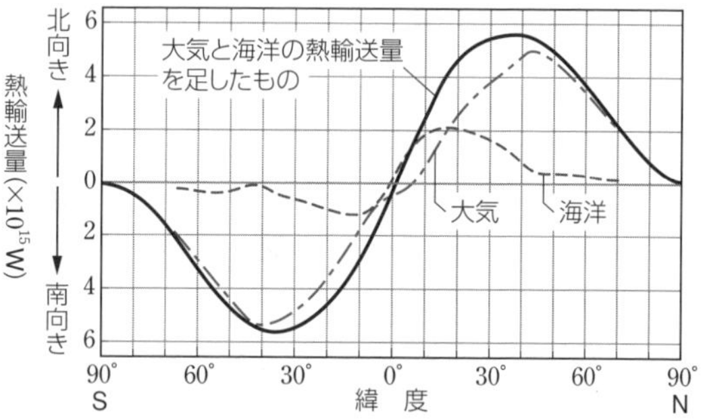

c 大気と海洋の運動

地表付近の平均的な気圧分布を見ると，南北両半球ともに，亜熱帯(緯度 30° 付近)の海洋上に大規模な高気圧がある。その高緯度側では西寄り，低緯度側では東寄りの風が吹いている。

これらの風によって海洋では海流が発生し，亜熱帯を中心として北半球では時計回り，南半球では反時計回りの循環が形成されている。海洋の西側を低緯度から中緯度へ向かう流れは水温が高く，**暖流**(だんりゅう)とよばれる。海洋の東側を中緯度から低緯度へ向かう流れは水温が低く，**寒流**(かんりゅう)とよばれる。

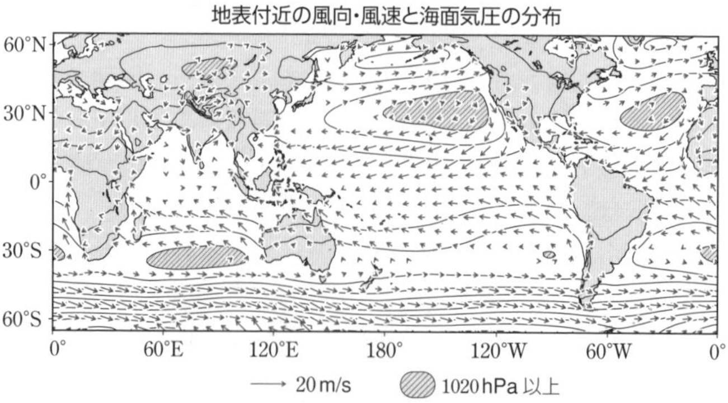

d 低緯度地域の大気循環

赤道付近では海水温の高い海域に，東西に連なった積乱雲の群れができ，多量の雨が降る。この地域を**熱帯収束帯**(ねったいしゅうそくたい)(赤道低圧帯)という。熱帯収束帯で上昇した空気は高緯度側へ移動し，緯度 30° 付近で下降する。この地域を**亜熱帯高圧帯**(あねったいこうあつたい)という。地表付近では，亜熱帯高圧帯から熱帯収束帯に向かって風が吹きこむ。この風を**貿易風**(ぼうえきふう)という。このように，熱帯で上昇し亜熱帯で下降する南北－鉛直面内の大規模な大気循環を**ハドレー循環**という。

e 中・高緯度地域の大気循環

① **中緯度地域の大気循環**　中緯度地域の上空では，ほぼ1年を通して西から東に風が吹いており，この西風を**偏西風**という。偏西風の中でも，特に強い風を**ジェット気流**という。
偏西風は南北に蛇行しながら吹いていて，地上では移動性高気圧や温帯低気圧が西から東へ移動していく。

② **高緯度地域の大気循環**　南極上空には下降気流があり，下層の大気は氷床に接して寒冷な高気圧となっている。南極大陸をおおう高気圧のまわりから吹き出す東風を**極偏東風**という。北極では，南極に比べて大気の循環(極循環)は弱い。

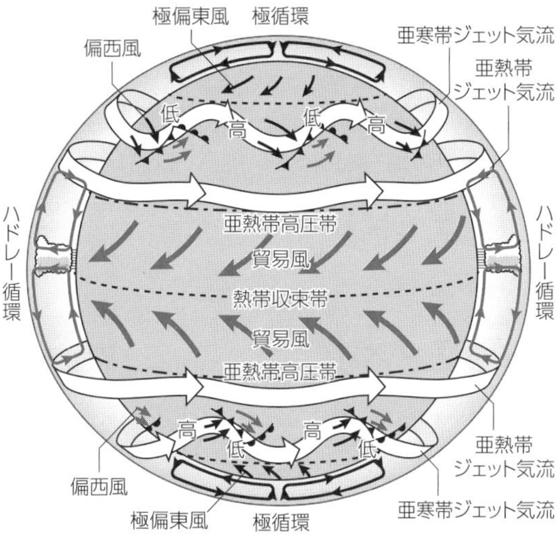

f 地上の高気圧と低気圧に吹く風

風は，気圧の高い所から低い所に向かって吹く。地上の風は，地表との摩擦と地球の自転の効果で，高圧側から低圧側に等圧線を斜めに横切って吹く。そのため，北半球では高気圧の中心から時計回りに風が吹き出し，低気圧の中心に向かって反時計回りに風が吹きこむ。高気圧の内部は下降気流で晴れやすく，低気圧の内部では上昇気流で雲ができやすく，雨や雪が降りやすい。

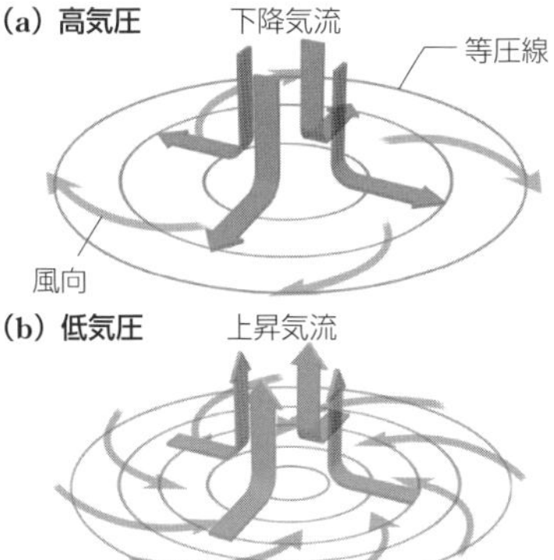

g 温帯低気圧

中緯度では，温帯低気圧が高緯度への熱輸送を担っている。
温帯低気圧　中緯度で発生・発達し，前線を伴う低気圧。
温暖前線　低気圧の東側にでき，寒気の上を湿った暖気がゆるやかに上昇している。
寒冷前線　低気圧の西側にでき，寒気が暖気の下にもぐりこんでいる。強い上昇流に伴い，積乱雲が発達し，激しい雷雨をもたらすこともある。

図a

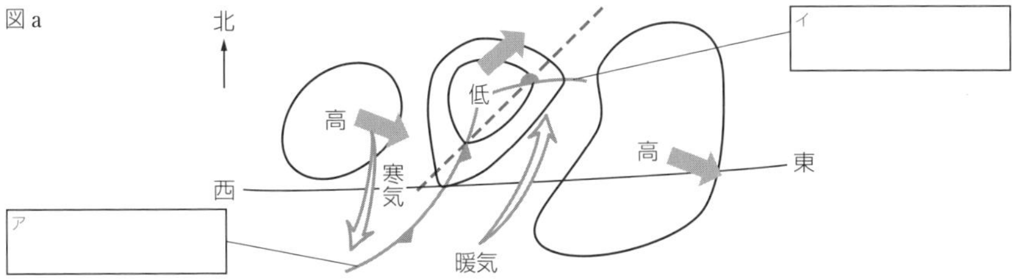

図b

Work!
(1) 図aの［　　］に，温暖前線または寒冷前線のどちらかの前線の名称を記入し，温暖前線は赤，寒冷前線は青でなぞってみよう。
(2) 図aと図bの暖気の流れを表す矢印を赤，寒気の流れを表す矢印を青で塗り分けてみよう。

2 海水の運動

a 海洋の層構造

① **海水の組成** 海水に含まれる塩類の濃度を**塩分**(えんぶん)という。海水中の塩分はふつう 33 ～ 38‰(パーミル)(千分率で海水 1kg 中の g 数)の範囲にある。塩類の組成比は世界の海で一定である。

Work!
海水に含まれる塩類を表す右の表の空欄に，適する物質名と化学式を記入してみよう。

塩類(物質名)	化学式	質量%
ア	NaCl	77.9
塩化マグネシウム	ウ	9.6
イ	$MgSO_4$	6.1
硫酸カルシウム	$CaSO_4$	4.0
塩化カリウム	KCl	2.1

② **水温の鉛直分布** 海洋表層はよく混合されており，水温が鉛直方向にほぼ一様である。この層を**表層混合層**(ひょうそうこんごうそう)という。表層混合層の下に水温が急激に下がる**主水温躍層**(しゅすいおんやくそう)，それより深い部分には，水温がゆるやかに下がってほぼ一様となる**深層**(しんそう)がある。夏季には表面の海水が暖められ，表層混合層は薄くなる。表層混合層は冬季の中・高緯度で特に厚くなり，深さが 100m をこえる。

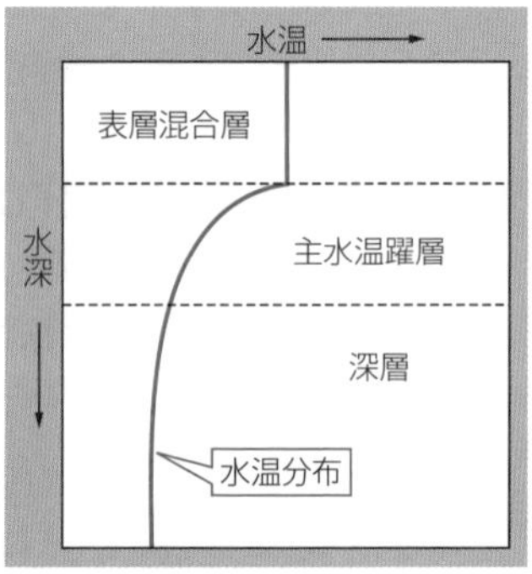

b 海洋の表層をめぐる循環

海面を定常的に吹く風によって**海流**(かいりゅう)がつくられる。北半球の，貿易風と偏西風にはさまれた海域(右図ⓐ，ⓑ)では，表層に時計回りの水平循環が形成される。この循環を**亜熱帯循環系**(あねったいじゅんかんけい)(**亜熱帯環流**(あねったいかんりゅう))という。南半球では逆に反時計回りの循環となっている(右図ⓒ，ⓓ，ⓔ)。このように，風によって引き起こされる海洋表層の循環は**風成循環**(ふうせいじゅんかん)とよばれる。

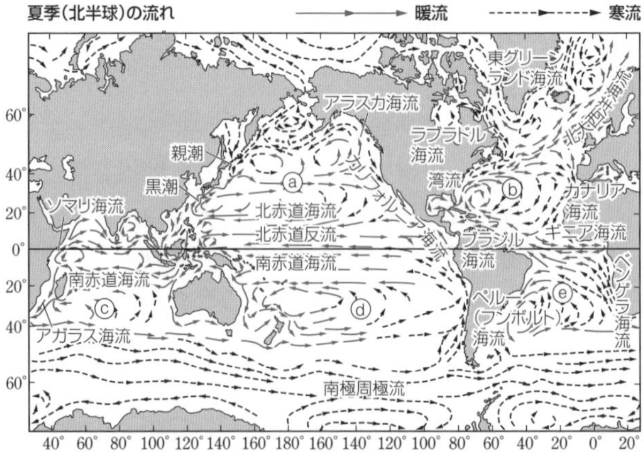

亜熱帯循環系では，赤道へ向かう海流(寒流)は深層からわき上がる水で冷やされ，中緯度へ向かう海流は低緯度域で日射により暖められる。その結果，表層の海流は効率的に低緯度から中緯度へと熱を運ぶ。北半球での低緯度から中緯度への熱輸送はおもに海流によって行われている。

c 海洋の表層と深層をめぐる循環

北大西洋北部や南極沿岸において，低温で高密度の海水が沈みこんでいる。沈みこんだ海水は非常にゆっくりと世界の海洋の深層をめぐり，さまざまな海域でゆっくりと上昇する。この地球規模の海洋の鉛直循環を**コンベアーベルト**という。北大西洋北部で表層から沈みこんだ海水が深層をめぐって，北太平洋で再び表層にもどるまで，約 1500 年かかると考えられている。

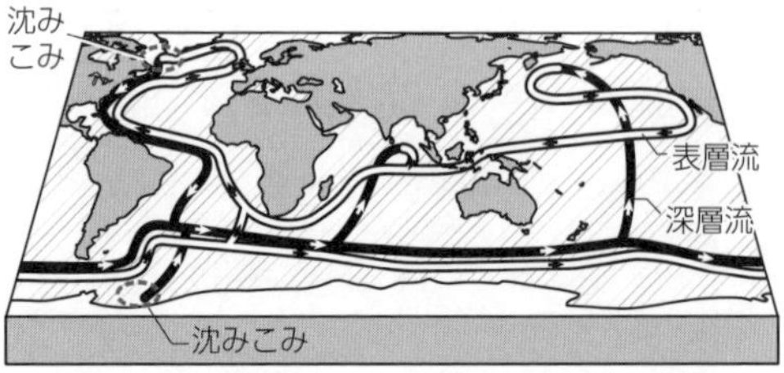

d 地球上の水の循環

① **海陸間の水輸送**　地球上の水の約97%が海洋に存在する。海洋では降水量よりも蒸発量のほうが多い。陸上では，蒸発量よりも降水量が多く，これによって河川の流れが保たれる。陸上の降水の約40%は，風によって海上から運ばれる水蒸気によるものである。

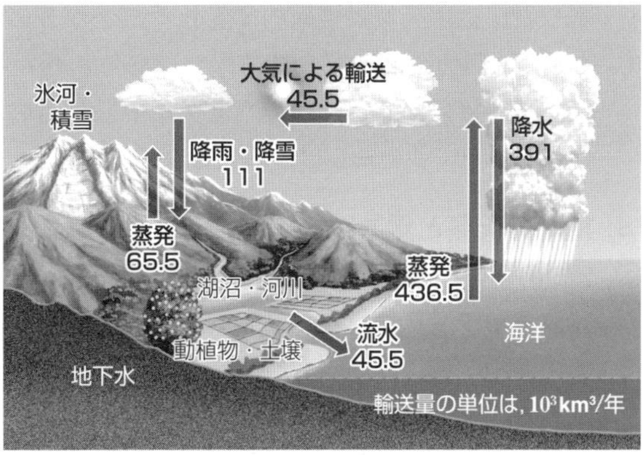

② **水の収支と蒸発量の分布**　降水量と蒸発量の収支は緯度により異なる。高緯度では気温が低いために，蒸発量も降水量も低緯度域より少ない。亜熱帯域では蒸発量＞降水量となっている。蒸発した水蒸気は熱帯や中緯度へと運ばれて(右図の矢印)，輸送先で多量の降水をもたらす。そのため，熱帯と南北両半球の中緯度域で降水量が多い。

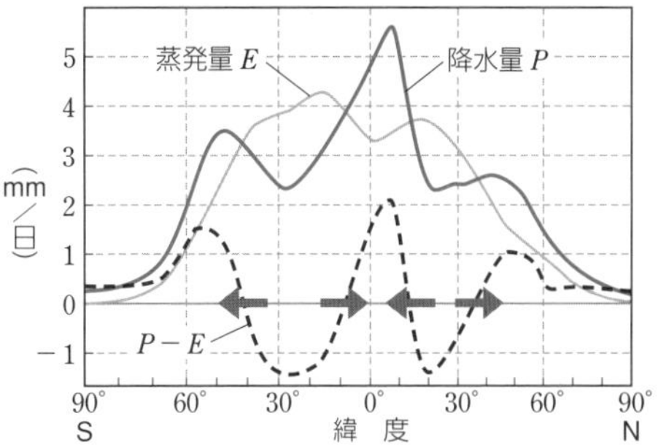

③ **降水量の分布と水蒸気の輸送**　熱帯と中緯度の海上では降水量が特に多い。熱帯の海上では，貿易風によって亜熱帯高圧帯から熱帯収束帯に大量の水蒸気が運ばれるため，東西に連なる積乱雲ができて多量の雨が降る。陸上では，東南アジアやアマゾン盆地などの熱帯域，インドネシア・ニューギニア付近の島々でも降水量が多く，熱帯多雨林(ジャングル)が広がっている。

3 日本の天気と気象災害

a 日本の気候

日本列島はユーラシア大陸の東縁にあり，海に囲まれている。そのため，日本の気候は大陸と海の影響を強く受け，四季がはっきりしている。

b 地表の高気圧と季節風

① **地表の高気圧**　地表付近の高気圧はほぼ一様な気温や湿度をもつ空気の塊(気団)を伴う。
日本付近には4種類の高気圧が形成され，それぞれ最も勢力の強くなる季節の天気に影響する。

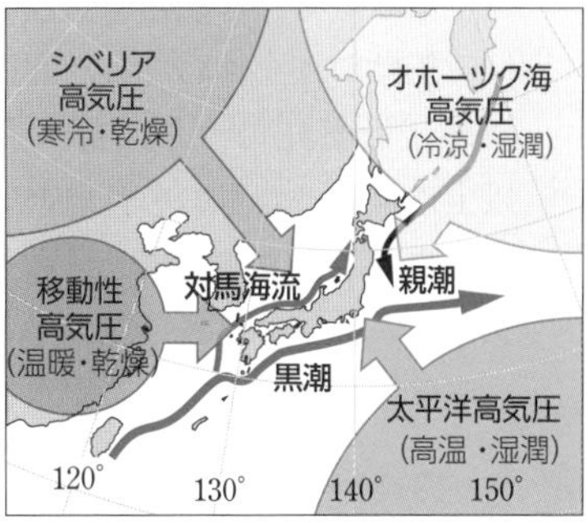

② **季節風**　暖まりやすく冷えやすい大陸では，夏と冬の温度差が大きい。逆に，水は暖まりにくく冷えにくいので，海洋では温度変化が小さい。そのため，大陸と海洋の間で温度差が生じて，地上では季節を通して大規模な風が吹く。これを**季節風**(きせつふう)(モンスーン)という。

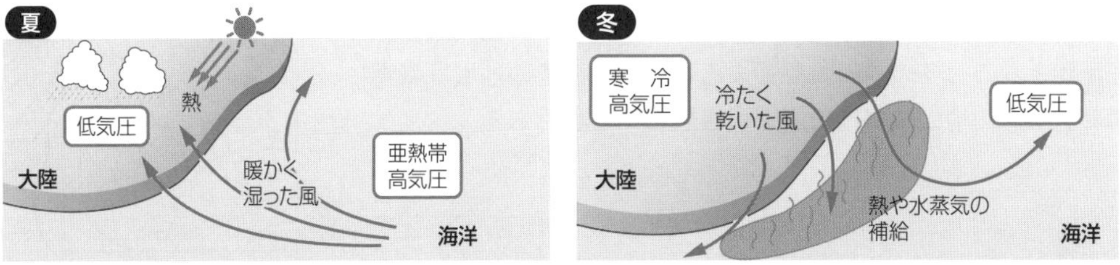

第3編

c 春や秋の天気と気象災害

春や秋には，天気が規則的に変わることが多い。これは偏西風の影響で，日本付近を高気圧と低気圧が交互に西から東へ移動するからである。西から東へ移動する高気圧を**移動性高気圧**という。

低気圧が接近すると，前線や低気圧中心付近の雲の影響で，雨や雪になる。低気圧の通過後は高気圧におおわれて，１～２日は晴天となる。

d 梅雨の天気と気象災害

① **２つの高気圧と梅雨の天気**　春から夏の変わり目(梅雨，６月上旬～７月中旬)には，**太平洋高気圧**と**オホーツク海高気圧**の境目に停滞前線ができる。これを**梅雨前線**といい，曇や雨の日が多くなる。

② **集中豪雨**　狭い範囲に数時間激しく降る雨を**集中豪雨**という。高温多湿の気流が流れこむ場所で，積乱雲が次々と発生する線状降水帯の形成により起こりやすい。集中豪雨の際には，土石流や浸水などの被害が発生することがある。

e 夏の天気と気象災害

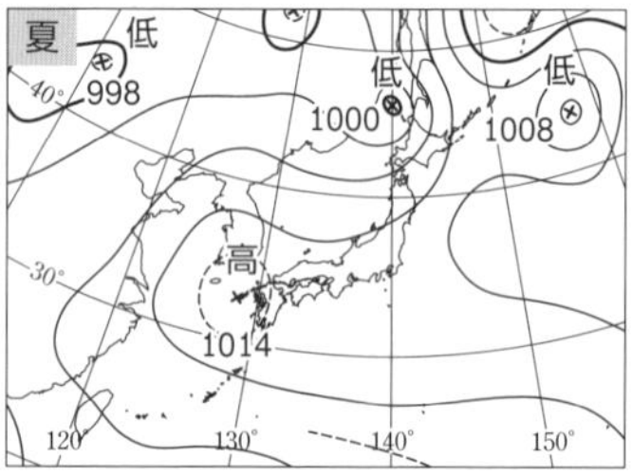

① **南東季節風と夏の天気**　７月後半には太平洋高気圧が強まり，梅雨前線が北上して梅雨が明ける。気圧配置は**南高北低型**となり，蒸し暑い晴天が続くようになる。

② **ヒートアイランド現象と都市型気象災害**　大都市域では，人口や産業の集積により人工排熱が増加し，周辺域に比べて地表気温が高くなる傾向にある。これを**ヒートアイランド現象**という。アスファルト舗装が普及した都市域では，下水の処理能力をこえる大雨が降った際に，道路や地下道の冠水，建物の地階への浸水などの被害が発生する。

f 秋の天気

夏から秋の変わり目(秋りん期)には，**秋雨前線**ができ，曇や雨の日が多くなる。秋りん期を過ぎると，高気圧と低気圧が交互に現れ，天気が周期的に変化する。

g 台風と気象災害

① **熱帯低気圧と台風**　熱帯や亜熱帯の海域で発生する低気圧を**熱帯低気圧**という。熱帯低気圧は前線を伴わない。北西太平洋にある熱帯低気圧のうち，最大風速が 17m/s 以上に強まったものを**台風**という。

② **台風や高潮による災害**　日本列島は７～10月に台風の影響を受けやすい。台風の接近や上陸によって，豪雨による浸水害や土砂災害の危険性が高まるほか，暴風による建物や農作物への被害が発生する。沿岸部では，**高潮**による浸水被害の危険が高まる。

h 冬の天気と気象災害

冬になると，アジア大陸北東部に寒冷・乾燥な**シベリア高気圧**が発達する。一方，日本の北東海上には低気圧が停滞し，**西高東低型**の気圧配置となる。冬の季節風が強まると，日本海側の地域は豪雪に見舞われる。山地の積雪は雪崩を引き起こすこともある。

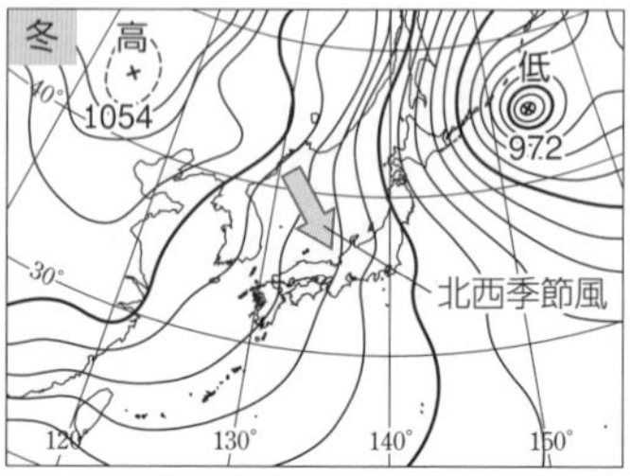

基礎 CHECK

リード B の確認問題

1. 地球が受け取る太陽放射のエネルギーは，高緯度地域と低緯度地域のどちらのほうが多いか。
2. 太陽放射と地球放射によるエネルギー収支で，エネルギーが過剰となるのは高緯度側と低緯度側のどちらか。
3. 緯度による熱収支のかたよりを解消するために，低緯度側から高緯度側に熱を輸送しているものは何と何か。
4. 低緯度地域では強い太陽放射を受けて積乱雲が発達し，大規模な上昇気流が形成される。この地域を何とよぶか。
5. 緯度 20 ～ 30°の地域では，熱帯収束帯で上昇した大気がゆっくりと下降し，雲ができにくく乾燥している。この地域を何というか。
6. 亜熱帯高圧帯から熱帯収束帯に向かって，地表近くを吹く風を何というか。
7. 熱帯で上昇し亜熱帯で下降する大規模な大気の南北-鉛直循環を何というか。
8. 中緯度地域の上空で，1 年を通して西から東に向かって吹く風を何というか。
9. 偏西風の中で特に風速の大きい流れを何というか。
10. 北半球では低気圧の周囲を吹く風は，時計回り，反時計回りのうちどちら向きに回転しながら中心に吹きこむか。
11. 海水に含まれる塩類の濃度を何というか。
12. 海水 1kg 当たりに含まれる塩類の質量(g)を表す単位‰の読み方は何か。
13. 表層混合層は，夏と冬，どちらの季節に厚くなるか。
14. 混合層の下にあって，水温が急激に下がる層を何というか。
15. 海水の流れ(海流)を生み出しているものは何か。
16. 北半球における亜熱帯循環系は時計回り，反時計回りのうちどちらの向きか。
17. 地球上の水のほとんどが存在する場所はどこか。
18. 海上では降水量と蒸発量のどちらが多いか。
19. 大陸と海洋の温度差が原因で，地上では季節を通して大規模な風が吹く。この風を何というか。

1.
2.
3.
4.
5.
6.
7.
8.
9.
10.
11.
12.
13.
14.
15.
16.
17.
18.
19.

20. 春や秋に日本付近を交互に通過する高気圧と低気圧の移動の向きは，東から西か，それとも西から東か。 20.

21. 梅雨前線は，太平洋高気圧と何という高気圧の境目にできる前線か。 21.

22. 太平洋高気圧が強まって，日本付近の典型的な気圧配置が南高北低型となる季節は何か。 22.

23. 日本付近の夏に吹く季節風は，南寄りの風と北寄りの風のどちらか。 23.

24. 夏の都市域で，人工排熱によって地表気温が周辺域より高くなる現象を何というか。 24.

25. 熱帯や亜熱帯の海域で発生する低気圧を何というか。 25.

26. 北西太平洋にある熱帯低気圧のうち，最大風速が 17 m/s 以上に強まったものを何というか。 26.

27. 日本付近の冬に北西の季節風をもたらす高気圧を何というか。 27.

基本問題

基本例題 10 緯度別の太陽放射量

解説動画

春分の日の太陽の南中時に，北緯 60°の地点の地表で受ける日射量は，赤道上で同じ面積の地表面が受ける日射量の何%となるか求めよ。ただし，大気や雲の影響は考えないこととする。

解答 春分の日の南中時に，太陽の南中高度は 90° −(その場所の緯度)となるので，緯度 60°ならば，

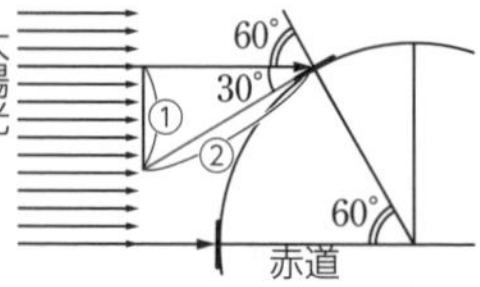

90° − 60° = 30°となる。よって，北緯 60°の地点では太陽光が地表面に対して 30°で入射し，同じ量の太陽光を，赤道では①，緯度 60°では②の面積で受けるため，赤道に対して **50%** となる。

70. 緯度別の太陽放射量● 春分の日の太陽の南中時に，北緯 45°の地点の地表が受ける太陽放射は，赤道上で同じ面積の地表面が受ける熱の約何%か。

ただし，大気による太陽放射の吸収は考えないこととし，$\sqrt{2} = 1.4$ とする。

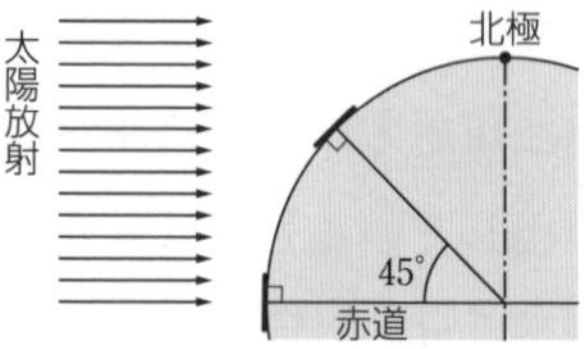

〔　　　%〕

▶例題10

70.

基本例題 11 緯度による熱収支

解説動画

次の問いに答えよ。

(1) 右の図の(A)～(D)はそれぞれ何を表しているか。
(2) 地球全体での(C)の量と(D)の量はどちらが大きいか。
(3) もし，地球上で熱の移動がないとすると，(A)，(B)はそれぞれどうなると考えられるか。
(4) 地球上で，熱の移動に関与する大規模な現象を2つあげよ。

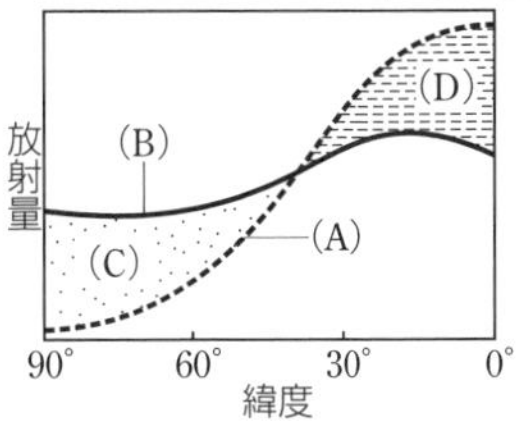

指針 太陽の放射エネルギー量(A)は，低緯度地域から高緯度地域になるにつれて少なくなる。これは高緯度地域ほど太陽高度が低いために，地表面で受け取る太陽の放射エネルギー量が少なくなるからである。
一方，地球から放射されるエネルギー量(B)は，緯度の違いでそれほどには変化しない。このため緯度 35°付近を境にして，それより低緯度地域では太陽放射が地球放射を上回り(D)，高緯度地域では地球放射が太陽放射を上回る(C)。
もし熱の南北の輸送がなければ，低緯度地域は過剰な熱がたまって温度が上昇し，高緯度地域は熱が不足して温度が低下していく。大気の大循環と海洋の大循環により，熱エネルギーは低緯度地域から高緯度地域に輸送され，各緯度の平均気温はほぼ一定に保たれている。

解答 (1) (A) 地球が受け取る太陽の放射エネルギー
(B) 地球が放出する放射エネルギー
(C) 放射エネルギーの不足分
(D) 放射エネルギーの過剰分
(2) 等しい
(3) (A)は変化せず，(B)は(A)に一致する。
(4) 大気の(大)循環，海洋の(大)循環

71. 緯度別熱収支● 図は，緯度別の単位面積当たりの地球放射と，地球に入る太陽放射を示す。

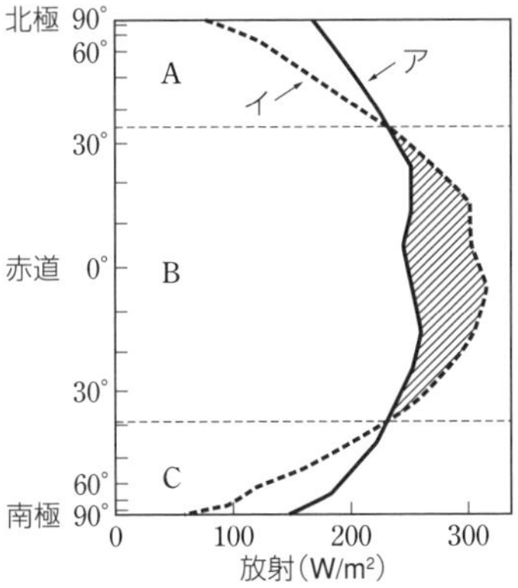

(1) アとイのどちらの線が地球放射を表すか。
［　　］
(2) 斜線部の領域は，エネルギーの量がどのような状態であることを示しているか。
［　　　　　　　　　　］
(3) 図の A，B，C の各領域で，地球に入る太陽放射と地球放射の関係は次の①～③のうちのどれか。
A［　　］，B［　　］，C［　　］
① 太陽放射のほうが地球放射より多い。
② 地球放射のほうが太陽放射より多い。
③ 太陽放射と地球放射はほぼ等しい。

▶例題 11

71.
(1)
(2)
(3) A
B
C

第3編

72. 低緯度地域の大気循環● 右の図は対流圏の大気循環を模式的に表したものである。大気は (a)<u>赤道付近で上昇して</u>南北に分かれ，(b)<u>緯度20 ～ 30°付近で下降する</u>。地球全体を循環しながら，低緯度から高緯度へ熱を運んでいる。

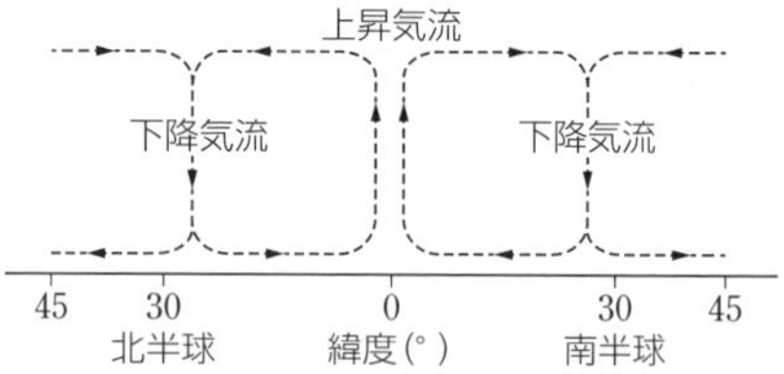

対流圏内での大気の循環(模式図)

(1) 下線部(a)について，大気が上昇する理由として最も適当なものを，次の①～④のうちから1つ選べ。 〔　　〕
① 赤道付近の圏界面は気圧が低く，地表付近の大気が引かれるから。
② 地球の自転により，赤道付近の大気が膨らむから。
③ 赤道付近は強い太陽放射(日射)を受けて，大気が暖められるから。
④ 赤道付近には大陸が少ないため，上昇気流が起こりやすいから。

(2) 下線部(b)について，この地域の特徴として最も適当なものを，次の①～④のうちから1つ選べ。 〔　　〕
① 四季のはっきりした気候である。
② 高温多湿な熱帯多雨林が広がっている。
③ 年間を通して雨の少ない寒冷地が広がっている。
④ 乾燥地帯が多く，砂漠も見られる。

73. 大気の大循環● 次の文中の空欄に下の語群から最も適するものを選んで記入せよ。

地球の大気は赤道地方と極地方で受ける太陽放射の差によって大循環を起こし，地球の(ア　　)の影響により，各半球の南北循環は3つに分断されている。

赤道付近で熱せられて上昇した大気は北上し，緯度(イ　　)度付近で下降して(ウ　　)をつくり，地表付近では(エ　　)となって(オ　　)へもどる。このような循環を(カ　　)循環という。一方，(ウ　　)から高緯度側に向かった風は(キ　　)となる。この風は亜熱帯上空の高さ約(ク　　)kmの圏界面付近で特に強く，ときには風速が約100m/sにも達する。この上空の強い風を(ケ　　)といい，ふつう(コ　　)しながら吹いている。ここでは水平面内での流れの波動が熱の南北輸送を担っているのが特徴である。

〔語群〕 ハドレー，公転，自転，極偏東風，北東貿易風，偏西風，
ジェット気流，熱帯収束帯，亜熱帯高圧帯，南北に蛇行，
西から東へ直進，5，11，30，60

72.
(1)
(2)

73.
(ア)
(イ)
(ウ)
(エ)
(オ)
(カ)
(キ)
(ク)
(ケ)
(コ)

74. 海水の組成● 次の文中の空欄に適切な語，数，単位を記入せよ。ただし，(キ)，(ク)には下の①と②のうち適するものを選んで記入せよ。

海水中にはいろいろな塩類が含まれているが，量の多いものから順に3つあげると，(ア　　　　)・(イ　　　　)・硫酸マグネシウムである。海水中の塩分(塩類の濃度)は海水(ウ　　　)中に何gの塩類を含んでいるかで表す。この割合を(エ　　　)といい，(オ　　)という記号で示す。塩分の平均的な値は(カ　　　)である。海水では，塩分は場所に(キ　　)が塩類の組成は場所に(ク　　)ので，塩分は海水中の塩素の量の測定から求めることができる。

① よらずほぼ一定である　　② よって異なる

75. 水温の鉛直分布● 海水は鉛直方向に層構造を形成している。海洋の表層には，水温が比較的高く，風や波の影響でよくかき混ぜられている(ア　　　　)がある。この層は，中緯度や高緯度において，特に風が強まり海水が大きくかき混ぜられる(イ　　)季に(ウ　　)くなる。この層の下には，水温が深さとともに急速に低下する(エ　　　　)が存在する。さらに水深が深くなると，水温が低くほぼ一様な(オ　　　)となる。

(1) (ア)～(オ)に入れる最も適当な語句を，次の語群から選んで記入せよ。

〔語群〕 春，夏，秋，冬，薄層，深層，
薄，厚，表層混合層，主水温躍層

(2) 図は，北西太平洋上の地点(40°N，170°E)における，ある年の1月と7月の平均水温を表している。①と②のグラフのうち1月を示すのはどちらか。

〔　　　〕

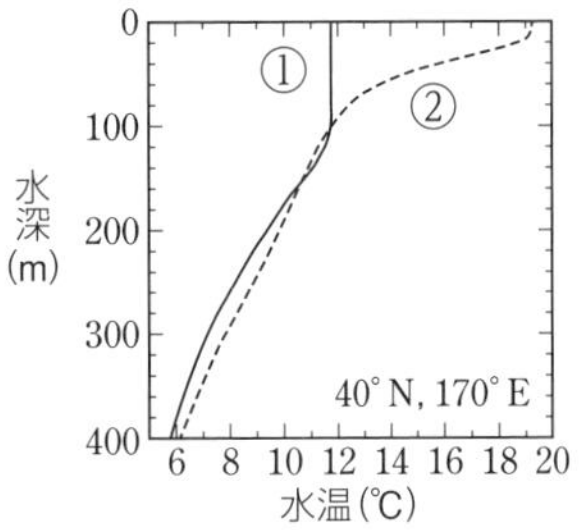

76. 海洋の循環● 海洋表層の水平的な循環(環流)の例に，北太平洋中緯度において東西の幅全体に広がる時計回りの巨大な循環がある。この循環を亜熱帯循環系という。海洋の深層には，表層と一体になった次のような循環がある。表層の海水は，(A)ある海域で何らかの理由で密度が大きくなって沈降し，深層に至る。この海水は長い時間をかけて深層内を移動し，最終的にはゆっくり上昇して表層にもどる。

(1) 北太平洋の亜熱帯循環系を構成している海流として正しいものを次から2つ選べ。 〔　　　〕，〔　　　〕

親潮，黒潮，湾流，北赤道海流

(2) 亜熱帯循環系が形成される原因として最も適当なものを次から選べ。

〔　　　〕

海上の風，海上の降水，海面での水温の南北差，海面での塩分の南北差

(3) 文中の下線部(A)に関連し，北太平洋の深層を占めている海水は，どの海域の海水が沈降して形成されたものと考えられるか。最も適当なものを次から選べ。 〔　　　〕

太平洋赤道域，インド洋，大西洋赤道域，北大西洋北部

74.
(ア)
(イ)
(ウ)
(エ)
(オ)
(カ)
(キ)
(ク)

75.
(1)(ア)
(イ)
(ウ)
(エ)
(オ)
(2)

76.
(1)
(2)
(3)

第3編

77. 日本の天気● 次の文章の空欄に最も適切な語句を記入せよ。

日本の天気は1年を通じて変化に富み，四季によって明瞭な違いがあることが，その特徴である。

春には，(ア　　　　)と(イ　　　　)が交互に日本付近を通過し，寒暖をくり返しながら暖かくなる。(ア　　　　)が日本海に入り急速に発達すると(ウ　　　　)側から湿潤な空気が日本列島に吹きこみ，山地をこえて(エ　　　　)側に吹き降りるとフェーン現象が発生することがある。

6月中旬になると(オ　　　　)高気圧と(カ　　　　)高気圧の間に(キ　　　　)が停滞し，ぐずついた天気が続く。夏には，日本列島は広く(オ　　　　)高気圧におおわれて，蒸し暑い日が続く。

秋に大陸側の高気圧が強くなってくると，(ク　　　　)が停滞し長雨をもたらす。また，熱帯の(ケ　　　　)太平洋上で発生，発達した台風が，日本に接近したり上陸したりして大きな被害をもたらすことがある。

冬には，日本列島の周辺は西高東低の気圧配置になり，冷たい北西風が吹きこみ，山地の(エ　　　　)側で雪を降らせる。

78. 春の天気● 次の文章を読み，下の問いに答えよ。

図は春のある日の日本付近の地上天気図を示している。図中のLは低気圧，Hは高気圧を意味する。東北地方の東の海上にある低気圧の中心付近に閉塞(へいそく)前線が見られ，その前線から(a)温暖前線と寒冷前線がそれぞれ南東方向，南西方向に延びている。この時期の日本周辺の天気は，(b)高気圧と低気圧が交互に通過することで(c)周期的に変わることが知られている。

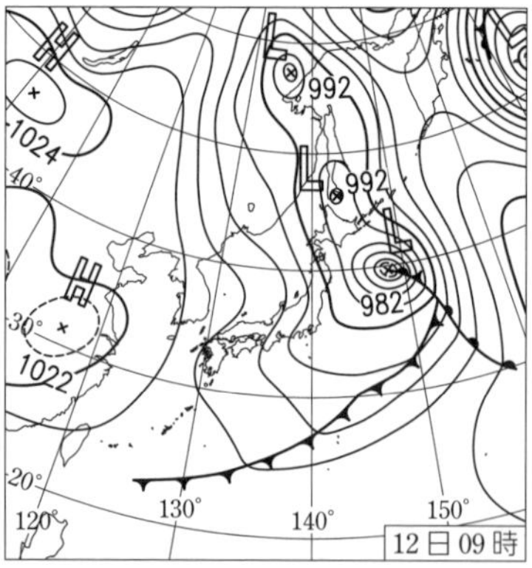

(1) 下線部(a)に関して，通過前後に激しい雨や雷雨をもたらす可能性が高い前線はどちらか。

〔　　　　〕

(2) 下線部(b)に関して，図に示されているような高気圧と低気圧の名称を答えよ。

〔　　　　〕，〔　　　　〕

(3) 下線部(c)に関して，春に，ある低気圧が接近してから，次の低気圧が接近するまでの期間として最も適切なものを，次の①～④から1つ選べ。

〔　　〕

① 1～2日
② 4～5日
③ 8～10日
④ 12～15日

77.
(ア)
(イ)
(ウ)
(エ)
(オ)
(カ)
(キ)
(ク)
(ケ)

78.
(1)
(2)
(3)

79. 日本の天気と気象災害●　次の図のA～Cは，ある日の日本付近の地上天気図を示し，2月，7月，10月のいずれかに相当する。また，下の①～③の文章は，A～Cの天気図で示された日のいずれかの気象状況を表している。A～Cは，それぞれ何月の天気図であるか。また，それぞれの天気図で示された日の気象状況を①～③の中から選べ。

A〔　　月,　　〕　B〔　　月,　　〕　C〔　　月,　　〕

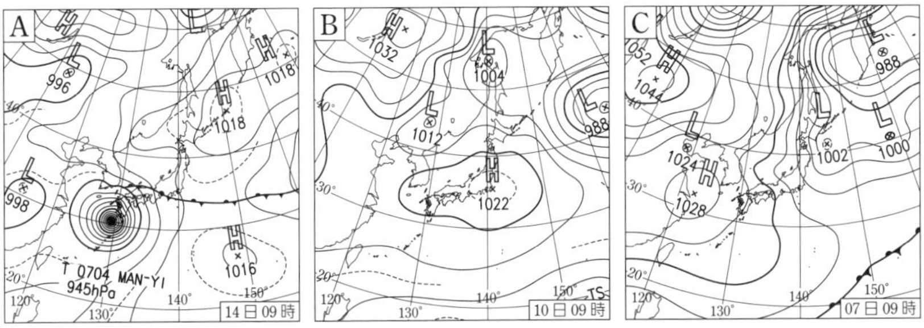

① 冬型の気圧配置となり，日本海側の広い範囲で豪雪に見舞われた。
② 梅雨前線に向かって台風から暖かく湿った空気が流入し，西日本から東日本の太平洋側で大雨となった。
③ 日本列島は高気圧におおわれて，ほぼ全国的に秋晴れとなった。

80. 台風と気象災害●　次の文章を読み，下の問いに答えよ。

北太平洋西部で発生した(ア　　　)低気圧のうち，最大風速が(イ　　　)m/s以上に発達したものを台風とよぶ。台風が日本列島を通過するとき，気圧の低下による海面の(ウ　　　)作用や，強風による海水の(エ　　　)作用によって，海岸付近の海面が異常に高くなる(オ　　　)という現象が起きることがある。図1は北上しながら鹿児島市の近くを通過した台風Aと台風Bの経路を示している。台風が図1のような経路をとるとき，台風の中心に対して(カ　　)の方位にある南に開いた湾で(オ　　　)の被害が起きやすい。

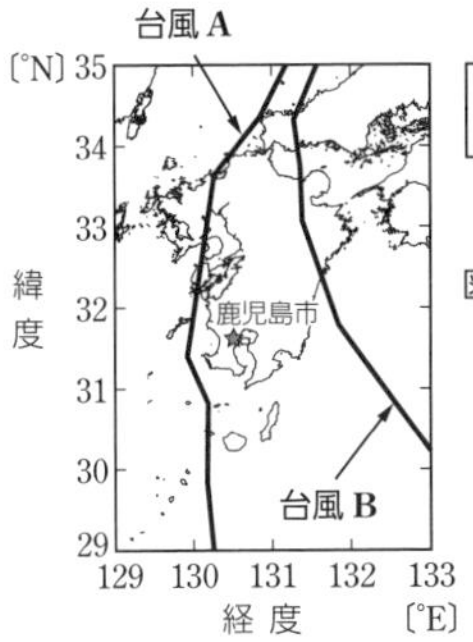

図1　鹿児島市に接近した台風の経路

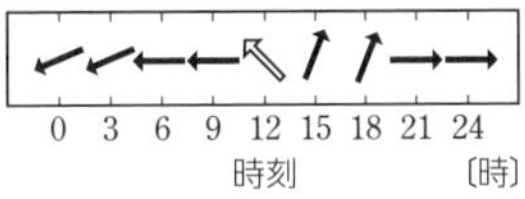

図2　鹿児島市における3時間ごとの風向（方位は図1と同じで，白抜きの矢印は台風が鹿児島市に最接近した時刻の風向を示す）

(1) 文章中の(ア)～(カ)に当てはまる最も適当な語句または数値を次の語群から選び，記入せよ。

〔語群〕 津波，大潮（おおしお），高潮（たかしお），温帯，熱帯，押し下げ，吸い上げ，吹き寄せ，東，西，南，北，14，17，19

(2) 鹿児島市に台風が接近し通過した間の3時間ごとの風向変化を図2に示す。台風が鹿児島市に最接近した時刻の風向は白抜きの矢印で示す。鹿児島市での風向が図2のように変化する台風の経路は図1の台風Aと台風Bのどちらの場合か。〔　　　　〕

79.
A　　　月
B　　　月
C　　　月

80.
(1)(ア)
(イ)
(ウ)
(エ)
(オ)
(カ)
(2)

第1章 地球の環境と日本の自然環境

リードA

1 気候の自然変動

a エルニーニョとラニーニャ

① **大気と海洋の相互作用による変動**

エルニーニョ(現象)　赤道太平洋東部(南米ペルー沖)の表層水温が平常時より1～4℃高くなる状態が半年以上続く現象。貿易風が弱まり，表層の暖かい海水が東方に広がることによって起こる。

ラニーニャ(現象)　エルニーニョと反対に，貿易風が強まり，赤道太平洋東部の表層水温が平常時よりもさらに低くなった状態が続く現象。

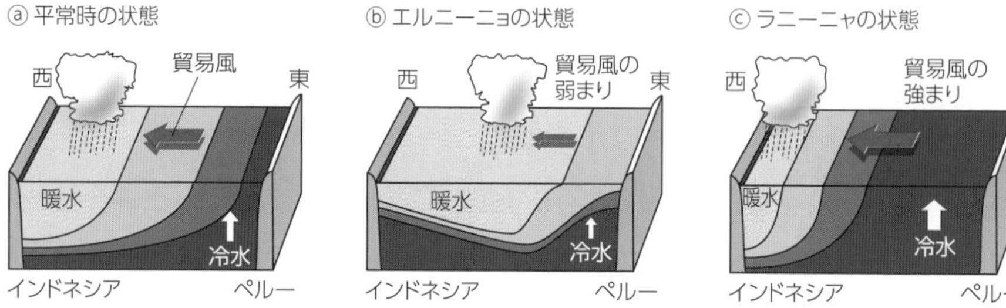

② **世界各地への影響**

エルニーニョの状態では，暖水域とともに大気の上昇流域が東にずれ，ペルーなどで大雨，オーストラリアやインドネシアなどで干ばつが起こりやすい。ラニーニャの状態では，熱帯太平洋西部で上昇気流が強まり，降水量が増加する。エルニーニョやラニーニャが起こると，世界のさまざまな地域で異常気象が発生しやすくなる。

③ **日本への影響**

エルニーニョが起こると，日本付近では暖冬(だんとう)や，梅雨が長引いて冷夏(れいか)になりやすい。ラニーニャが起こると，寒冬(かんとう)や暑夏(しょか)になりやすい。

b 火山噴火と気候

大規模な火山噴火では，噴煙が成層圏にまで達する。噴煙に含まれる二酸化硫黄から生じる硫酸液滴(えきてき)は，何か月も成層圏を浮遊し，太陽放射を宇宙空間へ反射する。1991年のピナトゥボ火山(フィリピン)が大噴火した後には，地球の平均地表気温がわずかながら低下した。

2 人間活動による環境変化

a 地球温暖化

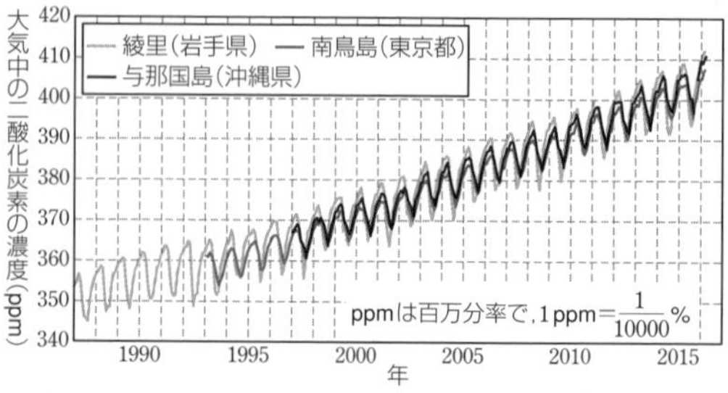

① **人間活動と気温の変化**　化石燃料の消費が大気中の二酸化炭素濃度を増加させている。二酸化炭素は，メタンや二酸化窒素，フロン，オゾンなどとともに**温室効果ガス**である。温室効果ガスの放出が続くと温室効果が強まり，**地球温暖化**(ちきゅうおんだんか)が進む。

② **地球温暖化の影響**　温暖化によって陸上の氷がとけると，海水量が増加する。また，海水温が上昇すれば海水は膨張する。こうして海面水位の上昇が起こり，標高の低い島々は水没のおそれがある。他にもさまざまな異常気象や生物圏への影響も危惧(きぐ)される。

③ **気候変動の予測と対策**　スーパーコンピュータを用いた将来の気候の予測が進行中であり，IPCCによって成果がまとめられ，数年毎に報告されている。

b オゾン層破壊

1930年代に人工的に生成されたフロンは，塩素，フッ素，炭素などからなる気体である。フロンは成層圏で紫外線によって分解され，そのとき放出される塩素原子がオゾン分子の分解に関与し，オゾン層を破壊する。1980年代中ごろから南半球での春先に，南極上空でオゾンの極端に少ない領域が現れ，これを**オゾンホール**とよぶ。オゾン層が破壊されると，地上に達する紫外線が増え，皮膚がんの増加や生物への影響が現れると警告されている。

オゾンホール(2003年9月24日)

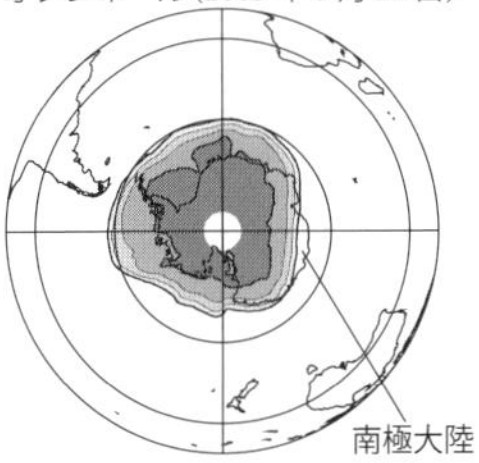

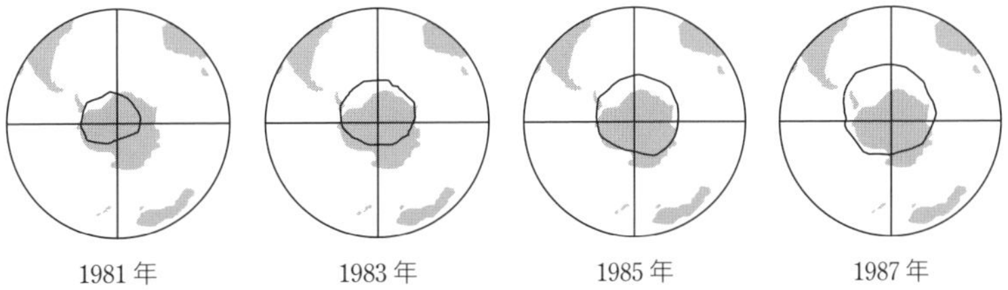

Work! 上図右は，1981年から1987年まで2年おきの南極上空のオゾンホールの広がりを示したものである。それぞれの年のオゾンホールの領域に色を塗ってみよう。

c 砂漠化

① **乾燥地域の灌漑** 人類が利用可能な淡水資源は4万km^3程度あり，蒸発した海水が降水となる水循環のしくみで還元されている。淡水の利用は農業での利用が多く，農業用水の確保のために灌漑が行われているが，乾燥地域での水利用に伴う環境問題が深刻化している。

② **砂漠化** 気候変動や人間活動によって，乾燥地域の土地がやせて植物が育たなくなり，砂漠の面積が広がっていく現象を**砂漠化**という。地質時代の砂漠は自然環境の変化によって生じたものだが，近年世界各地で起こっている砂漠化の大半は，過剰な灌漑や放牧，森林伐採などの人間活動によって生じたものである。

③ **黄砂** 中国やモンゴルの砂漠から飛来する砂塵は**黄砂**とよばれ，春に多く発生している。黄砂に付着する汚染物質に起因する健康問題が危惧されている。

d 酸性雨

pH5.6以下の雨を**酸性雨**といい，工場や車の排ガス中の窒素酸化物や硫黄酸化物が雨滴に溶けこむことにより発生する。酸性雨対策として脱硫装置の設置や硫黄酸化物の排出規制が行われ，1990年代になると酸性雨被害を受けた北欧や東欧，北米の大気環境は大きく改善した。

e 地球環境システム

① **地球環境システム** 人間の生存にとって欠かせない，大気や水，地面，生物などの自然環境の中で，共通した特徴をもつ範囲や区域を圏という。自然環境は，大気圏，水圏，雪氷圏，地圏，生物圏などに分けられる。気候変動に対する人間活動の影響を調べる際には，自然環境の全体像を，各圏が相互に作用しあう1つのシステムとしてとらえる必要がある。

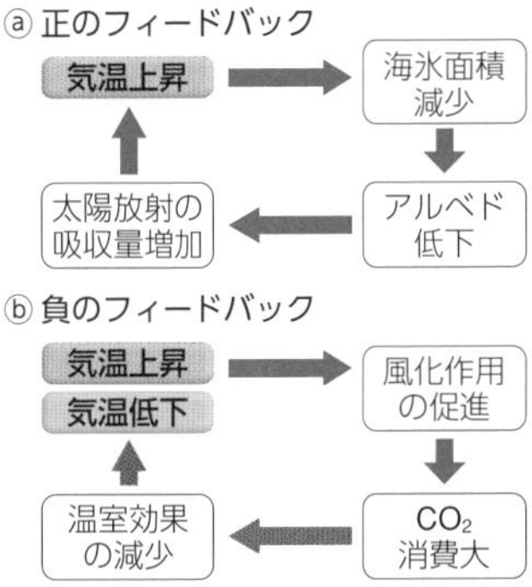

② **フィードバック** 複雑な地球環境システムでは，何かのきっかけで起こった変化によって，さまざまな過程が連鎖的に起こる場合がある。

正のフィードバック 初めの変化を加速・増幅させる過程

負のフィードバック 初めの変化を打ち消してシステムを安定させる過程

3 日本の自然環境

a 日本列島の特徴

① **日本の地形** 日本周辺では4つのプレートが互いに押しあっており，さまざまな地形が形成されている。

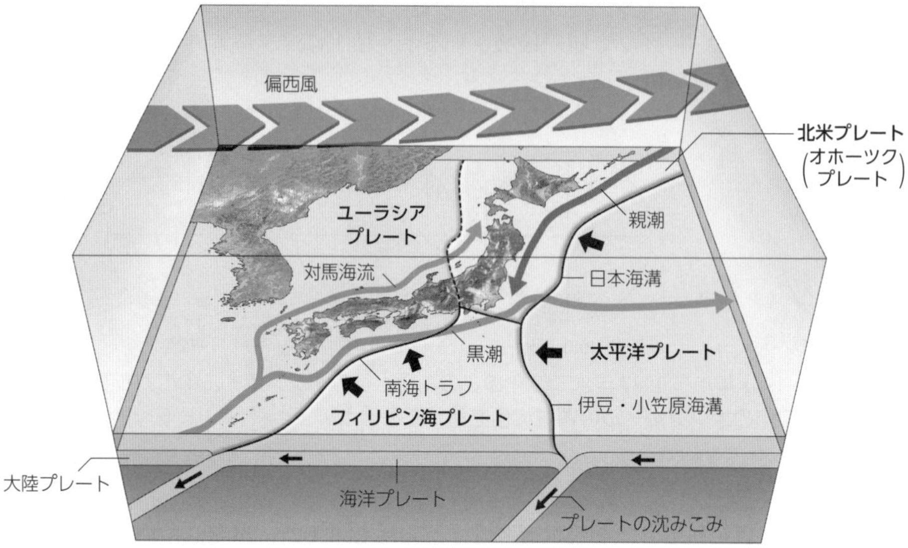

山地・山脈 火山地域やプレートの衝突で隆起した地域，密度の小さい花崗岩が分布する地域で，河川による侵食が進み，急峻（きゅうしゅん）な地形が形成されている。

平地・盆地 山地の河川から運ばれる土砂が厚く堆積している。

海岸地域 海岸線にそった海水の流れ（沿岸流）で運ばれる砂が堆積した海岸平野や，陸地が沈降してできたリアス海岸などが発達している。

② **水資源** 日本は質と量の両面において水資源に恵まれている。生活用水や農業だけでなく，水力発電や工業用水など多面的に利用されている。

b 自然災害

日本は豊かな自然環境に恵まれている一方で，地震や火山活動が活発である。また，集中豪雨や台風などの極端な気象による災害も多い。土砂災害は，地震・火山活動，気象災害のいずれによっても引き起こされる可能性がある。

① **地震による土砂災害** 地震動によって斜面崩壊や地すべりなどの土砂災害が発生する。（例：2008年岩手・宮城内陸地震による斜面崩壊）

② **火山噴火による土砂災害** 火山噴火で山体崩壊が引き起こされると，岩屑なだれによって土砂災害が発生する。（例：1888年の岩手県・磐梯山の噴火）

③ **大雨による土砂災害** 台風や集中豪雨によって短時間で大量に雨が降る。斜面に多量の雨が降ると，斜面の地盤がゆるみ，斜面崩壊や地すべり，土石流などの土砂災害が発生しやすくなる。（例：2011年台風の大雨による，紀伊半島での深層崩壊）

④ **土砂災害への対策** 深刻な土砂災害が起こる場所とタイミングを予測することは難しいが，日本の各自治体は，土砂災害危険箇所や土砂災害警戒区域を指定し，公開している。大雨による土砂災害の危険性が高まったときには，都道府県と気象庁が共同で，土砂災害警戒情報を発表する。土砂災害の危険性が高まったときには，早めに避難することが重要である。

基礎 CHECK

リード B の確認問題

1. 数年に一度，赤道太平洋東部の表層水温が平常時より高まる現象を何というか。
2. エルニーニョは，何が弱まることによって起こるか。
3. エルニーニョとは反対に，貿易風が強まることで起こる現象を何というか。
4. 石油や石炭などの化石燃料の主成分である炭素が燃焼することによって大気中に放出される気体は何か。
5. 二酸化炭素，メタン，フロンなどのように赤外放射を吸収して再び放射し，地表を暖める効果をもつ気体を何というか。
6. 氷河・氷床の融解や海水の膨張によって，海面水位はどのようになるか。
7. 塩素，フッ素，炭素などからなり，オゾン層を破壊する原因となる気体を総称して何というか。
8. 南半球での春先に，南極上空に現れるオゾン濃度が極端に少ない領域を何というか。
9. オゾン層が破壊されることによって地上への到達量が増加し，皮膚がんなどの原因となるような電磁波を何というか。
10. 自然環境の変化や人間活動の影響により，地表の植物が失われ，砂漠となっていく現象を何というか。
11. 中国やモンゴルの砂漠から発生する砂塵を何というか。
12. 窒素酸化物や硫黄酸化物が雨滴に溶けこみ発生する，pH が 5.6 以下の雨を何というか。
13. 自然環境の中で，共通した特徴をもつ範囲や区域を何というか。
14. 地球環境問題を考えるとき，自然環境全体を大きな 1 つのシステムとしてとらえる必要があるが，このシステムを何というか。
15. 初めの変化を打ち消して地球環境システムを安定させようとする過程は，正のフィードバックと負のフィードバックのどちらか。
16. 日本周辺で互いに押しあっているプレートは，ユーラシアプレート，北米プレート，太平洋プレートともう 1 つは何か。
17. 日本の地形の傾斜は比較的ゆるやかであるか，それとも急であるか。

1.
2.
3.
4.
5.
6.
7.
8.
9.
10.
11.
12.
13.
14.
15.
16.
17.

基本問題

81. エルニーニョ● 太平洋では，(　　　)に一度，赤道域東部の海水温が平常時より数℃上昇するエルニーニョが起こる。エルニーニョが起こっていないときには，赤道太平洋上では強い東風が吹いているため，暖かい海水の層は[ア]{東，西}部ほど厚く，[イ]{東，西}部では冷たい海水の湧昇(深いところからの海水のわき上がり)が起こっている。この東風が弱まると，[ウ]{東，西}部に集められていた暖かい海水は[エ]{東，西}の方に広がり，湧昇も弱まる。その結果，東部の海面水温が上昇する。これがエルニーニョである。

反対に，ラニーニャが起こっているときには，東風が[オ]{強まる，弱まる}ために，暖かい表層の海水が[カ]{東，西}に流され，それを補うように冷水の湧昇は[キ]{強まる，弱まる}。これにより東部の表層水温は[ク]{上がる，下がる}。

(1) 上の文中の空欄に入れる期間として適切なものを次から選んで記入せよ。
　数週間，数か月，数年，数十年

(2) 上の文中の{ }の中の正しいものを選べ。
　(ア)[　　　]，(イ)[　　　]，(ウ)[　　　]，(エ)[　　　]，(オ)[　　　]
　(カ)[　　　]，(キ)[　　　]，(ク)[　　　]

(3) 気象や気候に大きな影響を及ぼす海洋の特徴を述べた文として**誤っているもの**を，次から1つ選べ。 [　　　]
① 海洋は水蒸気の供給源である。
② 海洋は陸地に比べて温度変化が大きい。
③ 海洋は熱を南北方向に輸送する。
④ 海洋は二酸化炭素を吸収・放出する。

82. 温室効果● 地球大気では，(a)放射(電磁波)に対する水蒸気や二酸化炭素などの作用により，地表や大気下層の温度を上げる(b)温室効果が生じている。そのような効果をもたらす大気中のガス成分は，温室効果ガスとよばれている。近年，人間活動が原因で大気中の温室効果ガスの濃度が増加しつつある。これにより温室効果が現在よりも増し，地球規模で気候が(c)温暖化し，地球環境に大きな変化が起こると危惧されている。

(1) 下線部(a)で述べられている放射(電磁波)の種類は何か。次から1つ選べ。
　X線，紫外線，可視光線，赤外線 [　　　]

(2) 下線部(b)を生じさせる要因として**関係のないもの**を，次から1つ選べ。 [　　　]
① 地表における太陽放射の吸収　② 雲による太陽放射の反射
③ 大気から地表への放射の放出　④ 大気による地表からの放射の吸収

(3) 下線部(c)の結果として，どのような現象が起こると危惧されているか。最も適当なものを，次から1つ選べ。 [　　　]
① 酸性雨が発生し，大部分の生物が生存できなくなる。
② 気温や降水量の地理的分布が変化し，生態系に変化が生じる。
③ 成層圏オゾンが増加し，皮膚がんの発生率が世界中で高まる。
④ 海氷が融解し，海水の塩分が増加する。

81.
(1)
(2)(ア)
(イ)
(ウ)
(エ)
(オ)
(カ)
(キ)
(ク)
(3)

82.
(1)
(2)
(3)

83. 二酸化炭素濃度● 図は，ハワイ島のマウナロアで測定した大気中の CO_2 濃度の変化を示している。この CO_2 濃度の変化には，(A)毎年着実に増加していること，(B)春に高く秋に低いこと，などの特徴がある。

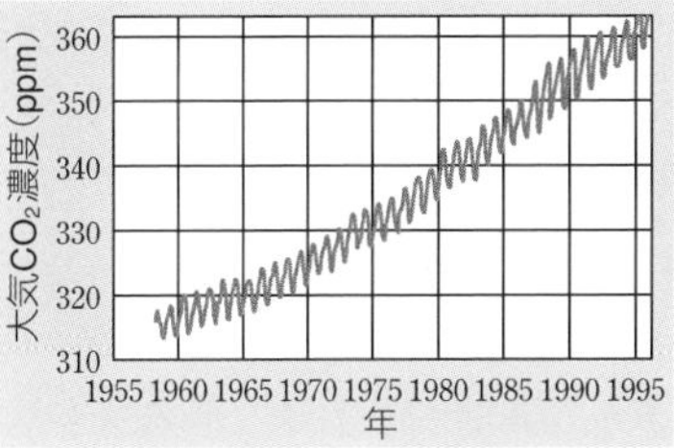

(1) 図に示された CO_2 濃度の変化について述べた次の文で，最も適当なものを 1 つ選べ。［　　］
　① 長期的な増加率は，1980 年代のほうが 1960 年代よりも大きい。
　② 長期的な増加率は，1960 年代のほうが 1980 年代よりも大きい。
　③ 季節変化は，1980 年代のほうが 1960 年代より 2 倍以上も大きい。
　④ 季節変化は，1960 年代のほうが 1980 年代より 2 倍以上も大きい。

(2) 下線部(A)の増加した分の CO_2 を構成する炭素は，その前はおもにどのような形で存在していたと考えられるか。次から 1 つ選べ。［　　］
　① 大気中のフロン　② 海水の成分　③ 石灰岩　④ 化石燃料

(3) 下線部(B)の CO_2 濃度が小さくなっている季節には，減少した分の CO_2 を構成する炭素はおもにどのような形に変化したと考えられるか。次から 1 つ選べ。［　　］
　① 大気中のメタン　② 海水の成分　③ 植物体　④ 石灰岩

83.
(1)
(2)
(3)

84. 成層圏オゾン● 成層圏下部の気温は，高さによってあまり変わらないが，上部の気温は上へいくほど高くなっている。これは，太陽からくる(　　　　)が成層圏に多い(A)オゾンに吸収されるためである。一方，成層圏オゾンによって(　　　　)の大部分が吸収されることは，(B)地上の生物の生存にとっても非常に重要である。そのため南極上空のオゾンホールをはじめ，地球規模での成層圏オゾンの減少が懸念されている。

(1) 文中の空欄に入れる語を，次から選んで記入せよ。
　赤外線，可視光線，紫外線，X 線

(2) 下線部(A)の分子式として正しいものは，次のどれか。［　　］
　H_2O_2，O_3，CH_4，NO_2

(3) 下線部(B)の理由として最も適当なものを，次から選べ。［　　］
　① 太陽光の殺菌作用が強まり病気を防ぐ。
　② 地球温暖化による熱射病を防ぐ。
　③ 皮膚がんを起こすなどの悪影響を防ぐ。
　④ 有害な酸性雨が生じるのを防ぐ。

84.
(1)
(2)
(3)

85. 気候変動● 地球の気候は，大気，海洋，陸地のさまざまな要因が複雑に作用しあってつくられ，変動を続けている。地球全体で平均した地上気温は，過去およそ100年間を見ると，大きく上下しながらしだいに上昇する傾向を示している。これらの変動の原因としては，(　　　　　　　　　)や太陽活動の変化，さらには火山活動などさまざまなものが考えられている。(　　　　　　　　　)には，人間活動も大きな影響を与えている。また，気候変動は，エルニーニョのように，海洋とのかかわりあいで起こることもある。

(1) 上の文中の空欄に入れるのに最も適当な語句を，次から1つ選んで記入せよ。

　大気組成の変化，海洋塩分の変化，地殻の変動，酸性雨の増加

(2) 人間活動と気候変動との関係について述べた文として最も適当なものを，次から1つ選べ。〔　　〕

① フロンは，成層圏オゾンを破壊するが，気候には影響を与えない。
② 森林伐採によって，大気中の水蒸気が減るので，地球全体の気温が下がる。
③ 化石燃料の燃焼は，大気中の温室効果ガスを増加させ，地球温暖化の原因となる。
④ 都市の拡大は，太陽放射の反射を増加させて，地球温暖化を妨げる。

(3) 火山活動が地球全体で平均した地上気温に与える影響について述べた文として最も適当なものを，次から1つ選べ。〔　　〕

① 火山から出る高温の溶岩が地上気温を上げる。
② 火山ガスが赤外線を吸収して，地上気温を下げる。
③ 火山灰が地上に降り積もり，太陽放射の反射を増加させて，地上気温を上げる。
④ 成層圏に達した噴出物が，太陽放射をさえぎって，地上気温を下げる。

(4) エルニーニョが発生しているときの海洋について述べた文として最も適当なものを，次から1つ選べ。〔　　〕

① 日本付近を流れる黒潮が大きく蛇行する。
② 日本の南方で，海面水温が異常に高い状態が続く。
③ 赤道太平洋の東部で，海面水温が異常に高い状態が続く。
④ 南極大陸やグリーンランドの氷が大量に融解して，海面を上昇させる。

86. 砂漠化● 砂漠化が起こっている地域で見られる現象として**誤っているもの**を次から1つ選べ。〔　　〕

① 植生が乏しくなり，土壌の保水力が低下するので湿度が低くなり，一層乾燥化が進行する。
② 土壌水分が蒸発し，土壌中のNaClなどの塩濃度が増加して，不毛な土地が広がる。
③ 裸地が広がって太陽放射の反射率が減少するので，地表付近の気温は夜間でも高く保たれる。
④ 土壌の侵食や流出が起こって植生の回復が困難になり，一層乾燥化が進行する。

85.
(1)
(2)
(3)
(4)

86.

87. 酸性雨● 石油や石炭の燃焼で排出される硫黄酸化物や(　　　)酸化物が環境に与える影響はさまざまである。近年クローズアップされてきたのが酸性雨の問題である。酸性雨は，大気の流れなどで発生源からかなり離れたところでも被害が発生することがあるので，国際的な環境問題となっている。

(1) 上の文中の空欄に入れる語句として最も適当なものを，次から選んで記入せよ。
　水素，炭素，窒素，塩素

(2) 酸性雨が原因で起こることが懸念されている被害として**適当でないもの**を，次から1つ選べ。〔　　〕
① 湖の魚類が死滅する。
② 大理石の彫像の表面が溶ける。
③ 樹木が枯れる。
④ 海抜の低い地域が水没する。

87.
(1)
(2)

88. フィードバック● 次の4つの現象は，正のフィードバックか，負のフィードバックか答えよ。
① 気温が上昇すると，大気中に含まれる水蒸気量が増加し，温室効果が強まる。〔　　〕
② 気温が上昇すると，風化作用が促進され，二酸化炭素が風化した鉱物と結びつき，炭酸塩岩として地中に蓄えられて，大気中の二酸化炭素が減少する。〔　　〕
③ 気温が上昇すると，水の蒸発が活発になり，雲の量が増えて，太陽放射をさえぎる。〔　　〕
④ 気温が上昇すると，海氷や積雪が減少し，地球の反射能(アルベド)が低下し，より多くの太陽放射エネルギーが吸収される。〔　　〕

88.
①
②
③
④

89. 日本列島● 現在の日本列島は，ユーラシア大陸との間に日本海をはさんで東側に位置し，太平洋に向かって凸形の弧状をなしている。現在の日本列島の姿について述べた文として最も適当と考えられるものを，次から1つ選べ。〔　　〕
① 日本列島は，大洋底の上にそびえる山脈の頂部にあたり，中央海嶺(かいれい)系の続きである。
② 日本列島は，元はユーラシア大陸の一部だったので，古い時代の岩石からなる安定した大陸の地形からなっている。
③ 日本列島は，4つのプレートがぶつかりあう場所にあり，ひずみが集中する変動帯となっている。

89.

第4編

第1章 太陽系と太陽

リード A

1 太陽系の天体

a 太陽系の概観

太陽系は，太陽と，その重力によって太陽のまわりを公転する**惑星**や小惑星，太陽系外縁天体，彗星，さらにそれらのまわりを公転する**衛星**などで構成される。

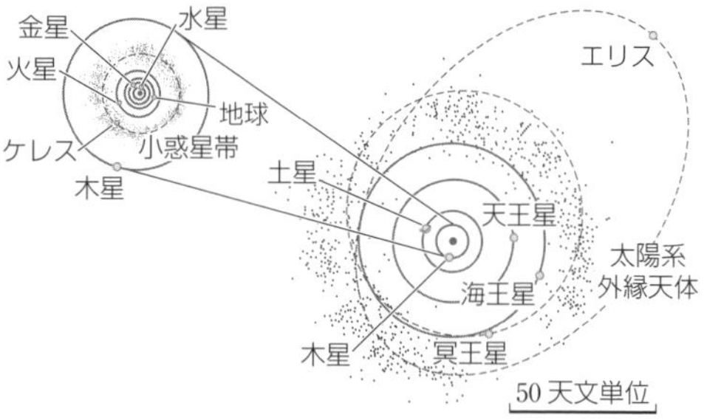

b 地球型惑星とその特徴

おもに岩石からなり，木星型惑星よりも半径，質量は小さく，密度は大きい。

- **水星**　太陽に最も近い，太陽系で最小の惑星。表面はクレーターでおおわれている。
- **金星**　地球よりやや小さい。二酸化炭素(CO_2)を主成分とする厚い大気をもち，その温室効果により表面温度は約 460℃に達する。
- **地球**　太陽系で唯一，液体の水の海をもち，多種多様な生命が存在し，季節変化が見られる。
- **火星**　地球のほぼ半分くらいの大きさで，大気が希薄で，表面温度は低い。かつて大量の水が存在したと考えられている。地表面に分布する酸化鉄のため赤く見える。

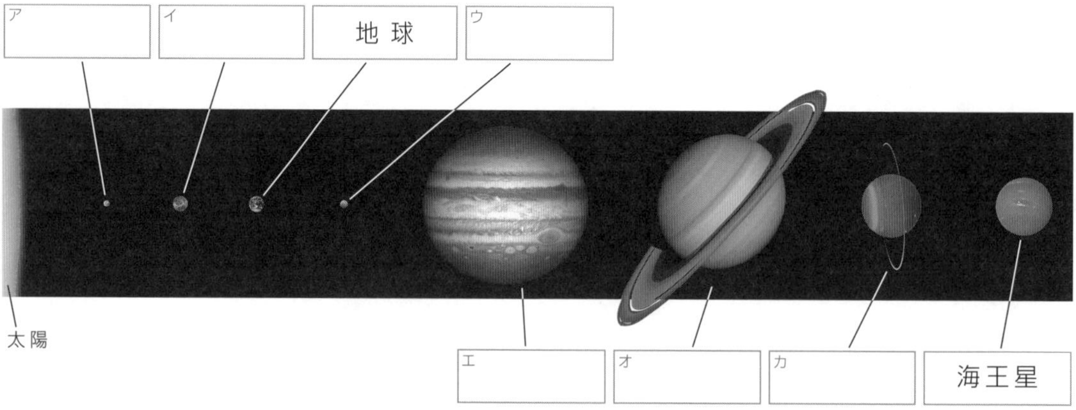

Work! 上図の□の中に惑星の名称を記入しよう。また，地球型惑星は赤色で，木星型惑星は青色で□の枠線をなぞろう。

c 木星型惑星とその特徴

地球型惑星と比べて半径や質量は大きいが，密度は小さい。リング(環)と多数の衛星をもつ。

- **木星**　太陽系最大の惑星。表面に縞模様，巨大な渦である大赤斑が見られる。薄いリングと，70 個以上の衛星をもつ。
- **土星**　リングは岩石や氷の粒からなり，厚さ 1km 以下。80 個以上の衛星が確認されている。
- **天王星**　ほぼ横倒しで自転している。大気に含まれるメタンで青く見える。リングをもつ。
- **海王星**　太陽系内で太陽から最も離れた惑星。表面温度は約 −220℃で，リングをもつ。

分 類	質 量	半 径	密 度	自転周期	衛星の数	リング
地球型惑星	キ	ケ	サ	長い	少ない	ない
木星型惑星	ク	コ	シ	短い	多い	ある

Work! 上の表の空欄に「大きい」「小さい」のどちらかを記入して表を完成させよう。

d 太陽系の小天体

① **小惑星**　火星の軌道の外側から木星の軌道のあたりまでに多く存在する，不規則な形の岩石質の小天体。最大のものはケレスで直径 950km。

② **衛星**　惑星や小惑星などのまわりを公転している天体。

③ **太陽系外縁天体**　冥王星など，海王星より外側の軌道を回っている天体。

④ **彗星**　太陽に近づくと，おもに氷でできた核が気化し，頭部(コマ)と長い尾を形成する。

e 流星と隕石

① **流星**　彗星や小惑星から放出された塵が，地球大気に突入して発光する現象。

② **隕石**　宇宙空間にある固体物質が地球に近づき，燃えつきずに地表に落下したもの。クレーターを形成することがある。

2 太陽

a 太陽の表面

太陽は地球に最も近い恒星で，地球から見ると月とほぼ同じ大きさに見えるが，実際は地球よりもはるかに大きい。

諸　量	太陽の値	地球の値	太陽÷地球
赤道半径	6.96×10^5 km	6.38×10^3 km	109 倍
質　　量	1.99×10^{30} kg	5.97×10^{24} kg	33.3 万倍
平均密度	1.41 g/cm^3	5.51 g/cm^3	0.256 倍

Work!　太陽の半径は地球のおよそ 100 倍である。右の円を太陽として，その中心付近に地球の大きさを黒丸(•)で描いてみよう。地球はどのくらいの大きさに描けばよいだろうか。

① **光球**　写真で見たときに円盤状に輝いて見える，太陽表面の大気層。光球の周縁部は中央に比べてやや暗く，これを周辺減光という。

② **黒点**　温度は約 4000K で周囲の光球(約 5800K)よりやや低いので暗く見える。黒点の直径は 500 ~ 10 万 km で，中央部の黒い暗部とそれを取り囲む半暗部からなる。黒点には地球磁場の約 1 万倍の強さの磁場があり，この磁力線の作用で内部から高温のガスが運びこまれにくくなり，まわりより温度が低くなる。

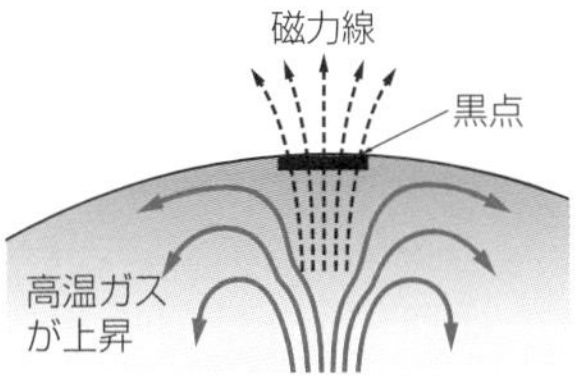

黒点は多数集まって，黒点群をなすことが多い。

太陽の表面上の黒点が規則的に東から西に移動していることから，太陽も自転していることがわかる。太陽はガス体のため，自転速度は赤道で最も速い。

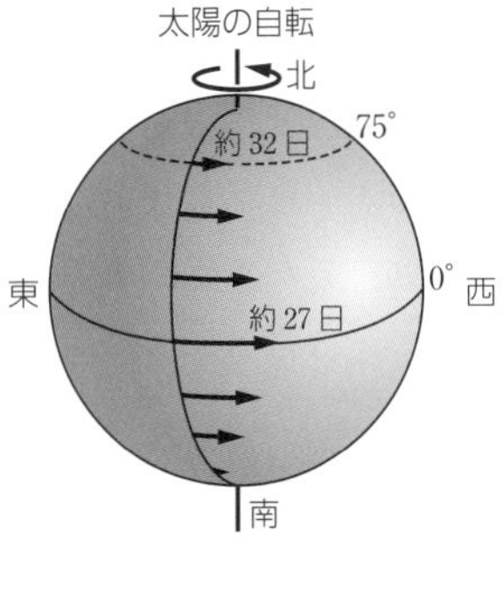

③ **白斑**　太陽表面のふち近くで見られる明るい斑点。大きさは 150 ~ 300km で，光球よりも温度が数百K 高い。

④ **粒状斑**　太陽表面全面に見られる粒状の模様。大きさは約 1000km，寿命は 10 分程度。太陽内部のガスの対流のようすが粒状斑として見えている。

b 太陽の外層

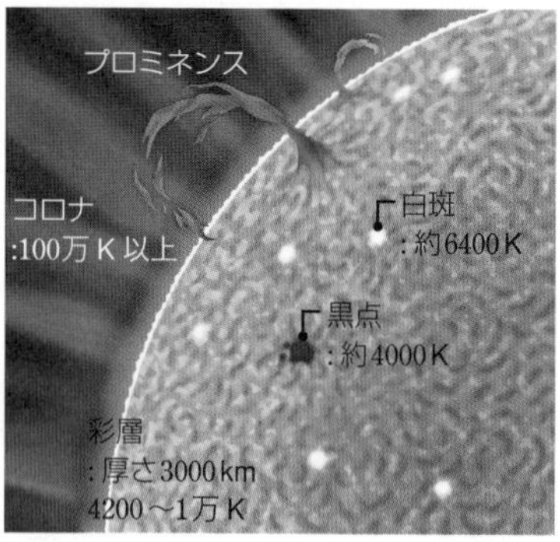

① **彩層**　光球を包む厚さ約 3000km のガス層。皆既日食のとき赤く見える。

② **コロナ**　彩層の外側の大気層。温度は 100 万 K 以上で，コロナ中では，原子はプラスの電気を帯びたイオンとマイナスの電気を帯びた電子に分解された状態(プラズマ状態)になっている。

③ **プロミネンス(紅炎)**　コロナの中に磁場の力で浮かぶガスの雲。形は多様で活発に形を変える。太陽のふちでは明るく見え，太陽面上では暗い筋(ダークフィラメント)として見える。

c 活動する太陽

① **太陽活動と地球への影響**　黒点の数は，多い時期と少ない時期がある。黒点の数が多い時期は太陽活動が活発になり(極大期)，黒点の数が少ない時期は太陽活動が活発でなくなる(極小期)。

② **太陽風**　コロナの中のイオンや電子は，高速で飛びまわっているため，太陽の引力を振りきって宇宙空間へ流れていく。この流れを**太陽風**という。

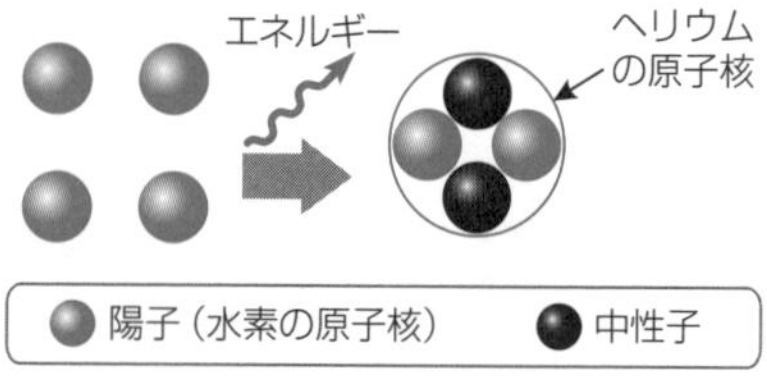

③ **太陽のエネルギー源**　太陽の中心核は，温度が約 1600 万 K，密度が約 160 g/cm^3 の高温高密度の状態である。水素原子は原子核(陽子)と電子に分かれて激しく運動し，そこで 4 個の水素原子核が**核融合反応**により 1 個のヘリウム原子核となる。このとき大量のエネルギーを放出する。毎秒 6000 億 kg の水素が核融合反応を起こし，毎秒 3.85×10^{26} J のエネルギーが放出される。
太陽の寿命は約 100 億年といわれ，全質量の約 10％の水素が有効に核融合反応を起こすと考えられる。

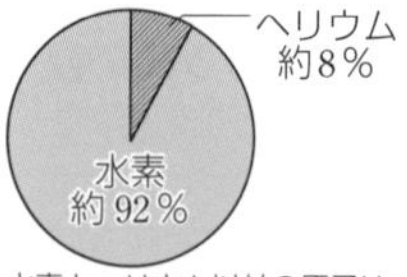

水素とヘリウム以外の原子は，全体の約 0.1％しかない。

④ **太陽の構成元素**　太陽を構成する元素は，水素が大部分を占めていて，原子数比で約 92％である。ヘリウムは全体の約 8％，その他のすべての原子は約 0.1％である。

3 太陽系の誕生と現在の地球

a 太陽の誕生

恒星間にある**星間ガス**(気体)や**星間塵**(固体微粒子)をあわせて**星間物質**という。星間物質は希薄で，1cm^3 当たりに 1 個程度しかない。星間物質の濃厚な部分を**星間雲**といい，近くの恒星に照らされて見えるのが散光星雲，背後の恒星や散光星雲をかくすものを暗黒星雲という。

星間雲の特に濃い部分が自身の重力で収縮して密度が増大し，**原始星**となる。

原始星は収縮とともに重力による位置エネルギーの解放で温度が上昇する。この段階では濃い星間物質のため可視光では見えないが，赤外線星として観測できる。さらに星間物質が中心部に集まると可視光で見えるようになる。ゆっくりと収縮して中心部の温度と密度が高くなると核融合反応が始まり，安定した主系列の恒星(**主系列星**)となる。

太陽はこうして誕生したと考えられている。現在の太陽は主系列星の段階にある。

b 惑星の形成

原始星の段階にある太陽のことを**原始太陽**という。原始太陽は周囲のガスを集めて成長する。まわりのガスの塊は回転しながら偏平になり，中心部に原始太陽が，そのまわりに薄い円盤ができて，**原始太陽系円盤**となった。そして，その中で塵が衝突・合体をくり返し直径1～10 km程度の**微惑星**へと成長していった。

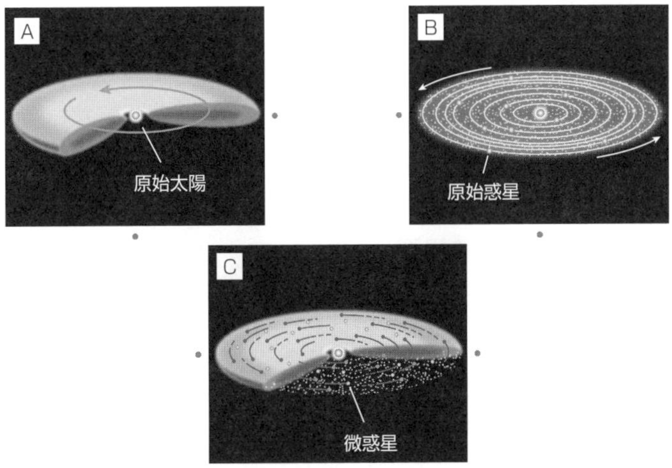

Work! 上図のA～Cは，太陽系の誕生する途中の段階を表している。A～Cが，太陽系が誕生した順になるように，・を2本の矢印で結んでみよう。

① **地球型惑星**　地球型惑星の領域では，おもに岩石と金属からなる微惑星の衝突・合体により**原始惑星**が形成された。これらがさらに衝突・合体をくり返し，地球型惑星が形成された。

② **木星型惑星**　木星型惑星の領域では，温度が低いためおもに岩石と氷成分からなる微惑星の衝突・合体により原始惑星が形成された。この原始惑星がまわりの原始太陽系円盤のガスを引きつけ，水素を主成分とする大気をもつ木星型惑星が形成された。

	中心部の物質	中間部の物質	最外殻の物質
地球型惑星	金属質でおもに鉄	岩石質	岩石質
木星・土星	岩石と氷	水素原子（液体）	水素分子（液体・気体）
天王星・海王星	岩石と氷	氷やメタンの固体	水素分子（液体・気体）

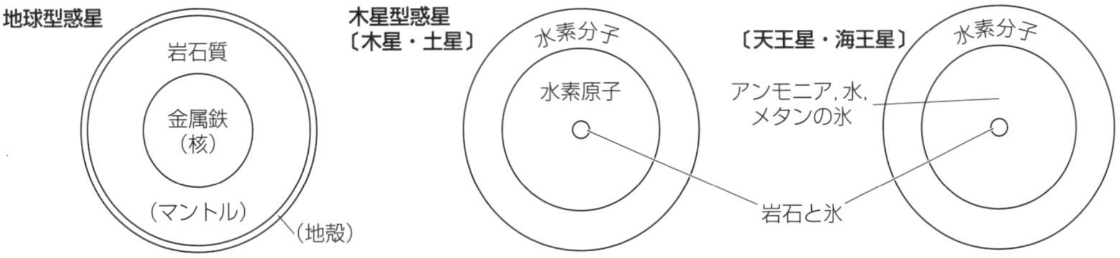

補足 天王星，海王星は木星型惑星に分類されるが，その内部構造は木星や土星と異なっており，氷成分を多く含んでいる。木星と土星を巨大ガス惑星，天王星と海王星を巨大氷惑星とよぶこともある。

Work! 上図は惑星の内部構造を表している。金属鉄を青色，マントルを茶色，水素分子を水色，水素原子をピンク色，岩石と氷を緑色，アンモニア・水・メタンの氷を紫色で塗ってみよう。

c 地球の進化

① **原始大気と層構造の形成**　惑星が月程度の大きさになると，大気をとどめておけるようになり，微惑星や原始地球の鉱物内部に含まれていたガスを起源とする**原始大気**が形成され始めた。
大気による温室効果と衝突による熱エネルギーにより原始地球の表面温度が上がり，表層の岩石はとけ始め，**マグマオーシャン**が形成された。火星程度の大きさまで成長すると，内部の温度も上昇し，金属成分がとけだし，重い金属鉄は沈み，地表から，大気，マントル，金属核の3層が形成された。

② **原始海洋の誕生**　マグマオーシャンの表面が固まるとマグマからの熱がなくなり，大気が急速に冷える。すると大気中の水蒸気が凝結し，雨となる。雨は数百～数千年間降り続き，**原始海洋**ができた。地表面は急速に冷やされ，地殻が形成された。

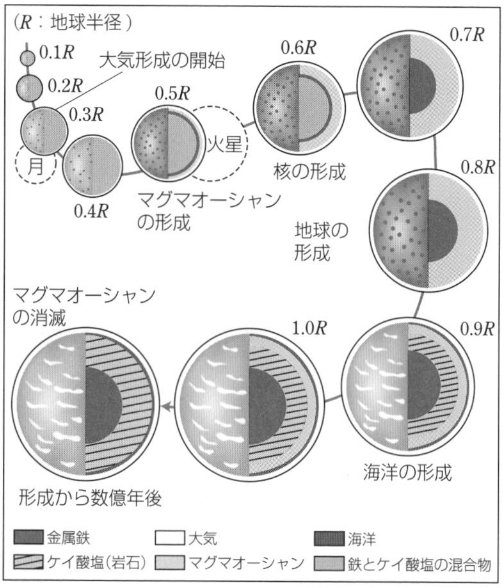

d 現在の地球の姿

地球に生命が誕生し，進化できたのは次の環境要因のおかげである。

① **太陽からの距離**　太陽から近すぎると，大気中の水蒸気が液体とならず，遠すぎると氷になってしまう。液体の水が存在できる範囲を**ハビタブルゾーン**という。太陽系では，地球だけがこの範囲にある。

② **地球の質量**　地球では十分な重力がはたらくため，大気や液体の水(海)が地表に引きつけられている。

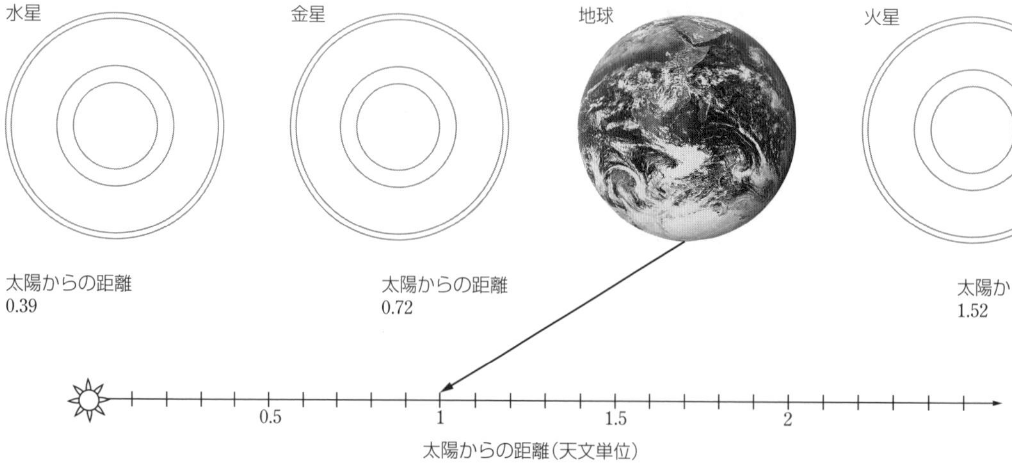

Work!　上図の円の中で，それぞれの惑星の大きさに相当する円をなぞってみよう。いちばん外側の円は地球と同じ大きさである。また，それぞれの惑星の太陽からの距離を，地球と同じように矢印で記入してみよう。

基礎CHECK

リードBの確認問題

1. 太陽系には惑星が何個あるか。
2. 惑星のうち，水星・金星・地球・火星は何惑星に分類されるか。
3. 惑星のうち，木星・土星・天王星・海王星は何惑星に分類されるか。
4. 太陽系で最小の惑星は何か。
5. 太陽系で最大の惑星は何か。
6. 金星の大気の主成分は何か。
7. 地球のほぼ半分くらいの大きさで，大気が希薄な惑星は何か。
8. 火星と木星の軌道の間に多く存在し，太陽のまわりを公転する，不規則な形をした岩石質の小天体を何というか。
9. 惑星や小惑星などのまわりを公転している天体を何というか。
10. 冥王星などの，海王星より外側を公転している天体を何というか。
11. 彗星の核の部分はおもに何でできているか。
12. 惑星空間から地球に近づき，燃えつきずに地表に落下した固体物質を何というか。
13. 太陽の直径は地球の直径の何倍か。
14. 白い円盤に見える太陽表面の輝いている大気層を何というか。
15. 光球の周縁部が，中央部に比べて暗くなっていることを何というか。
16. 黒点の温度は約何Kか。
17. 太陽の自転速度は緯度によって異なるが，赤道付近と高緯度付近ではどちらのほうが速いか。
18. 太陽面のふち近くに白く見える明るい斑点を何というか。
19. 太陽全面に見られる粒状の模様を何というか。
20. 皆既日食で月が光球を隠した瞬間，光球の上層に弧状に赤く見える層を何というか。
21. 彩層の外側に広がったきわめて希薄な太陽の大気層を何というか。
22. コロナの中に磁場の力で浮かぶガス雲を何というか。
23. 太陽活動が活発なとき，太陽表面の黒点の数は多いか，少ないか。
24. コロナ中のイオンや電子が高速で宇宙空間に流れ出している。この粒子の流れを何というか。
25. 太陽の中心核で大量のエネルギーが発生しているのは，そこで何という反応が起きているからか。

1. ＿＿＿＿
2. ＿＿＿＿
3. ＿＿＿＿
4. ＿＿＿＿
5. ＿＿＿＿
6. ＿＿＿＿
7. ＿＿＿＿
8. ＿＿＿＿
9. ＿＿＿＿
10. ＿＿＿＿
11. ＿＿＿＿
12. ＿＿＿＿
13. ＿＿＿＿
14. ＿＿＿＿
15. ＿＿＿＿
16. ＿＿＿＿
17. ＿＿＿＿
18. ＿＿＿＿
19. ＿＿＿＿
20. ＿＿＿＿
21. ＿＿＿＿
22. ＿＿＿＿
23. ＿＿＿＿
24. ＿＿＿＿
25. ＿＿＿＿

26. 太陽を構成する元素のうち大部分を占める元素は何か。
27. 星と星との間の空間にある，水素やヘリウムを主成分とするガスを何というか。
28. 宇宙空間には星間物質がところどころで濃い雲となっている部分がある。そのようなガスの塊を何というか。
29. 星間雲の特に濃い部分がみずからの重力で収縮し，内部で核融合反応が始まる前の段階の星を何というか。
30. 星の内部で核融合反応が始まり，安定した状態に達した星を何というか。
31. 原始星の段階にある太陽のことを何というか。
32. 原始太陽系円盤の中で，塵が衝突・合体をくり返してできた直径 1 ～ 10km 程度の岩石や氷の塊を何というか。
33. 微惑星の衝突・合体によってできた火星程度の大きさの惑星を何というか。現在の惑星は，それらがさらに衝突・合体をくり返して形成された。
34. 太陽に近い領域に存在していた微惑星は，おもに岩石と何からなっていたか。
35. 木星型惑星の中心部の物質は，岩石と何からなっているか。
36. 微惑星に含まれていたガスから誕生した，原始大気に含まれていて原始海洋のもとになった気体は何か。
37. 大きく成長した惑星の表面の温度が上がり，岩石がとけて形成されたマグマの海を何というか。
38. 惑星が冷えて岩石が地表をおおい，雨が地表に到達することで形成されたものは何か。
39. 太陽からの距離に関係し，地球には存在するが金星と火星には存在しないものは何か。
40. 太陽からの距離によって，液体の水が存在できる領域を何というか。
41. 地球において，大気や海洋は何によって地表に引きつけられているか。

26.

27.

28.

29.

30.

31.

32.

33.

34.

35.

36.

37.

38.

39.

40.

41.

基本問題

90. 太陽系の概観● 次の文中の空欄に適切な語句を入れよ。

太陽系は恒星である太陽を中心として，太陽のまわりを公転する 8 個の(ア　　)，おもに火星と木星の軌道の間に多数分布する岩石質の小天体である(イ　　)，海王星より外側に多数存在する氷が主体の(ウ　　)天体，それらのまわりを公転する(エ　　)，細長いだ円もしくは放物線軌道を描いて太陽に近づくと尾を形成する彗星などから構成される。さらに，太陽系の惑星は，天体の特徴から地球型惑星と木星型惑星に分類される。

宇宙空間を漂う塵が地球大気に突入し，発光する現象が(オ　　)である。また，宇宙空間にある固体物質が地球大気に進入し，大気中で燃えつきずに地表に落下したものが(カ　　)である。

90.
(ア)
(イ)
(ウ)
(エ)
(オ)
(カ)

91. 太陽系の惑星の軌道● 次の各文の(　)に，下の語群から正しいものを選んで記入せよ。ただし，同じ語句をくり返し選んでもよい。

(1) 太陽からの距離が近い惑星は，質量が(ア　　)く，密度が(イ　　)い。太陽からの距離が遠い惑星は質量が(ウ　　)く，密度が(エ　　)い。
(2) 惑星の公転軌道面は，地球の(オ　　)とほぼ一致している。
(3) 惑星の公転する向きはすべて(カ　　)と同じ向きで，太陽の自転の向きと(キ　　)である。
(4) 惑星の自転の向きは公転の向きと一致するものが(ク　　)い。
(5) 惑星の軌道はいずれも(ケ　　)軌道であるが，すべて(コ　　)に近い。

〔語群〕 多，　少な，　大き，　小さ，　同じ，　反対，　だ円，　円，
赤道面，　公転軌道面，　地球の公転

ヒント　惑星には共通する運動の向きがある。

91.
(ア)
(イ)
(ウ)
(エ)
(オ)
(カ)
(キ)
(ク)
(ケ)
(コ)

92. 太陽系の惑星● 次の文中の{　}から正しいものを選び，空欄に適切な語句を入れて文章を完成させよ。

(ア　　)は，太陽系の中で海や生命の存在が確認されている唯一の天体である。

(イ　　)は地球に最も近い惑星で，地球より少し ウ{大き，小さ}く，(エ　　)を主成分とする厚い大気があり，その温室効果により表面は非常に高温となっている。

(オ　　)は太陽系最大の惑星であるが，その平均密度は約 $1.3\,g/cm^3$ と小さく，おもにガスでできている。(オ　　)は多くの(カ　　)をもち，そのうちの 1 つのイオでは火山活動が確認された。

見事なリング(環)をもつことが特徴である(キ　　)は，平均密度が小さく $1\,g/cm^3$ 以下である。リングを構成するのは無数の(ク　　)の粒や小さな岩石で，80 個以上の(カ　　)をもつ。

92.
(ア)
(イ)
(ウ)
(エ)
(オ)
(カ)
(キ)
(ク)

第5編

93. 太陽系の惑星 ● (1) 表は，太陽系の惑星のうち地球を含む５つについて，赤道半径の小さい順にまとめたものである。惑星Ａ～Ｄの名称を下の語群から選べ。　Ａ〔　　〕，Ｂ〔　　〕，Ｃ〔　　〕，Ｄ〔　　〕

表　太陽系の惑星の諸量

惑星名	A	B	地球	C	D
赤道半径〔km〕	3396	6052	6378	60268	71492
平均密度〔g/cm^3〕	3.93	5.24	5.51	0.69	1.33
太陽からの平均距離〔天文単位〕	1.5	0.7	1	9.6	5.2

〔語群〕 金星，火星，木星，土星

(2) 惑星Ａについて述べた文として**誤っているもの**を，次の①～④のうちから１つ選べ。〔　　〕
① 直径，質量ともに地球の約 $\frac{1}{2}$ である。
② 大気が希薄なため温室効果が弱く，表面温度はおおむね氷点下である。
③ 水が流れたと思われる地形や，かつて活動した火山の地形が見られる。
④ 自転周期と自転軸の傾きが地球とほぼ同じで，１日の長さが地球に近く，季節変化がある。

(3) 太陽系には小惑星が存在し，大多数は小惑星帯とよばれる領域に分布している。小惑星帯が存在する領域として最も適当なものを，次の①～④のうちから１つ選べ。〔　　〕
① 惑星ＡとＢの公転軌道の間　② 惑星ＡとＤの公転軌道の間
③ 惑星ＣとＤの公転軌道の間　④ 惑星Ｂの公転軌道より内側

94. 太陽系の天体 ● (1) 地球型惑星に属する惑星の間においてもさまざまな違いが見られる。このことについて，最も適切な文を①～④から１つ選べ。〔　　〕
① 金星は現在も火山活動が活発で，地球型惑星の中で最も質量が大きい。
② 火星には二酸化炭素による強い温室効果があり，表面温度は500℃にも達する。
③ 水星には豊富な大気が存在するため，太陽の影の部分では表面温度は極端に低い。
④ 火星と金星の大気の量は大きく異なるが，その主成分はどちらも二酸化炭素である。

(2) 木星型惑星の特徴について，次の文中の〔　〕内に当てはまる語句を選べ。
　木星型惑星は，おもに①〔岩石・ガス〕でできており，地球型惑星と比べると赤道半径は②〔大き・小さ〕く，質量は③〔大き・小さ〕く，平均密度は④〔大き・小さ〕く，自転周期は⑤〔長い・短い〕。

(3) 衛星について述べた文として**誤っているもの**を，次の①～④のうちから１つ選べ。〔　　〕
① 月は地球の衛星である。
② 地球型惑星より木星型惑星のほうが多くの衛星をもっている。
③ 地球の衛星より火星の衛星のほうが多い。
④ 衛星には太陽のようにみずから輝くものもある。

93.
(1)A
B
C
D
(2)
(3)

94.
(1)
(2)①
②
③
④
⑤
(3)

95. 太陽の構造●

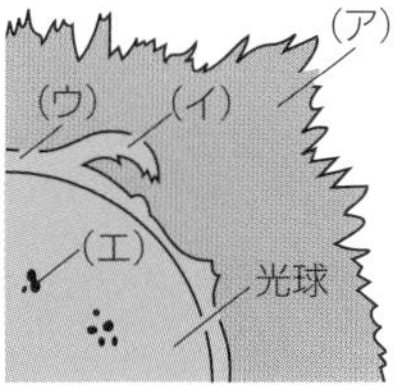

(1) 右の図は太陽の一部の模式図である。図の(ア)～(エ)の名称を記せ。 (ア)〔　　　〕, (イ)〔　　　〕, (ウ)〔　　　〕, (エ)〔　　　〕

(2) (エ)が黒く見えるのは，周囲よりも温度が〔高い，低い〕からである。〔　〕内の正しい語句を選べ。 〔　　　〕

(3) (ア)の温度は何 K 以上とされているか。 〔　　　K〕

(4) (ア)から定常的に宇宙空間へ放出される荷電粒子の流れを何というか。 〔　　　〕

96. 太陽の構造●

次の文の空欄を正しくうめ，{　}から正しいものを選び，下の問いに答えよ。

太陽を望遠鏡で観測するとほぼ円盤状に見え，この部分を光球とよぶ。その温度は約(ア　　　)K である。光球面には A細かい粒状の模様が見られる。これは太陽内部のガスが(イ　　　)しているようすを表している。太陽活動が活発になると，B光球面に黒点が現れる。同じ黒点を何日も観測し続けていると，C太陽面を(ウ　　　)から(エ　　　)へ移動していくことがわかる。また，太陽の活動領域とよばれる黒点の付近や光球のふち近くには，(オ　　　)という明るい斑点が見られる。ここは光球よりも カ{数百，数千}K 高くなっている。光球より上層には，光球を包むように D厚さ約 3000 km のガス層がある。Eさらにその外側には希薄な大気の層が広がっていて，そこは原子が電離したプラズマの状態となっている。

(1) 下線 A の模様を何というか。 〔　　　〕

(2) 下線 B の黒点の温度は約何 K か。 〔　　　K〕

(3) 下線 C の黒点が移動してもとの位置にもどるまでの日数が短いのは，赤道付近と極付近のどちらか。 〔　　　〕

(4) 下線 D と E の層はそれぞれ何というか。 (D)〔　　　〕, (E)〔　　　〕

95.
(1)(ア)
(イ)
(ウ)
(エ)
(2)
(3)　　　K
(4)

96.
(ア)
(イ)
(ウ)
(エ)
(オ)
(カ)
(1)
(2)　　　K
(3)
(4)(D)
(E)

第5編

基本例題 12 太陽の寿命

解説動画

次の文の［　］をうめ，問いに答えよ。

太陽の中心部はほとんどが［ア］原子よりなり，高温・高圧のため［ア］原子は［イ］と［ウ］に分かれて激しく運動している。この高温高密度のため，［エ］個の［ア］の［イ］から［オ］個の［カ］の［イ］がつくられる。このような反応を［キ］反応といい，このとき全体の質量の約 0.71%が失われ，これを質量欠損という。この失われた質量がエネルギーに変換される。太陽の寿命は［キ］反応が起こる全［ア］量に対して 1 年間に反応する［ア］量から求めることができる。中心核では，毎秒 6.0×10^{11} kg の［ア］が［キ］反応を起こしている。

問い 太陽の全質量は 2×10^{30} kg で，その 90%が［ア］であり，太陽の中心核で起こる反応に［ア］の全量の 10%が使われるとする。1 年を 3.2×10^{7} 秒として，主系列星としての太陽の寿命(年)を求めよ。

解答 (ア) 水素　(イ) 原子核　(ウ) 電子　(エ) 4　(オ) 1
(カ) ヘリウム　(キ) 核融合

問い 太陽の全質量の 90%が水素でそのうち 10%の水素が核融合反応に用いられるので

$2 \times 10^{30} \times 0.9 \times 0.1 = 1.8 \times 10^{29}$ kg

毎秒 6.0×10^{11} kg が反応するので，1 年間の水素消費量を求め，核融合反応に用いられる水素量をわる。

$1.8 \times 10^{29} \div (6.0 \times 10^{11} \times 3.2 \times 10^{7})$

≒ 9.4×10^{9} 年(＝94 億年)

97. 恒星の寿命● 次の文中の空欄を正しくうめ，下の問いに答えよ。

太陽の中心核は約(^{ア}　　　)Kの高温と約 160 g/cm^3 の高密度の状態で，(^{イ}　　)個の水素原子核から(^{ウ}　　)個の(^{エ}　　　)原子核ができる(^{オ}　　　)反応が起こっている。このとき大量のエネルギーが放出されることで太陽は輝いている。太陽などの恒星の寿命は，(^{オ}　　　)反応が起こる全水素量に対して，1年間に反応する水素量から求められる。

(1) ある恒星の質量を 4.0×10^{30} kg とし，その質量の 90% が水素で，この恒星は一生の間に，中心核で起こる反応に水素の全量の 10% を使うとすると，この恒星が一生の間に(オ)反応で使う水素の質量は何kgか。有効数字2桁で求めよ。

〔　　　　kg〕

(2) この恒星の中心核では，毎秒 6.0×10^{12} kg の水素が反応している。1年を 3.15×10^7 秒とすると，1年間に(オ)反応で使う水素の質量は何kgか。有効数字2桁で求めよ。

〔　　　　kg〕

(3) この恒星の寿命は何億年か。小数点以下を四捨五入して求めよ。

〔　　　　億年〕

▶ 例題 12

98. 太陽系と地球の誕生● 次の文の空欄に語群から適語を選んで記入せよ。

(1) 太陽系は，宇宙空間で周囲より(^{ア}　　　)が濃い星間雲から誕生した。初めはこの濃い部分が収縮し始め，密度が大きくなると急激に収縮して，中心部にガスが集まり光り輝くようになって，(^{イ}　　　)ができた。まわりのガスや塵からなる円盤状の公転面に固体の塵が集まり，互いの引力で集まった塊が(^{ウ}　　　)となった。

(2) (^{ウ}　　　)が衝突・合体をくり返すと地球と同程度の大きさに成長した。惑星の体積が増加し重力が大きくなるとガスをとどめておけるようになり，地球には(^{エ}　　　)が形成された。

(3) 地球の成長につれ，水蒸気などの大気の温室効果と衝突のエネルギーで，地表の温度は上昇した。やがて地表の岩石はとけ始め，マグマが地球をおおう(^{オ}　　　)ができた。重い金属鉄はその底に沈み，さらに地球中心部に集まり，(^{カ}　　　)をつくった。

(4) 地表がしだいに冷却するとマグマは固まり，岩石となった地表の低地には降った雨が集まって(^{キ}　　　)をつくった。こうして水蒸気の大部分がぬけて大気の成分が変化した。

〔語群〕 微惑星，原始太陽，原始海洋，原始大気，金属核，マグマ，ガス，星雲，マグマオーシャン

97.
(ア)
(イ)
(ウ)
(エ)
(オ)
(1)　　kg
(2)　　kg
(3)　　億年

98.
(1)(ア)
(イ)
(ウ)
(2)(エ)
(3)(オ)
(カ)
(4)(キ)

99. 惑星の形成● 原始太陽はおよそ 46 億年前，星間物質が収縮し誕生した。一方，原始太陽に取りこまれなかった星間物質はそのまわりを回りながら円盤状に集積し，原始太陽系円盤が形成された。星間物質の中には固体成分も含まれており，これらの固体成分は岩石主体と氷主体に大別される。次の図は惑星の公転軌道面を横から見た模式図であり，●は原始太陽，☀は現在の太陽を表し，灰色の部分は原始太陽系円盤の広がりを示している。原始太陽系円盤のようすと，現在の太陽系のようすを表したものはどれか。最も適当なものを，次の①～④のうちから 1 つ選べ。〔　　〕

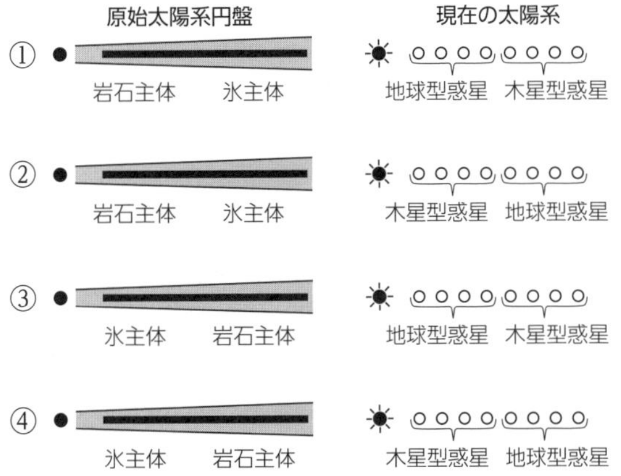

100. 惑星の内部構造● 図は，地球型惑星の断面を模式的に描き，各天体の相対的な大きさを比較したものである。下の問いに答えよ。

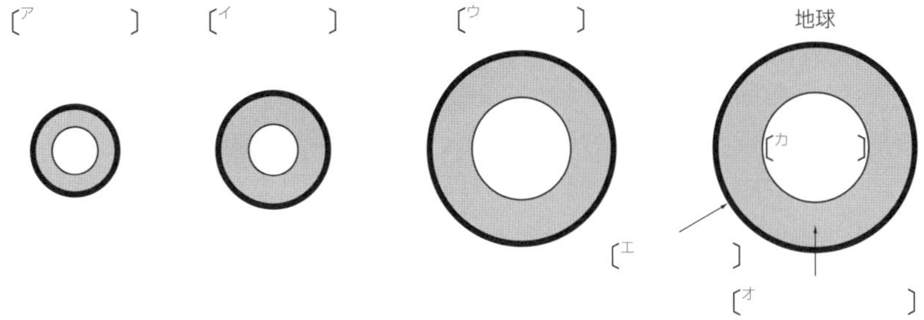

(1) 図中の空欄(ア)～(ウ)に惑星の名称を記入せよ。
(2) 図中の空欄(エ)～(カ)に，下の語群から正しいものを選んで記入せよ。
〔語群〕 鉄が主体の核，地殻，岩石質のマントル

101. 水が存在する地球● 次の文の空欄に，下の語群から正しいものを選んで記入せよ。

地球に生命が存在できるのは液体としての水の存在が大きい。地球で液体の水が存在し続けているのにはいくつかの理由がある。一つは(ア　　　　)が大気や水を表面にとどめておくのに適当なことである。もう一つは(イ　　　　)が液体の水を保つのに適していることである。惑星表面で水が液体で存在できる温度になる範囲は，中心の恒星(主星)の表面温度と，主星からの距離によって決まる。この範囲を(ウ　　　　)という。

〔語群〕 太陽からの距離，地球の質量，ハビタブルゾーン

99.

100.
(1)(ア)
(イ)
(ウ)
(2)(エ)
(オ)
(カ)

101.
(ア)
(イ)
(ウ)

第5編

第2章 宇宙の誕生

1 宇宙の誕生

a 宇宙のすがた

① **恒星**　太陽のように，核融合反応によってみずから光り輝いている天体を**恒星**(こうせい)という。
遠い天体までの距離を表す単位として，秒速 30 万 km の光が 1 年間に伝わる距離(1 光年)を使う。太陽に最も近い恒星でもその距離は 4.2 光年と遠い。
恒星の明るさは**等級**(とうきゅう)で表し，地球上から見たときの明るさを**見かけの等級**という。5 等級差で明るさは 100 倍違う。1 等級減ると $\sqrt[5]{100} \fallingdotseq 2.51$ 倍明るい。

おもな恒星の見かけの等級

星　名	見かけの等級
太陽	−26.8
おおいぬ座 α(シリウス)	−1.4
こと座 α(ベガ)	0.0
オリオン座 α(ベテルギウス)	0.4
わし座 α(アルタイル)	0.8
おとめ座 α(スピカ)	1.0
はくちょう座 α(デネブ)	1.3

② **銀河系**　太陽系は，**銀河系**(ぎんがけい)(天の川銀河)の一部である。銀河系には約 2000 億個の恒星があり，直径 10 万光年の**円盤部**(えんばんぶ)と，円盤部の中心の直径約 2 万光年の球状の**バルジ**に分布している。
およそ 200 個の球状星団が，銀河系を包む直径 15 万光年の**ハロー**の領域に分布している。
銀河系の中心はいて座の方向にあり，太陽系は銀河系の中心からおよそ 2.8 万光年離れている。

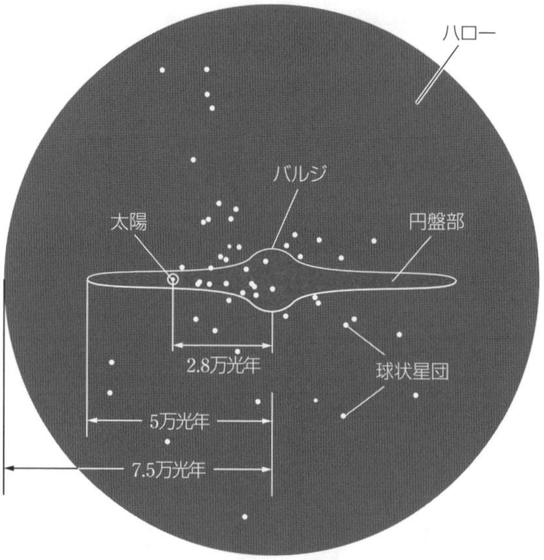

③ **銀河**　銀河系の外にも，銀河系と同じような規模の恒星の集団があり，これらを**銀河**(ぎんが)という。宇宙には無数の銀河が存在している。銀河は一様に分布しているわけではなく，銀河それ自身が集団をつくっている。

b 宇宙の誕生

① **ビッグバン**　1948 年にアメリカのガモフは，宇宙は超高温で高密度の状態から爆発的に膨張すること(**ビッグバン**)で始まったと考えた。こうして始まった宇宙をビッグバン宇宙という。
現在では，宇宙は 138 億年前に誕生し，それ以来膨張を続けてきたと考えられている。

② **元素の合成**　ビッグバン宇宙の最初の 3 分間に，水素原子核とヘリウム原子核ができたと考えられている。

③ **宇宙の晴れ上がり**　ビッグバンから約 38 万年後には，宇宙の温度が約 3000 K まで下がり，水素原子核やヘリウム原子核が電子と結合して水素原子やヘリウム原子となった。こうして，光の進路を妨(さまた)げる電子が減ると，光はまっすぐに進むことができ，宇宙の中を遠くまで見渡せるようになった。これを**宇宙の晴れ上がり**(うちゅうのはれあがり)という。

④ **太陽系の誕生**　太陽と地球が生まれたのはビッグバンから約 92 億年後，現在から 46 億年前のことだったと考えられている。

基礎 CHECK

リード B の確認問題

1. 太陽のように核融合反応によってみずから光り輝いている星を何というか。
2. 遠い天体までの距離を表すのに使用する単位である，光が 1 年間に伝わる距離を何というか。
3. 地球上から見たときの恒星の明るさの等級を何というか。
4. 5 等星の明るさは 0 等星の明るさの何分の 1 か。
5. 太陽系を含む約 2000 億個の恒星の集団を何というか。
6. 銀河系の円盤部の半径は何万光年か。
7. 銀河系の中心部にある直径約 2 万光年の球状の部分を何というか。
8. 約 200 個の球状星団が銀河系をほぼ球状に包む領域に分布している。この領域を何というか。
9. 銀河系の中心は，太陽系から見て何座の方向にあるか。
10. 太陽系は，銀河系の中心からおよそ何光年離れているか。
11. アンドロメダ銀河など，銀河系と同じような規模の恒星の集団を何というか。
12. 宇宙が超高温で高密度の状態から爆発的に膨張して始まったことを何というか。
13. ビッグバン宇宙を提唱したのは誰か。
14. この宇宙が誕生したのは今から何年前と考えられているか。
15. 水素原子核とヘリウム原子核は，ビッグバン後の最初の何分間でできたか。
16. 光の進路を妨害する電子が減って，光がまっすぐ進めるようになり，宇宙の中を遠くまで見渡せるようになったことを何というか。
17. 太陽系が誕生したのは，宇宙の誕生から約何億年後か。

1.
2.
3.
4.
5.
6.
7.
8.
9.
10.
11.
12.
13.
14.
15.
16.
17.

基本問題

102. 恒星の明るさ● 次の文章を読み，空欄に適切な数を記入せよ。

ギリシャのヒッパルコスは，最も明るく見える約20個の星を(ア　　)等星，肉眼でかろうじて見える星を(イ　　)等星と定義した上で，約1000個の星の明るさを等級に表していた。その後19世紀中ごろに，イギリスのポグソンは，等級と明るさの関係について，5等級の差を明るさの比にして100倍とする定義を提案した。この定義により，(イ　　)等星よりも暗い星や(ア　　)等星よりも明るい星の等級についても同一のスケール上に表せるようになった。

102.
(ア)
(イ)

基本例題 13 恒星の等級

解説動画

(1) −2等星と0等星とでは明るさは何倍違うか。
(2) −2等星と9等星とでは明るさは何倍違うか。

指針 5等級違うと明るさは100倍異なる。1等級違うと約2.5倍，n等級違うと約2.5^n倍明るさが違う。
注 正確には1等級違うと $\sqrt[5]{100} = 2.511886431$……倍異なる。

解答 (1) −2等と0等では，2等級異なるので
$2.5^2 = 6.25 ≒$ **6.3倍**
(2) −2等と9等では11等級異なる。5等級で100倍だから10等級では100^2倍，11等級では
$100^2 \times 2.5 =$ **2.5×10^4倍**

103. 等級と明るさ●

(1) 3等星と6等星とでは，どちらが何倍明るいか。

〔　　　〕が約〔　　　〕倍明るい。

(2) −1等星と11等星では，どちらが何倍明るいか。

〔　　　〕が約〔　　　〕倍明るい。

▶例題13

103.
(1)
(2)

104. 距離の単位● 次の文の空欄に適切な語句を記入せよ。

太陽と地球の間の平均距離を1(ア　　)といい，これはおよそ1.496×10^8km(約1億5000万km)である。

一方，秒速30万kmの光が1年間に伝わる距離を1(イ　　)といい，およそ9.46×10^{12}km(約9兆5000億km)である。これは，遠い天体までの距離を表す単位として使われる。

104.
(ア)
(イ)

105. 銀河系●

(1) 銀河系に関する次の文中の空欄に入る適当な語句を下の語群から選んで記入せよ。

夜空に白い帯のように見える天の川は，多数の恒星の集まりである。この恒星と星間物質の大集団を銀河系といい，図 1 のような構造であると推定されている。銀河系にはおよそ 2000 億個の恒星が存在し，その大部分は，バルジとよばれる直径約(ア　　　　)の球状の部分と，直径約(イ　　　　)の円盤部に分布しているが，一部の恒星はバルジや円盤部を大きく取り囲むハローとよばれる領域に分布している。私たちの太陽系は，銀河系の中心から約(ウ　　　　)の距離に位置している。

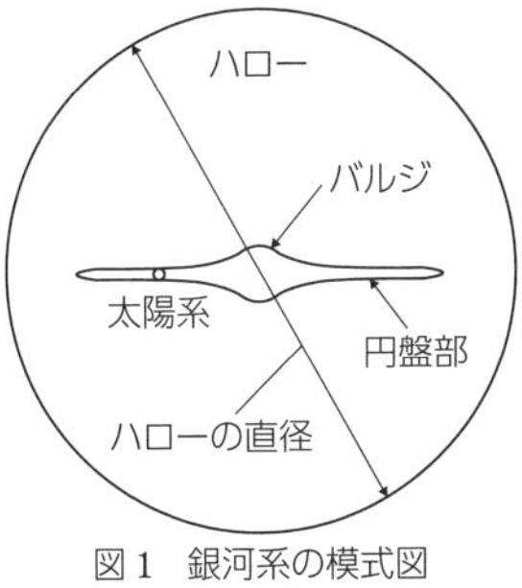

図 1　銀河系の模式図

〔語群〕 100 光年，500 光年，2 万光年，3 万光年，
10 万光年，15 万光年，5 億光年，20 億光年

(2) 天の川が最も濃く見えるのは図 2 の銀河系断面図の①～④のうちどの方向を見たものか。最も適当なものを①～④のうちから 1 つ選べ。〔　　　〕

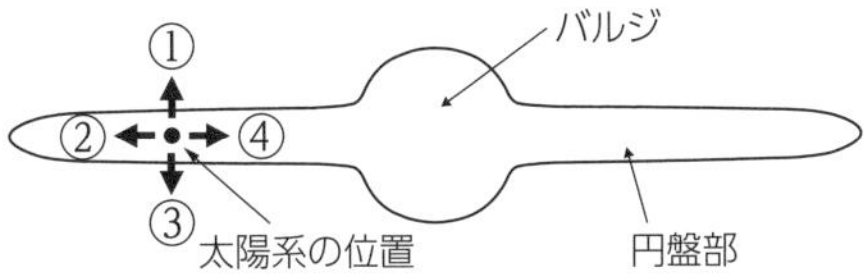

図 2　銀河系の断面図

106. 宇宙の進化●

次の文は宇宙の進化について述べたものである。①～④を起こった順に記せ。〔　　　　　　　　〕

① 水素原子核やヘリウム原子核が形成された。
② 太陽系が誕生し，地球が形成された。
③ 宇宙の温度が約 3000 K となり，光が直進できるようになった。
④ 超高温で高密度の状態から急激に膨張した。

107. 宇宙の特徴●

宇宙の特徴について述べた文として最も適当なものを，次の①～④のうちから 1 つ選べ。〔　　　〕

① 宇宙の年齢は，約 80 億年である。
② 宇宙は誕生以来，膨張と収縮をくり返している。
③ 宇宙が誕生した約 38 万年後に，最初の恒星が誕生した。
④ 宇宙には銀河が非常に多くあり，多くの銀河が集まる場所もある。

105.
(1)(ア)
(イ)
(ウ)
(2)

106.

107.

巻末チャレンジ問題

大学入学共通テストに向けて

108. プレートの運動● 地球の表層はプレートとよばれる硬(かた)い部分におおわれている。その下には流動性の高い ア とよばれる部分がある。プレートは十数枚あり，(a)相互に動き続けている。

日本列島は，4つのプレートが分布する世界でも特殊な場所に存在している。図は，日本付近のプレートの分布を表しており，図中の太い黒線と破線はプレートの境界を示している。日本付近では，(b)プレートの沈みこみや衝突によっていろいろな現象が生じている。

(1) 文中の空欄(ア)に入る語句として最も適当なものを，次の①～④のうちから1つ選べ。［　　］

① リソスフェア　② アセノスフェア　③ 大陸地殻　④ 海洋地殻

(2) 下線部(a)について，太平洋プレートとフィリピン海プレートの動きを表している図として最も適当なものを，次の①～④のうちから1つ選べ。［　　］

①
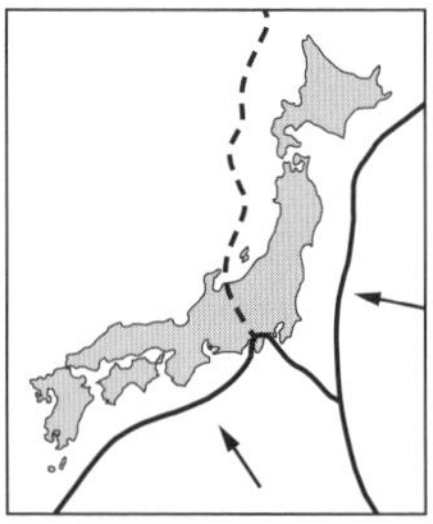
②
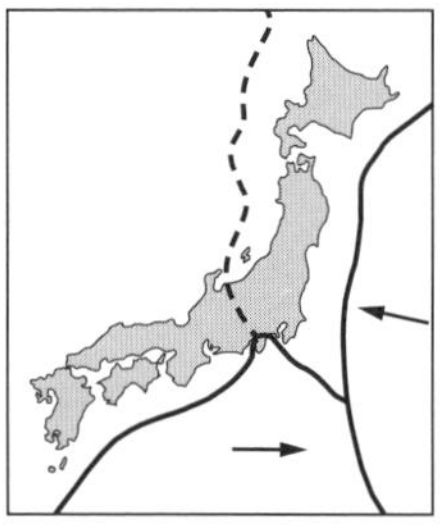
③
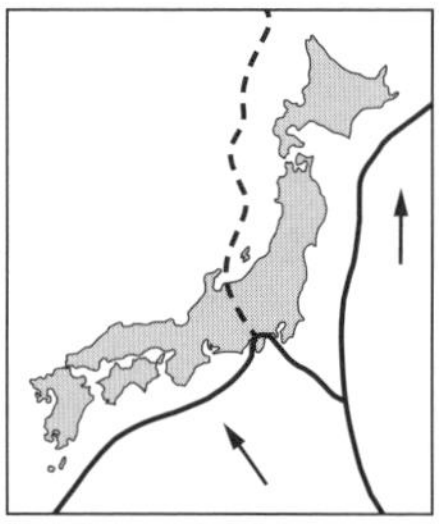
④
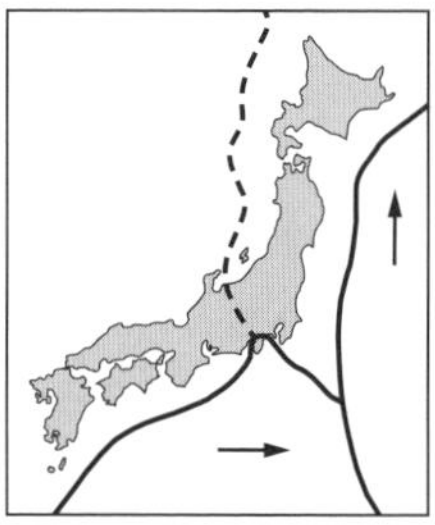

(3) 下線部(b)について述べた文として**誤っているもの**を，次の①～④のうちから1つ選べ。［　　］

① 海洋プレートが沈みこむ場所では海溝やトラフが見られる。

② 震源が100kmより深い地震は沈みこむプレートにそって発生している。

③ 日本列島では造山運動が起こっている。

④ 日本列島の火山はプレートの境界に分布している。

(4) 地震に伴う災害・被害の特徴として**適切でないもの**を，次の①～④のうちから1つ選べ。［　　］

① 液状化が発生しやすい場所は，地下水位が低く，地盤構成物質が礫の特徴を示す。

② 津波は，第1波，第2波，第3波と続くことがあるが，必ずしも第1波が最大になるとは限らない。

③ 震源からの距離が同じであれば，台地などの硬い地盤より埋め立て地や低湿地などのやわらかい地盤のほうが，ゆれが大きくなる傾向を示す。

④ 地震による山崩れは，時に川をせき止め天然ダムを形成し，浸水被害や決壊に伴う土石流被害などを引き起こす可能性がある。

109. 地層と岩石● 図1はある海岸線に見られる露頭をスケッチしたものである。図2は図1のAの写真で，白い部分の砂岩と黒い部分の泥岩が交互に堆積している。露頭観察でBは火成岩であると推定できた。また，図1のAのうちBに近い部分は，黒く緻密(ちみつ)で硬い岩石に変化していた。

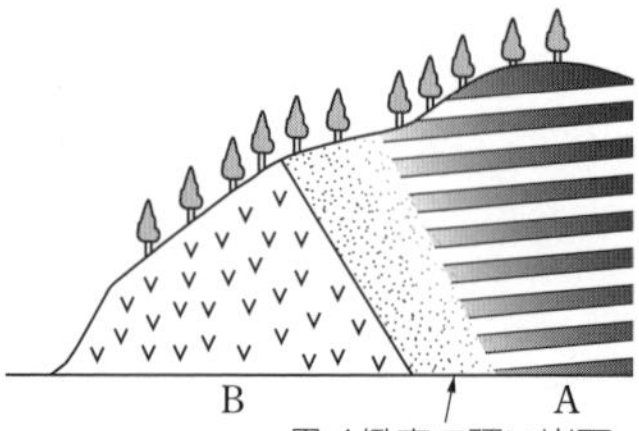

図1 ある海岸線に見られる露頭のスケッチ

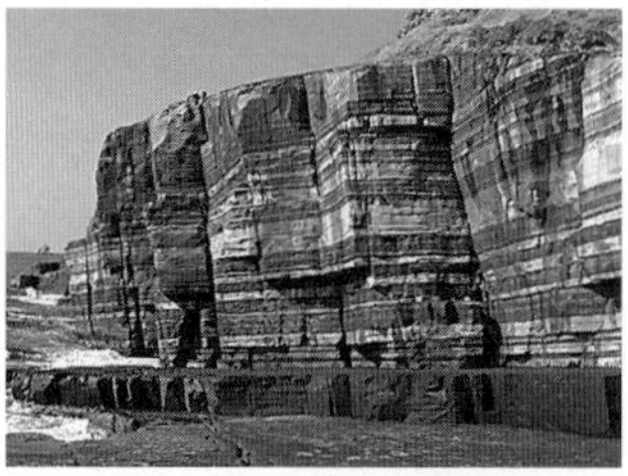

図2 図1のA部分の写真

(1) Aの地層全体の形成について述べた文として最も適当なものを，次の①～④のうちから1つ選べ。
〔　　〕

① 黒い泥岩層は陸上で，白い砂岩層は海底でそれぞれ形成された。
② 夏季に白い砂岩層が，冬季に黒い泥岩層が形成された。
③ 一度の巨大な海底地すべりで一気に形成された。
④ 混濁流(こんだくりゅう)のくり返しにより海底で形成された。

(2) 下線部について，その岩石名と変成作用の組合せとして最も適当なものを，次の①～④のうちから1つ選べ。
〔　　〕

	岩石名	変成作用		岩石名	変成作用
①	ホルンフェルス	接触変成作用	③	片岩	接触変成作用
②	ホルンフェルス	広域変成作用	④	片岩	広域変成作用

(3) AとBとの関係を説明した文として最も適当なものを，次の①～④のうちから1つ選べ。
〔　　〕

① AとBは不整合の関係にある。　② Aが堆積するときの力でBは褶曲している。
③ AとBは断層により接している。　④ AにBが貫入した。

(4) Bの岩石を持ち帰り顕微鏡で観察すると，等粒状組織が見られ，斜長石・輝石・かんらん石の結晶が確認できた。Bの岩石として最も適当なものを，次の①～④のうちから1つ選べ。〔　　〕
① 玄武岩　② 流紋岩　③ 斑れい岩　④ 花崗岩

110. 地質年代● 地球の歴史は，先カンブリア時代・古生代・中生代・新生代に大別される。これらは地質年代とよばれ，化石から推定される生物の絶滅や出現の時期で決められている。最古の化石は約35億年前のものが知られており，約5.4億年前に始まる古生代には生物が爆発的に多様化した。そして，それぞれの地質年代ごとに特徴的な生物の繁栄があった。

(1) 先カンブリア時代・古生代・中生代・新生代の長さの比を正しく表しているのはどれか。最も適当なものを，右の①～④のうちから1つ選べ。〔　　〕

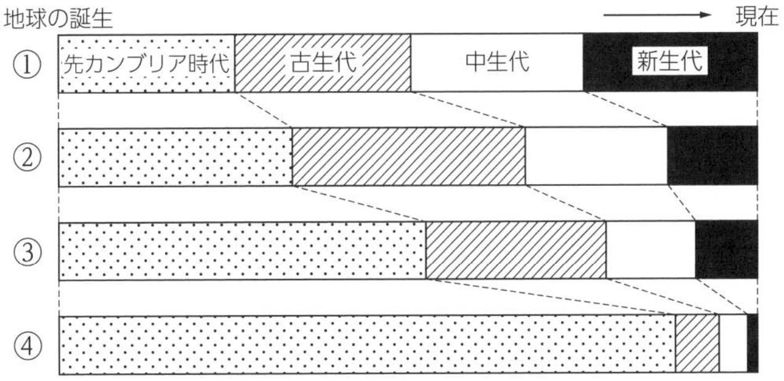

(2) 先カンブリア時代に現れた生物として最も適当なものを，次の①～④のうちから1つ選べ。
〔　　〕

① 硬い殻や歯をもつ生物　② 多細胞生物
③ 陸上に生息する生物　④ 脊椎(せきつい)動物

(3) 地球史上最大規模の大量絶滅は古生代末期に起こった。古生代末期の地質年代はどれか。最も適当なものを，次の①～④のうちから1つ選べ。〔　　〕
① 古第三紀　② 三畳紀　③ ペルム紀　④ ジュラ紀

(4) 下線部について，新生代の特徴として最も適当なものを，次の①～④のうちから1つ選べ。
〔　　〕

① 哺乳(ほにゅう)類と人類の繁栄　② 大型爬(は)虫類とアンモナイトの繁栄
③ 魚類・両生類の繁栄　④ 海に生息する無脊椎動物の繁栄

111. 地球の熱収支● 地球全体でみると，太陽放射で受けるエネルギーと地球放射として宇宙空間に放出するエネルギーは等しく，エネルギー収支はつりあっている。しかし，高緯度地域では低緯度地域より太陽高度が低いので，単位面積に入射する太陽放射が少なく吸収量も少ない。一方，地球放射は温度が高い低緯度で多く，温度が低い高緯度で少ないが，緯度による差は太陽放射の吸収量ほど大きくない。したがって，放射だけを考えると，低緯度ではエネルギーが余り，高緯度ではエネルギーが不足する。この過不足は，地球上での熱輸送のしくみにより解消されている。

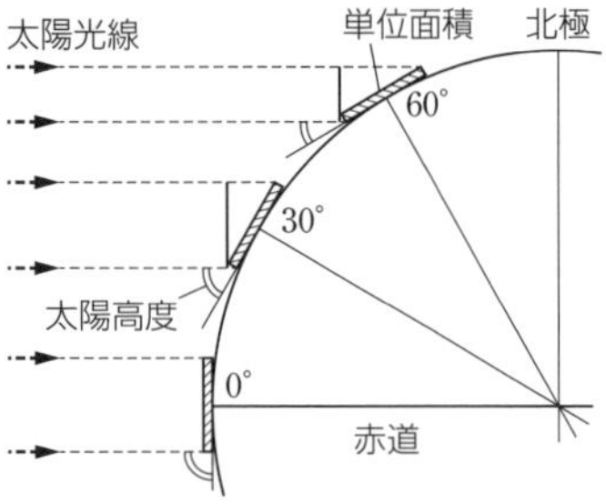

図１ 緯度による太陽光線と受光面の関係

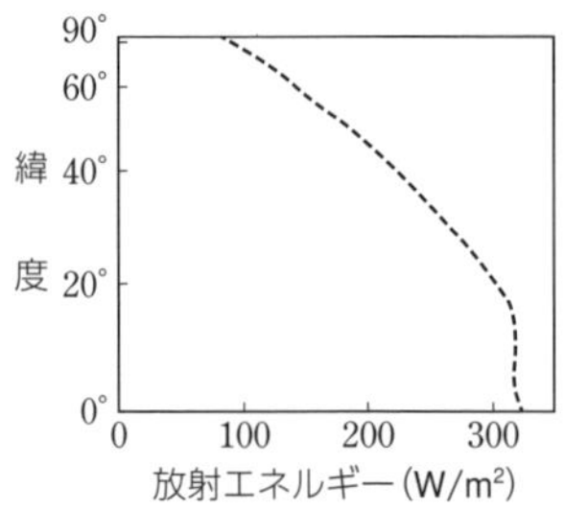

図２ 緯度による太陽放射の吸収量の違い

図１は緯度による太陽光線と受光面の関係を，図２は人工衛星から観測した緯度による太陽放射の吸収量の違いを表している。

(1) 地球大気の上端で右の図のように，太陽光線と受光面のなす角度(太陽高度)が60°であるとき，この面が受ける単位面積当たりのエネルギー量は太陽定数の何倍になるか。最も適当なものを次の①～④のうちから１つ選べ。 〔　　〕

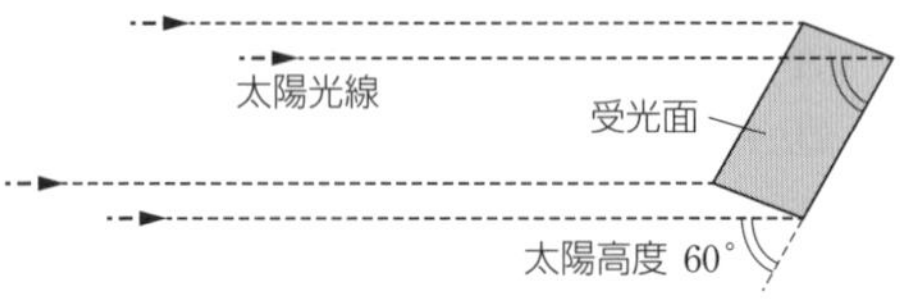

① $\frac{1}{2}$倍　② $\frac{\sqrt{2}}{2}$倍　③ $\frac{\sqrt{3}}{2}$倍　④ 2倍

(2) 図２の緯度による太陽放射の吸収量の違い(破線)に，緯度による地球放射の違い(実線)を重ねた図はどれか。最も適当なものを，次の①～④のうちから１つ選べ。 〔　　〕

①
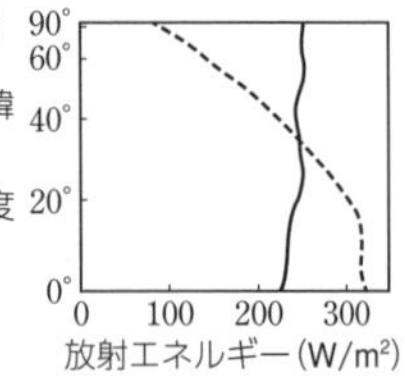

②
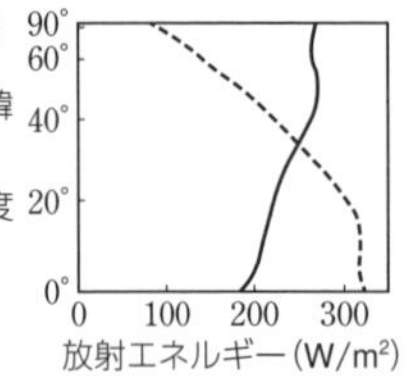

③
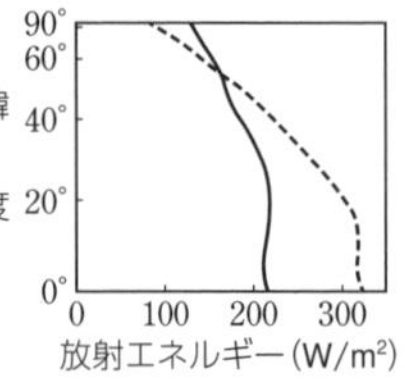

④
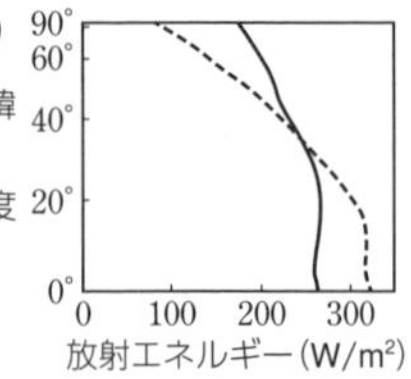

(3) 下線部について，熱を輸送するしくみとして**適切でないもの**を，次の①～④のうちから１つ選べ。 〔　　〕

① 海水の表層では高緯度に向かう暖流と，低緯度に向かう寒流が存在する。
② 地球が自転することにより，太陽光の当たる昼と陰になる夜が存在する。
③ 海水が蒸発して水蒸気となり，大気中で凝結して雲をつくる。
④ 低緯度側の暖気と高緯度側の寒気との間に，温帯低気圧が発生する。

(4) 地球上での熱輸送がなくなったと仮定すると，地球表面の温度と地球の熱収支はどのようになると考えられるか。最も適当なものを，次の①～④のうちから１つ選べ。 〔　　〕

① 温度は変化せずに，各緯度で太陽放射の吸収量と地球放射の量とが一致するようになる。
② 温度は低緯度で上がり，高緯度で下がるが，各緯度で太陽放射の吸収量と地球放射の量は変化しない。
③ 温度は低緯度で下がり，高緯度で上がり，各緯度で太陽放射の吸収量と地球放射の量とが一致するように変化する。
④ 温度は低緯度で上がり，高緯度で下がり，各緯度で太陽放射の吸収量と地球放射の量とが一致するように変化する。

112. 太陽系の誕生● (a)恒星は星間雲の中で誕生している。かつて，太陽が星間雲の中から原始太陽として誕生したとき，その中心温度は現在の太陽の中心温度よりも［ア］，原始太陽は［イ］することでエネルギーを解放していた。また，原始太陽に取りこまれなかった物質からは(b)惑星が形成された。現在，(c)太陽系の惑星は8つあり，太陽の周囲を公転している。

(1) 空欄(ア)と(イ)に入る語句の組合せとして最も適当なものを，次の①～④のうちから1つ選べ。〔　　〕

	ア	イ
①	低く	重力によって収縮を
②	低く	中心部の水素が核融合を
③	高く	重力によって収縮を
④	高く	中心部の水素が核融合を

(2) 下線部(a)に関して，右の画像の白い矢印で示された星間雲について述べた文として最も適当なものを，次の①～④のうちから1つ選べ。〔　　〕

① オールトの雲とよばれている。
② 遠方からくる天体の光をさえぎっている。
③ 密度が星間物質の平均的な値より小さい。
④ 組成を原子の個数比で考えると炭素が一番多い。

(3) 下線部(b)に関連して，太陽系の惑星の形成に関わった微惑星について述べた文として**適当でないもの**を，次の①～④のうちから1つ選べ。〔　　〕
① 固体微粒子(塵)が集まって形成された。
② 太陽のまわりに円盤状に分布していた。
③ 太陽に近いものほど氷を多く含んでいた。
④ 衝突と合体をくり返して原始惑星へと成長した。

(4) 下線部(c)に関して，次の画像AおよびBに示された太陽系の惑星について述べた文として最も適当なものを，下の①～④のうちからそれぞれ1つずつ選べ。A〔　　〕，B〔　　〕

A

B

① 質量が太陽系の惑星の中で最も大きい。
② 温室効果のため表面温度が400℃以上である。
③ 公転面に垂直な方向に対して自転軸が90°近く傾いている。
④ 表面にかつて液体の水が存在したことを示唆(しさ)する地形がある。

初　版
第１刷　2012年11月１日　発行
改訂版
第１刷　2016年11月１日　発行
新課程版
第１刷　2021年11月１日　発行
第２刷　2021年12月１日　発行
第３刷　2022年３月１日　発行
第４刷　2023年２月１日　発行
第５刷　2023年３月１日　発行
第６刷　2024年２月１日　発行

●画像提供
小泉治彦
NASA
七宮賢司
フォトライブラリー

新課程
リード Light ノート地学基礎

●編集協力者
井上貞行，久世直毅，藤田秀樹，田中麻衣子

ISBN978-4-410-28729-9
編　者　数研出版編集部
発行者　星野 泰也
発行所　**数研出版株式会社**
〒101-0052 東京都千代田区神田小川町２丁目３番地３
〔振替〕00140-4-118431
〒604-0861 京都市中京区烏丸通竹屋町上る大倉町205番地
〔電話〕 代表 (075)231-0161
ホームページ　https://www.chart.co.jp
印　刷　創栄図書印刷株式会社

地学基礎の重要用語

第1編　活動する地球

	用語	説明
□	地球だ円体	実際の地球に近い形をした回転だ円体。だ円がどのくらい膨らんでいるかは偏平率で表す。
□	地殻	固体地球の最も外側の部分。厚さ 25 ～ 70km の大陸地殻と，厚さ 2 ～ 10km の海洋地殻からなる。
□	マントル	地殻の下から深さ約 2900km までの部分。上部マントル（かんらん岩）と，下部マントルからなる。
□	外核	深さ約 2900km から約 5100km までの部分で，おもに液体の鉄からなる。
□	内核	深さ約 5100km より深い部分。おもに鉄からなり，高圧のため固体になっている。
□	モホロビチッチ不連続面	地殻とマントルの境界面。地球内部を伝わる地震波の速さが急激に変化することから発見された。モホ不連続面，モホ面ともよばれる。
□	リソスフェア	地表から深さ数十～100km 程度までの，温度が低く，硬い部分。地殻とマントルの浅い部分を含む。
□	アセノスフェア	リソスフェアの下で，マントルが融点に近づいてやわらかくなり，流動しやすくなっている部分。
□	プレートテクトニクス	十数枚ほどに分かれたプレート（実体はリソスフェア）がそれぞれ別の方向に移動することによって，さまざまな地殻変動が起こるとする考え方。
□	中央海嶺	プレート発散境界にできる海底の火山が連なった山脈。アイスランドでは一部が海面上に出ている。
□	海溝	プレート収束境界のうち，海洋プレートが大陸プレートの下に沈みこむ地域（沈みこみ帯）にできる深さ 1 万 m にも及ぶような深い溝。
□	島弧	プレートの沈みこみによって，海溝にそって弧状（弓なり）にできる島。
□	トランスフォーム断層	プレートどうしがすれ違うように反対向きに動いている境界。横ずれ断層の一種。
□	変成作用	岩石が最初にできたときとは異なる温度や圧力に置かれることで，岩石は固体のまま，含まれる鉱物どうしの化学反応が起きて新しい鉱物に変化する現象。
□	広域変成作用	延長数百 km にも及ぶ広い領域の岩石が地下深部の温度と圧力にさらされることで起こる変成作用。
□	接触変成作用	マグマの熱で周囲の岩石が加熱されて起こる変成作用。貫入した火成岩の周囲などに見られる。
□	ホットスポット	あまり位置を変えないマグマの供給源がある場所。プレート境界に関係なく，世界中に分布。
□	震度	各地点のゆれの強さを表す。5 と 6 を強と弱に分け，0 ～ 7 までの 10 段階で表す（気象庁震度階級）。
□	マグニチュード	地震の規模を表す（記号 M）。マグニチュードが 1 大きくなると，地震のエネルギーは約 32 倍になる。
□	活断層	最近数十万年間にくり返し活動し，将来も活動する可能性がある断層。
□	液状化現象	地震動によって砂粒子どうしの結合がゆるみ，水を大量に含んだ砂層が液体のようにふるまう現象。
□	津波	海底の地形の急激な変動によって直上の海面が上下し，波となって伝わっていく現象。
□	火山フロント（火山前線）	プレート沈みこみ帯にできる火山帯の中でも最も海溝側にある火山を結んだ線。海溝から 200 ～ 400km 程度の一定距離だけ離れた場所にある。
□	ケイ酸塩鉱物	SiO_4 四面体を基本構造とし，間に金属元素のイオンを含む鉱物。多くの造岩鉱物はケイ酸塩鉱物。
□	苦鉄質鉱物	鉄やマグネシウムを含む鉱物。かんらん石，輝石，角閃石，黒雲母など。有色鉱物ともいう。
□	ケイ長質鉱物	鉄やマグネシウムを含まない鉱物。斜長石，カリ長石，石英など。無色鉱物ともいう。
□	自形と他形	鉱物本来の形態を自形，後から晶出したため鉱物本来の形をとれなかった鉱物の形態を他形という。
□	火砕流	高温の火山ガスや火山灰などからなる噴煙が，地表を這(は)うように高速で流れ下る現象。
□	火山泥流	噴火に伴って発生する，大量の土石と泥水からなる流れ。急速に流れ下り，大きな被害を出す。

第2編　移り変わる地球

	用語	説明
□	砕屑粒子	風化や侵食により岩石が細かく砕かれたもの。粒径 2mm 以上が礫，2 ～ 1/16mm が砂，それ以下は泥。
□	大陸斜面	大陸棚の沖合にある斜面。谷状の地形である海底谷が形成されることがあり，混濁流が発生する。
□	混濁流（乱泥流）	海底谷で発生する，水と土砂の混じりあった流れ。陸上の土石流に比べて細かい粒子を長い距離にわたって運搬し，広い範囲に堆積させる。
□	続成作用	堆積物に含まれていた水がしぼり出されたり，粒子の間にある水から新たに鉱物が沈殿したりして，堆積物が固結していく作用。
□	土石流	土砂が水と混じりあい，河川や斜面を流れ下る現象。斜面崩壊や地すべりより長い距離を移動する。
□	層理面	一度に連続して堆積した地層を単層といい，単層と単層の境界面を層理面という。
□	整合と不整合	連続して堆積した地層と地層の関係を整合という。地層が連続して堆積せず，地層の上に長い時間を隔てて次の地層が堆積するような関係を不整合という。
□	級化成層（級化層理）	地層の中で，下から上に向かって粒子が小さくなっている構造。地層の上下判定に役立つ。
□	リプルマーク（漣痕）	水や風が穏やかに一方向に流れ続けることによって地層の上面にできる，小さなさざなみ状の構造。
□	クロスラミナ	リプルマークの鉛直断面で，単層内に見られる，層理面に対して斜交する細かい縞(しま)模様。

新課程

リードLightノート 地学基礎

解答編

数研出版
https://www.chart.co.jp

第１章 地球の構造

Work!の解答

1 d のWork

(ア) $a-b$ (イ) b (ウ) a

2 b のWork

(ア) 地殻 (イ) 上部マントル (ウ) 下部マントル
(エ) 外核 (オ) 内核

地殻，マントル(上部マントルと下部マントル)を青で，外核，内核を赤で塗る。

基礎CHECKの解答

1．下 2．エラトステネス 3．遠心力
4．赤道半径 5．低緯度 6．地球だ円体
7．偏平率 8．約30％ 9．4～5km
10．地殻 11．マントル 12．核
13．玄武岩質岩石 14．かんらん岩
15．下部マントル 16．鉄 17．液体
18．リソスフェア

基本問題

1.

(ア) ○ (イ) × (ウ) ×

解説 (ア) 北極星からやってくる光は地球のどの位置でも平行のため，仮に地球が平面であった場合北へ行っても高さは変わらない。北極星の高さが北へ行くほど高くなるのは図のように地球が丸いためである。

(イ) 月や太陽の輪郭は地球の形とは直接関係がないため不適。

(ウ) 中学で学んだように，星が日周運動をしているのは，地球が地軸を中心として西から東へ１日に１回自転しているからである。星が東の地平線から出て，西に沈むのは仮に地球が平面であったとしても起こりうるため，不適。

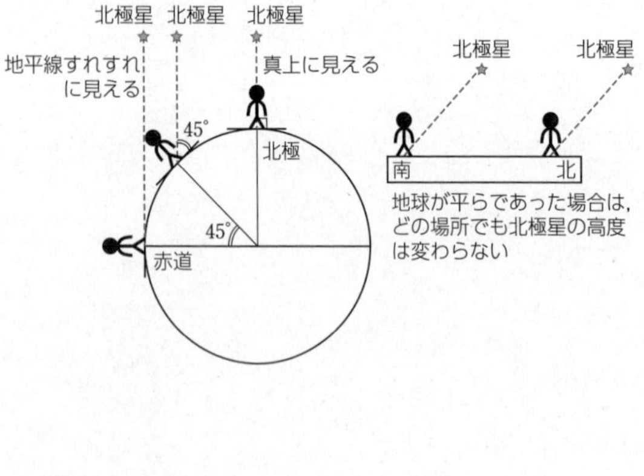

2.

(1) **5.09度** (2) $\dfrac{d}{l}=\dfrac{\theta}{360^\circ}$ (3) $\mathbf{4.00\times10^4\,km}$

解説 (1) $40.82^\circ-35.73^\circ=\mathbf{5.09^\circ}$

(2) 円弧 d：円周 l ＝ 中心角 θ：360°

これより $d\times360^\circ=l\times\theta$

したがって $\dfrac{d}{l}=\dfrac{\theta}{360^\circ}$

(3) (2)より $l=\dfrac{d\times360^\circ}{\theta}=\dfrac{5.65\times10^2\times360^\circ}{5.09}$

$=3.996\cdots\times10^4\fallingdotseq\mathbf{4.00\times10^4\,km}$

3.

(ア) 球 (イ) 極 (ウ) 赤道
(エ) 回転だ円体
(オ) 偏平率 (カ) $\dfrac{a-b}{a}$ (キ) 長

解説 緯度1°当たりの経線の長さは，18世紀の中ごろフランス学士院によって測定され，極地方のほうが赤道地方よりも長いことがわかった。

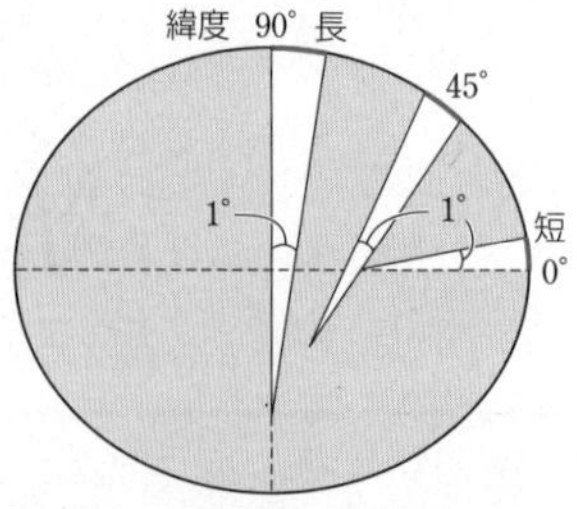

緯度は，その地点の鉛直線と赤道面のなす角度であり，北極星の高度から求められる。

だ円を，長軸(または短軸)を中心に回転させて得られる立体を回転だ円体という。

4.

(ア) 遠心力 (イ) 赤道
(ウ) 回転だ円体
(エ) 短 (オ) 等し

解説 遠心力は自転軸と直角な方向で自転軸から遠ざかる向きにはたらき，自転軸から離れるほど大きくなる。したがって，遠心力は赤道付近で最も大きくなる。

地球は，赤道方向に膨らんだ回転だ円体である。このため，緯度1°当たりの経線の長さは，赤道地方よりも極地方のほうが長い。

地球を完全な球と考えた場合には，各地の緯度は，地球の中心と各地を結んだ線が赤道面となす角度なので，各地の鉛直線(地平線に垂直な線)はすべて地球の中心を通ることになる。しかし，地球は回転だ円体なので，各地の鉛直線は地球の中心を通らず，問題の図のようになり，緯度1°当たりの経線の長さが赤道地方よりも極地方のほうが長くなっているのである。

5.

(1)(ア) 大き (2)(イ) 小さ (3)(ウ) 大き
(4) 深度 4000 ～ 5000m

解説 グラフの目盛りの $\frac{1}{10}$ まで読み取り，それぞれの部分の面積の占める割合を足し合わせて比較する。

(1) 高度 2000m より低い陸の部分の面積は
$20.9 + 4.4 = 25.3\%$
であり，深度 2000m より浅い海の部分の面積は
$8.5 + 3.0 = 11.5\%$
である。

(2) 高度 1000m より高い陸の部分のおよその面積は
$4.4 + 2.1 + 1.1 + 0.5 + 0.1 = 8.2\%$
で，高度 1000m より低い陸の部分の面積は約 21%である。

(3) 深度 3000m から 5000m までの海の部分の面積は
$13.9 + 23.4 = 37.3\%$
で，深度 5000m より深い海の部分の面積は
$16.5 + 0.8 = 17.3\%$
である。

6.

(1)(ア) 地殻 (イ) マントル (ウ) 外核 (エ) 内核
(2) モホロビチッチ不連続面(モホ面)
(3) (ウ) (4) 鉄(Fe)
(5)① O ② Si ③ Fe ④ Mg

解説 地球の内部は層構造をしており，地殻，マントルは基本的に固体でとけていないことが地震波からわかっている。また，地殻，マントルの違いは岩石の種類が異なり，その境界を境に地震波の速度が異なることによる。地殻，マントルの境界はモホロビチッチ不連続面とよばれる。対して地球内部にある外核・内核は鉄やニッケルから構成されており，外核のみとけていることが地震波から推定されている。地球全体の元素組成は隕石などから推定されており，地殻の元素の平均組成は地球表面のさまざまな場所の岩石の組成や，地殻のモデルなどから推定されている。

7.

(ア) 薄 (イ) 玄武岩 (ウ) 花崗岩
(エ) かんらん岩 (オ) 大き (カ) アセノスフェア
(キ) リソスフェア (ク) 低い (ケ) 硬い

解説 モホ不連続面(地殻とマントルの境界面)の深さが各地で測定され，地殻は大陸で厚く海洋で薄いことがわかった。

地殻とマントルは，構成物質の違いによる分け方であり，リソスフェアとアセノスフェアは変形のしやすさの違いによる分け方である。地球の内部の温度は，深くなるにつれて高くなる。アセノスフェアはリソスフェアの下にあり，温度が高く，やわらかくて流れやすい性質をもっている。

第2章 プレートの運動

Work!の解答

1 b のWork

(ア) ユーラシア (イ) オーストラリア
(ウ) 太平洋 (エ) 北米 (オ) 南米 (カ) アフリカ

2 a のWork

C → B → A

○印をつける島は，Aでは左端の海山，Cでは活火山

基礎 CHECK の解答

1. プレート 2. プレートテクトニクス
3. 中央海嶺 4. 地溝帯
5. トランスフォーム断層 6. 海溝 7. 島弧
8. 陸弧 9. 付加体 10. 大山脈
11. 造山運動 12. 逆断層 13. 正断層
14. 横ずれ断層 15. 左横ずれ断層
16. 褶曲 17. 背斜 18. 変成作用
19. 変成岩 20. 広域変成作用
21. 接触変成作用 22. モザイク状組織
23. ホットスポット 24. 重力
25. プルーム 26. マントル対流

基本問題

8.

(ア) 線 (イ) 太平洋 (ウ) ヒマラヤ (エ) 中央海嶺
(オ) 大西洋中央海嶺

解説 地震は限られた場所で集中的に発生している。特に集中しているのは，海溝にそった狭い場所で，太平洋を取り巻くように分布している。

9.

(ア) プレート (イ) 地殻 (ウ) 中央海嶺
(エ) 1cm ～ 10cm (オ) 拡大

解説 プレートの厚さは約 100km で，地殻と上部マントルの一部からなり，リソスフェアの部分に相当する。

プレートは発散境界で生まれて移動し，収束境界で地球の内部に沈みこむ。海底の発散境界が中央海嶺である。中央海嶺でわき出したマグマは冷えて固まり，新しい海洋地殻となって両側に離れていく。プレートの移動速度は，年間 1 ～ 10cm であるから，海底はその倍の速さで拡大する。

10.

④

解説 プレート発散境界では，プレートの割れ目(中央海嶺など)を軸にして，左右に広がっていき，割れ目から遠くなるほど古い岩石が分布している。

1. より，A よりも B のほうが割れ目に近いと考えられる。
2. より，A と B の間に割れ目がないと考えられる。
よって，正解は④となる。

11.

㋐ プレートテクトニクス ㋑ 厚い
㋒ 生産 ㋓ 中央海嶺 ㋔ 大山脈
㋕ 海溝 ㋖ トランスフォーム断層

解説 一つのプレートは，大陸プレートの地域と海洋プレートの地域(またはそのどちらか一方)でできており，一体となって運動している。プレートの厚さは約 100km であるが，大陸プレートのほうが若干厚いことが多い。

12.

(1)㋐ 褶曲 ㋑ 背斜 ㋒ 向斜
(2)㋓ 逆断層 ㋔ 正断層
(3)㋕ 左

解説 褶曲は，地殻に力が加わって，地層が折れ曲がってできた構造である。上に向かって凸に曲がった部分を背斜，下に向かって凸に曲がった部分を向斜という。

断層は，岩盤や地層に力が加わり，地層が破壊されてずれた面である。断層面よりも上の部分が下がっているのが正断層，上がっているのが逆断層である。

断層面にそって水平方向にずれる断層を横ずれ断層といい，断層面の向こう側が，右にずれていれば右横ずれ断層，左にずれていれば左横ずれ断層である。

13.

㋐ 圧縮(押す) ㋑ **A** または **B** ㋒ 伸びる
㋓ 縮む ㋔ 縮む ㋕ 発散境界
㋖ 収束境界 ㋗ すれ違い境界

解説 発散境界では，プレートが離れる向きの水平方向の圧縮力が他の２方向の力に比べて弱くなることで正断層を生じやすい。収束境界では，プレートが近づく向きの水平方向の圧縮力が他の２方向の力に比べて強くなることで逆断層を生じやすい。すれ違い境界では，水平方向の圧縮力のうち，ある方向の力が最も強く，もう一方の方向の力が最も弱くなることで横ずれ断層の一種であるトランスフォーム断層を生じやすい。

14.

(1)㋐ 変成作用 ㋑ 変成岩
(2)㋒ 接触変成作用 ㋓ モザイク状組織
(3)㋔ 広域変成作用

解説 岩石が最初にできたときと異なる温度や圧力の場所に置かれると，鉱物どうしが化学反応を起こして新しい温度や圧力のもとで安定な鉱物に変化する。この現象が変成作用である。

熱による接触変成作用では，再結晶によって鉱物が成長し，大きい結晶が集まるモザイク状組織となる。

広域変成作用では，高圧のため鉱物の結晶が一定方向に並んだ構造となり，片岩はこのような構造をもつ。

15.

(1)㋐ 片岩 ㋑ 片麻岩 ㋒ ホルンフェルス
(2)① 再結晶
(3)② 広域変成作用 ③ 接触変成作用

解説 (1) 片岩は，力が加わった状態で鉱物が一定の方向に配列しながら再結晶することで面状構造をもち，板状に薄く割れやすい。片麻岩は，片岩より高温で再結晶が進んで，黒っぽい鉱物の多い部分と白っぽい鉱物の多い部分が連続した縞状組織をもつ。ホルンフェルスは，再結晶が進んで等粒状の結晶がさまざまな方向に配列したモザイク状組織を示し，緻密で硬い。

(2) 火成岩，堆積岩，変成岩が変成作用によって変成岩になる。このとき，再結晶によって固体のまま鉱物が変化する。高温によりとけて液体であるマグマになってしまうと，冷えて固まってできた岩石は火成岩である。

(3) 広域変成作用は，延長数百 km にも及ぶ広い範囲で，地下深部の高温，高圧にさらされることで起こる。接触変成作用は，地殻に貫入してきたマグマに接触した数十 m から数百 km の範囲で，マグマの高温にさらされることで起こる。

16.

(1) ⑥ (2) **25cm/万年，沈降**

解説 (1) 太平洋プレートは，中央海嶺で生成されて図の矢印の方向に移動しているので，⑥の位置で形成された火山島が 4000 万年かけて X の位置に移動してきたことがわかる。

(2) 火山島ができたばかりのとき，海面の位置にさんご礁が形成された。環礁では，表面から地下 1000m までさんご礁の堆積物が固まった岩石があることから，4000 万年かけて火山島が 1000m 沈降したことがわかる。

したがって，１万年あたりの沈降量は

$$\frac{1000\,\text{m}}{4000\,\text{万年}} = \frac{100000\,\text{cm}}{4000\,\text{万年}} = \mathbf{25\,cm/万年}$$

17.

(1) ホットスポット
(2) **5000 万年前～4000 万年前：10 cm/年**
4000 万年前～現在：5 cm/年
(3) **4000 万年前以前：北**
4000 万年前以降：北西(または西北西)

解説 ホットスポットでは深い場所からマグマが供給されるため，プレートの運動と関係なく一定の場所で火山が形成される。この性質を利用して過去のプレートの移動速度や移動方向を求めることができる。

ホットスポットの位置は変わらないため，図より 5000 万年前から 4000 万年前までの(5000 万年−4000 万年＝) 1000 万年の間に 1000km プレートが北へ移動している。距離÷時間＝移動速度よりプレートの動く速さは

$$\frac{\text{距離〔cm〕}}{\text{時間〔年〕}} = \frac{1000 \times 1000 \times 100}{1000 \times 10000} = \mathbf{10\,cm/年}$$

また，4000 万年前から現在まではプレートの移動方向は北西(または西北西)方向になり，プレートの動く速さは

$$\frac{\text{距離〔cm〕}}{\text{時間〔年〕}} = \frac{2000 \times 1000 \times 100}{4000 \times 10000} = \mathbf{5\,cm/年}$$

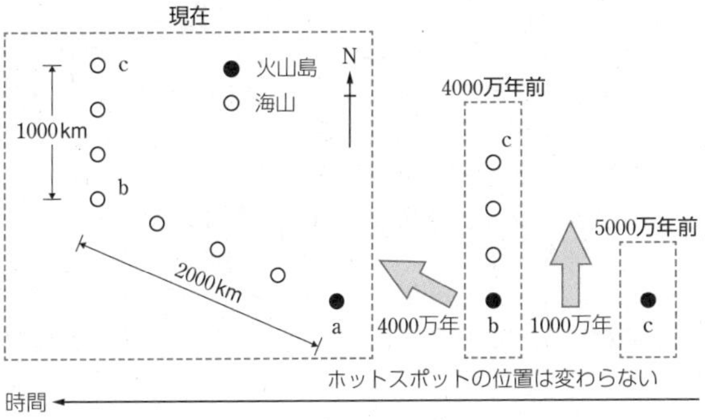

第3章 地震

Work!の解答

1 d のWork

(1), (2)

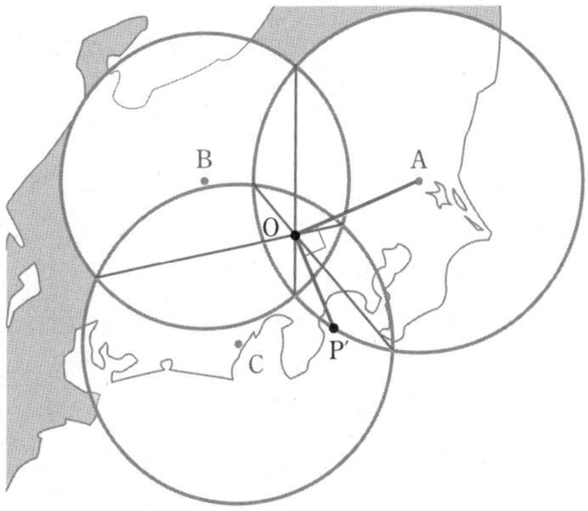

(3) OP ＝ OP′

2 b のWork

(ア) ユーラシア　(イ) 北米　(ウ) フィリピン海
(エ) 太平洋

基礎 CHECK の解答

1. 震源　2. 震央　3. 震度　4. 10 段階
5. マグニチュード　6. 約 32 倍　7. 本震
8. 余震　9. 余震域　10. P 波
11. 初期微動継続時間　12. 比例(関係)
13. 正断層　14. 北米プレート
15. ユーラシアプレート　16. 太平洋プレート
17. 深発地震面(和達-ベニオフ帯)
18. 活断層　19. 液状化現象　20. 津波

基本問題

18.

(ア) 32　(イ) 10　(ウ) 7　(エ) 本　(オ) 前
(カ) 余

解説 マグニチュードは，2 大きくなると地震のエネルギーがちょうど 1000 倍になるように定められているため，マグニチュードが 1 大きくなるとエネルギーが$\sqrt{1000}$(≒ 32)倍，さらに 1 大きくなって 2 大きくなるとエネルギーが$\sqrt{1000}$倍のさらに$\sqrt{1000}$倍つまり$\sqrt{1000} \times \sqrt{1000} =$ 1000 倍になる。

気象庁震度階級は，震度 0，震度 1，震度 2，震度 3，震度 4，震度 5 弱，震度 5 強，震度 6 弱，震度 6 強，震度 7 の 10 段階で，数字が大きいほど地震のゆれが強い。なお震度 0 はゆれないのではなく，人はゆれを感じないが地震計には記録される震度である。前震は起こらない場合も多いが，余震は本震によって生じた局所的なひずみを解消するために発生するので，余震域は本震の震源域とほぼ一致し，多数発生する。また，余震の規模や発生回数は時間の経過とともに減少する。

19. ㋐ ゆれの強さ ㋑ 規模 ㋒ 1000

解説 ㋒ Mが1大きいとエネルギーは$10\sqrt{10}$倍であるから，Mが2大きいと$(10\sqrt{10})^2 = 100 \times 10 = \mathbf{1000}$**倍**のエネルギーの違いがある。

20. ㋐ P ㋑ S ㋒ 表面波 ㋓ 70

解説 地震波を観測すると，初めに伝わる速さの大きなP波が到着して小刻みにゆれ，その後P波より伝わる速さの遅いS波が到着して大きくゆれる。P波とS波の到着時刻の差Tが初期微動継続時間である。

㋓ 初期微動継続時間T[s]は震源距離D[km]に比例するという関係を大森公式といい，$D = kT$(kは比例定数)で表される。問題で与えられているkは7km/sなので

$$D\,[\text{km}] = 7\,\text{km/s} \times 10\,\text{s} = \mathbf{70\,km}$$

21. (1)㋐ 震央 ㋑ 初期微動 ㋒ 主要動 (2) 100km (3) 60km

解説 (1) P波による小刻みなゆれが初期微動で，S波と表面波による大きなゆれが主要動である。

(2) 図より，初期微動継続時間(aの長さt[s])は12秒である。これと，$V_P = 7$km/s，$V_S = 3.8$km/s を与えられた式に代入すると

$$12\,\text{s} = \frac{d\,[\text{km}]}{3.8\,\text{km/s}} - \frac{d\,[\text{km}]}{7\,\text{km/s}}$$

したがって $d = \dfrac{12}{\dfrac{1}{3.8} - \dfrac{1}{7}} = 99.75 \fallingdotseq \mathbf{100\,km}$

(3) 震源の深さをx[km]とすると

$x^2 = 100^2 - 80^2 = 3600$

したがって $x = \mathbf{60\,km}$

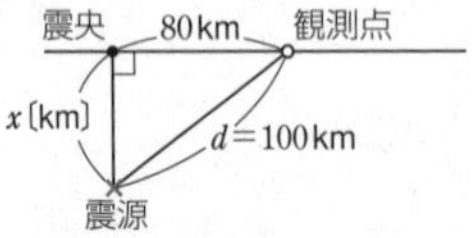

22. ㋐ 震源 ㋑ マグニチュード ㋒ 震度

解説 地震が発生した地点を震源，震源の真上(地図上に震源を表した位置)を震央という。

地震の規模はマグニチュードで，各地のゆれの強さは震度で表される。

23. A 日本海溝，(b) B サンアンドレアス断層，(c) C 東太平洋海嶺，(a) D 大西洋中央海嶺，(a)

解説 プレートの発散境界では，水平方向に引っ張る力が加わり圧縮する力が弱まるため，正断層の地震が多く発生する。プレートのすれ違い境界では，横ずれ断層の地震が多く発生している。プレートの収束境界では，さまざまなタイプの地震が発生しているが，海溝周辺部ではプレートの沈みこみに対応する逆断層の地震が多く発生している。

24. (1)㋐ 太平洋 ㋑ フィリピン海 ㋒ 和達－ベニオフ帯 ㋓ 数十万 ㋔ 活断層 (2) 逆断層

解説 (1) 日本は大陸プレートであるユーラシアプレート，北米プレート，海洋プレートである太平洋プレート，フィリピン海プレートが互いに押しあっている地域に位置する。

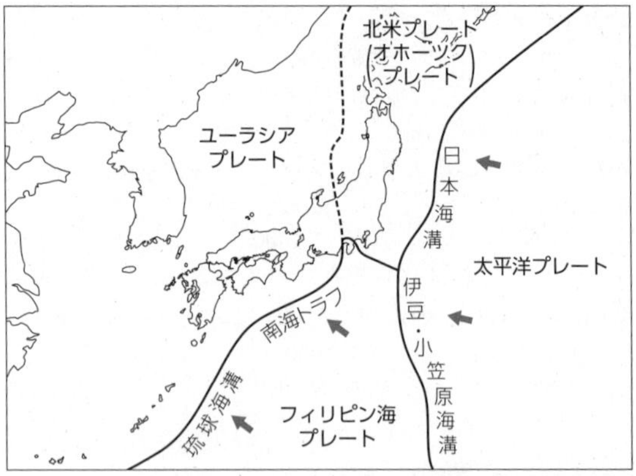

海洋プレートが地球内部に沈みこむプレート境界には海溝やトラフが形成される。日本海溝，伊豆・小笠原海溝は太平洋プレートが沈みこむ境界である。また，南海トラフはフィリピン海プレートが沈みこむ境界である。沈みこんだプレートでは，海溝から沈みこむ方向に向かって震源が深くなることが知られる。これが深発地震面である。日本周辺はプレートによって圧縮されひずみが蓄積されているため，ひずみを解消するため大陸プレート内でも断層が動く。活断層は現在も活動していると考えられている断層である。

(2) フィリピン海プレートとユーラシアプレートの境界に位置する南海トラフでは圧縮の力が主であるため，逆断層が発達する。

25. (1) 液状化現象 (2) ④

解説 地震災害は，その地域の地盤・地形・地質によって予測できるものも多い。地盤の液状化現象は，海岸部の埋立地や河川ぞいの地盤で砂の粒子が地下水を含んでいる場合に起きやすい。

(2) ×① 粒のそろった砂層では液状化が起こりやすい。

×②③ 谷を埋め立てた人工造成地や軟らかい地層が厚く堆積した土地では，地震のゆれが大きくなる。

26. (1) ③ (2) ②

解説 津波は，地震や海底地すべりなどで海底の地形が変化したとき，それに伴って起こる高波のことである。地震による断層で海底が隆起・沈降すると，その上の海水が盛り上がったり凹んだりして，その波が周囲に伝播していく。したがって，内陸部で起こった地震では津波は起こらないし，海域で発生しても，震源の深さが深い地震では津波は起こりにくい。場合によっては，地震断層が比較的ゆっくりと動くために体に感じるゆれは比較的小さくても大きな津波を生じさせることがある。また，その場合も地震のマグニチュードは大きい値となる。

マグニチュードが小さい地震では，断層の面積が狭く，海底まで変動が及ばないことが多いので，海底の変動があったとしても比較的小さく，広い範囲に大きな津波を生じさせることはない。

第4章 火山

Work!の解答

1 c のWork

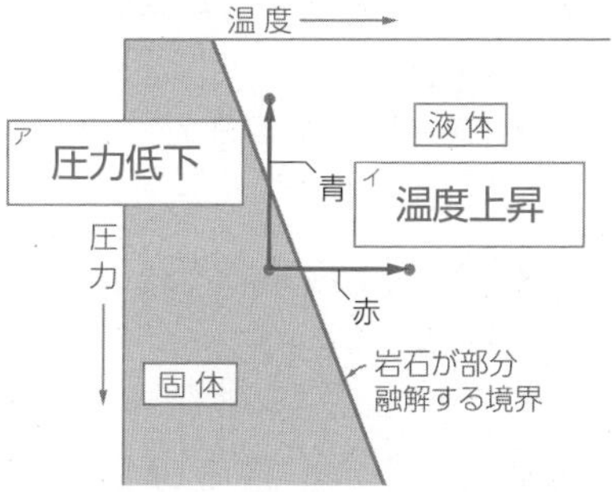

1 e のWork

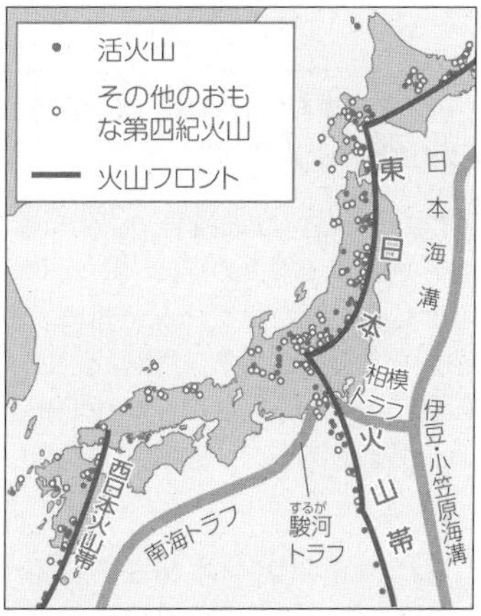

2 a のWork

(ア) かんらん石　(イ) 角閃石　(ウ) 黒雲母
(エ) 輝石

2 c のWork

(ア) 玄武岩　(イ) 安山岩　(ウ) 流紋岩
かんらん石，輝石，角閃石，黒雲母の部分を灰色で塗る。

基礎CHECKの解答

1. 水蒸気(H_2O)　2. 火山噴出物　3. 火山灰
4. 火山弾　5. スコリア　6. 溶岩
7. 粘性　8. 成層火山　9. カルデラ
10. 部分融解(部分溶融)　11. 枕状溶岩
12. 火山フロント(火山前線)　13. 火成岩
14. 鉱物　15. ケイ酸塩鉱物
16. 苦鉄質鉱物(有色鉱物)
17. ケイ長質鉱物(無色鉱物)　18. 火山岩
19. 深成岩　20. 岩脈　21. 斑晶　22. 石基
23. 斑状組織　24. 等粒状組織　25. 自形
26. SiO_2(二酸化ケイ素)　27. 安山岩　28. 色指数
29. 火砕流　30. 火山泥流　31. 岩屑なだれ
32. 活火山　33. ハザードマップ

基本問題

27.

(1)(ア) 部分融解(部分溶融) (イ) 小さい
(ウ) マグマだまり
(2)(エ) 水蒸気 (オ) 発泡 (カ) 噴火

解説 (1) マグマの密度が相対的に小さくなると，浮力が生じてマグマが上昇する。浮力は，マグマと周囲の岩石の密度差によって生じている。周囲の岩石の密度は岩石の種類などによって異なるため，周囲の岩石の密度がマグマの密度と一致する場所では，マグマの上昇が止まり，マグマだまりをつくる。

(2) 地下の高圧な状態でマグマに溶けこんでいた気体成分は，何らかの原因でマグマだまりの圧力が低下すると発泡する。発泡したマグマは，周囲の岩石よりも密度が小さくなって上昇し始める。

28.

A マグマだまり B 噴煙 C 溶岩流
D 火山弾 E 火砕流

解説 語群中の「砂岩」は堆積岩である。「カルデラ」は火山性の凹地形である。噴火の際に火山灰や軽石などが一度に大量に噴出し，地下のマグマが急速に失われて地表が陥没することなどで形成される。「火砕流」は，火山灰や軽石，火山ガスなどからなる高温の噴煙が地表をはうように高速で流れ下る現象である。

29.

(ア) 溶岩 (イ) SiO_2 (ウ) 粘性 (エ) にく
(オ) やす (カ) 盾状 (キ) 成層

解説 粘性(粘り気)は流体の流れやすさを表し，粘性が高くなると流れにくくなる。マグマの粘性は，含まれる SiO_2 の量と対応関係にある。含まれる SiO_2 の量が多いマグマほど粘性が高く流れにくい。

粘性の低いマグマで，含まれる気体成分の量も少ないとさらさらした溶岩となり，くり返し大量に流出すると，傾斜のゆるやかなハワイ島のマウナロア火山に代表される盾状火山となる。富士山は，やや粘性の高い溶岩や火山砕屑岩が交互に積み重なった成層火山である。

30.

(1)(ア) 発散 (イ) 収束
(2)(ウ) ホットスポット
(3) 枕状溶岩 (4) ④

解説 (1) 地球上でのマグマの生産量は，中央海嶺などのプレートの発散境界で最も多く，全体の約 60 ~ 70% を占める。次に多いのは日本のようなプレートの収束境界で，全体の 20 ~ 30% を占める。

(2) 上記の 2 か所のほかに，マグマが生産され火山が形成される場所としてホットスポットがある。

(3) 水中でマグマが噴出すると海水によって急冷され，マグマの表面に膜のような構造ができる。しかし，内部のマグマはまだ高温で十分やわらかいため，膜を突き破ってさらに流動する。これをくり返すと，枕状の特徴的な形状の溶岩が形成される。枕状溶岩の存在は，当時その場所が水中であったことの証拠となる。

(4) 火砕流は高温の噴煙(火山ガスや火砕物を含む)が高速で地表を流れ下る現象である。火砕流は粘性が高いマグマの噴出に伴って発生しやすい。したがって，④は間違いである。

31.

(1)① 東太平洋海嶺，生成量 1
② 日本列島，生成量 2
③ ハワイ島，生成量 3
(2) ③

解説 (1) 中央海嶺はマグマの生産量が最も多く，地球上の年間マグマ生産量の 60 ~ 70% のマグマを生成しており，火山活動が活発である。

日本列島を含む沈みこみ帯は，地球上の年間マグマ生産量の 20 ~ 30% を占める。

ホットスポットの火山活動は，海底に巨大な海山や海山列を形成することがある。

(2) プレート沈みこみ帯の火山は，火山帯とよばれる海溝と平行な帯状の範囲に分布している。その中で，最も海溝側にある火山を結んだ線が火山フロントである。したがって，火山フロントは海溝やトラフと平行となっている。

32.

(ア) かんらん石　(イ) 輝石　(ウ) 角閃石
(エ) 黒雲母((ア)〜(エ)は順不同)　(オ) カリ長石
(カ) 斜長石((オ)と(カ)は順不同)
(キ) 二酸化ケイ素(SiO_2)　(ク) ケイ長　(ケ) 中間
(コ) 苦鉄　(サ) 苦鉄質(有色)　(シ) ケイ長質(無色)
(ス) ケイ酸塩　(セ) ケイ素　(ソ) 4　(タ) 酸素
問 石英 (D)　黒雲母 (C)

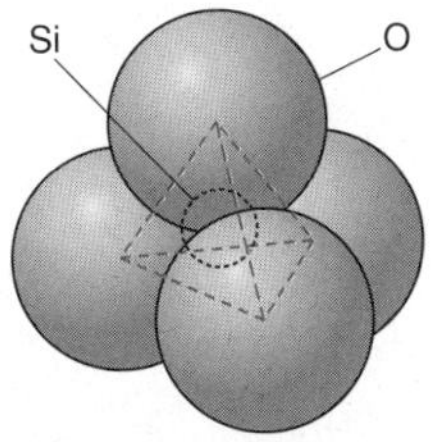

解説　鉱物は，原子が規則正しく配列した結晶からなる。岩石を形づくる鉱物を造岩鉱物といい，主要な造岩鉱物は，かんらん石，輝石，角閃石，黒雲母，斜長石，カリ長石，石英である。

鉄やマグネシウムに富むものは苦鉄質(有色)鉱物である。

ケイ酸塩鉱物では，図の SiO_4 四面体がくさり状，平面的，立体的に連結している。黒雲母以外のおもな造岩鉱物の SiO_4 四面体の連結のしかたは次のようになっている。

かんらん石：単独に存在。
輝石：単一のくさり状に連結。
角閃石：2列のくさり状に連結。
石英・長石類：立体的に網目状に連結。

33.

(1)(ア) かんらん　(イ) マグマ
(ウ) マグマだまり　(エ) 火成岩
(オ) 深成岩　(カ) 結晶
(キ) 等粒状組織　(ク) 自形　(ケ) 他形
(コ) 火山岩　(サ) 石基　(シ) 斑晶
(ス) 斑状組織
(2) 名称：斑れい岩
輝石：2，斜長石：3，かんらん石：1

解説　(1) マグマが急冷すると，結晶が成長せず，原子の並び方が不規則な火山ガラスができる。火山岩を構成する鉱物のうち，地下深部ですでに晶出していた大きな結晶が斑晶となり，地表近くで急速に冷却された部分が細かい粒である石基となる。
(2) 輝石はかんらん石をとり囲むように結晶が成長しているので，かんらん石より後に晶出していることがわかる。斜長石はかんらん石と輝石のすき間をうめるように結晶化しているので，最後に晶出していることがわかる。

34.

(ア) 岩脈　(イ) 岩床　(ウ) 火成岩
(エ) 深成岩　(オ) 火山岩　(カ) 玄武岩
(キ) 流紋岩　(ク) 花崗岩

解説　深成岩は鉱物の結晶だけの集合体で，粗粒の等粒状組織を示す。造岩鉱物の組成で分類することが可能で，含まれているケイ長質鉱物の体積割合で分類する。一方火山岩は粗粒の斑晶と細粒の石基からなる斑状組織を示す。石基が細粒の結晶と結晶になっていない火山ガラスからなるため，造岩鉱物の組成で分類することが不可能で，含まれている SiO_2 の質量割合で分類する。

35.

(ア) 斑れい岩　(イ) 閃緑岩　(ウ) 花崗岩　(エ) 輝石
(オ) カリ長石　(カ) 大きい　(キ) 小さい

解説　(エ)は苦鉄質鉱物(有色鉱物)，(オ)はケイ長質鉱物(無色鉱物)があてはまる。苦鉄質鉱物は鉄やマグネシウムを含むので，苦鉄質鉱物を多く含む岩石ほど密度が大きくなる。

36.

(1)(ア) 溶岩　(イ) 火山ガス　(ウ) 火砕流
(2) 地熱発電，温泉，熱水鉱床など

解説　(1) 火山噴出物は，気体の火山ガス，液体の溶岩，固体の火山砕屑物(火山灰，火山礫，火山岩塊)がさまざまに混じりあって噴煙，噴石，火砕流，溶岩流などを形成する。
(2) 地熱発電は，日本では総発電量の0.2%程度である。温泉の中には，火山の熱や火山噴出物由来の物質と関係が深いものもある。熱水鉱床は，マグマ由来の熱水に溶けていた元素が鉱物となって沈殿したもので，少量だが多種で日本の貴重な鉱物資源となっている。

37.

④

解説　火山ガスの主成分は水蒸気であるが，有害な硫化水素や二酸化硫黄を含み，火山ガスによる死亡事故が起こることがある。1792年，雲仙普賢岳の噴火に伴う眉山の山体崩壊では，大規模な津波が発生している。1926年の十勝岳噴火では，火山泥流により多数の死者が出ている。

第1章 地層の形成

Work❗の解答

1b のWork

(ア) 泥岩　(イ) 砂岩　(ウ) 凝灰岩　(エ) 石灰岩
(オ) チャート

2d のWork

A, B とも，下の層と同様の構造となる。

基礎 CHECK の解答

1. 風化　2. 物理的風化　3. 砕屑粒子
4. 運搬　5. 砂　6. 扇状地
7. 混濁流(乱泥流)　8. 堆積岩
9. 続成作用　10. 火山砕屑岩(火砕岩)
11. 石灰岩　12. SiO_2　13. 土石流
14. 地層累重の法則　15. 不整合
16. 級化成層(級化層理)　17. リプルマーク(漣痕)
18. クロスラミナ(斜交葉理)

基本問題

38.
(1)(イ) 水　(エ) 物理的　(オ) 化学的
(2) ア

解説　風化には，物理的風化と化学的風化の2つがある。物理的風化は物理的な力がはたらいて岩石が細かく砕かれていくはたらきである。化学的風化は水や酸素などによって化学反応が起こり，分解したり，溶解したりするはたらきである。

39.
(ア) 下方　(イ) 侵食　(ウ) V字　(エ) V字谷
(オ) 運搬　(カ) 礫　(キ) 扇状地　(ク) 側方
(ケ) 蛇行　(コ) 三日月湖　(サ) 三角州

解説　傾斜の急な山地を流れる河川の上流部では，流れが速く，下方侵食と運搬作用が優勢になる。

傾斜がゆるくなる山のふもとや，川が海や湖に注ぐ河口部では，流速が遅くなり，それまで運搬していた土砂を堆積させ，扇状地や三角州を形成する。

下流部では側方侵食が優勢になり，川は蛇行して流れるようになる。蛇行が著しくなると，洪水のときに一気に直線的に流れ，三日月湖として河川の一部が取り残されることもある。

40.
(1) 大陸棚　(2) 三角州　(3) 混濁流(乱泥流)

解説　川が海に注ぎこむと流速が急激に小さくなるので，運ばれていた土砂はそこに堆積し，三角州(デルタ)を形成する。

陸地に隣接する傾斜のゆるい地形を大陸棚といい，その平均水深は140mである。大陸棚の沖合には傾斜が急な大陸斜面があり，その先の深海底へと続く。大陸棚や大陸斜面には海底谷とよばれる谷状の地形が形成されることがある。

海底で地すべりなどが起こると，水と土砂が混じりあった混濁流(乱泥流)という流れが発生する。混濁流は，陸上の土石流に比べると細かい粒子(砂や泥)を長い距離にわたって運搬し，広い範囲に堆積させ，海底扇状地を形成する。

混濁流による堆積物(タービダイト)の中には，級化成層(級化層理)が形成されやすい。混濁流がくり返し起こることで，砂岩と泥岩が交互に堆積する地層が形成されることが多い。

41.
(1) 侵食・運搬される領域：A
引き続き運搬される領域：B
堆積する領域：C
(2) 2mmの粒子が動き始める：⑤
2mmの粒子が堆積し始める：④
$\frac{1}{16}$mmの粒子が動き始める：⑤
$\frac{1}{16}$mmの粒子が堆積し始める：①
(3) 砂

解説　(2) 縦軸が対数目盛りになっているので，目盛りの間隔が変わっていくことに注意して図の縦軸の値を読み取る。
(3) Iの線で最も流速が小さくなる位置の粒径を読み取る。

42.
(ア) 風化　(イ) 侵食　(ウ) 堆積岩　(エ) 砕屑岩
(オ) 火山砕屑岩(火砕岩)
問い　石灰岩：$CaCO_3$，サンゴ
チャート：SiO_2，放散虫

解説　フズリナ(紡錘虫)や有孔虫などの，炭酸カルシウムの骨格をもつ生物も石灰岩の起源となる。

ケイソウなど二酸化ケイ素の骨格をもつ生物もチャートの起源となる。

43.

(1) 泥 (2) 火山灰 (3) 砂岩 (4) 岩塩
(5) チャート (6) 石灰岩 (7) 凝灰角礫岩
(8) 礫岩 (9) 石灰岩

解説 堆積物が固結して固い堆積岩となっていく作用が続成作用である。

生物岩は，もとになる生物の遺骸が何からできているかで分けられる。サンゴやフズリナは炭酸カルシウム($CaCO_3$)からなるので石灰岩になり，放散虫やケイソウは二酸化ケイ素(SiO_2)からなるのでチャートになる。

44.

(1) 泥岩・砂岩・礫岩 (2) 砕屑岩
(3) 生物岩 (4) ○ (5) ○ (6) ○

解説 (1) 凝灰岩は火山灰が続成作用を受けたもので，火山砕屑岩(火砕岩)である。

(2) 泥岩の固結が進んだものが頁岩で，板状に割れやすい性質をもつ。

(3), (4) チャートや石灰岩の多くは生物岩であるが，ケイ酸成分や石灰成分の沈殿によりできる化学岩もある。

45.

ア，ウ，カ

解説 正解以外の文章について，誤っている内容は以下のとおり。

イ「土石流は，水を含んだ多量の土砂や岩塊が斜面をゆっくりと流れ下る現象である。」
土石流はきわめて高速で，河川の底面の堆積物を侵食して取りこみ，発生時よりも大規模な流れへと成長し深刻な土砂災害をもたらす。

エ「花崗岩で構成されている山地には風化作用によってまさ土層が形成されるため，斜面崩壊や土石流は起こりにくい。」
まさ土は花崗岩が風化して生じ，粗い粒子がばらばらの状態で堆積している。強い雨が降ると，まさ土層からは多量の砂が流れ出し，土砂災害を引き起こすきっかけとなる。

オ「斜面崩壊は，大量の降雨や地震がきっかけで，砂や岩からなるゆるい斜面(傾斜が30°以下の斜面)で起こる。」
斜面崩壊は，急な斜面(傾斜が30°以上の斜面)で起こる。

46.

(ア) 混濁流(乱泥流) (イ) 海底扇状地
(ウ) 上下(新旧) (エ) 級化成層(級化層理)

解説 大陸棚などに堆積している砕屑物が，地すべりなどにより周囲の水や泥，砂と一体となって深海に運ばれることがある。このような流れを混濁流(乱泥流)という。混濁流は大陸棚や大陸斜面を削り谷地形のなかを流れ最終的に海底に堆積する。おもに混濁流によって運ばれた堆積物が堆積する堆積場を海底扇状地という。混濁流が堆積する際，一度巻き上げられた粒子は粒径の大きなものから順に堆積し，地層の上方に行くにしたがって粒子が細かくなるようすが観察される。この構造を級化成層(級化層理)といい，地層中に観察される場合，地層の上下を判定することに使うことができる。

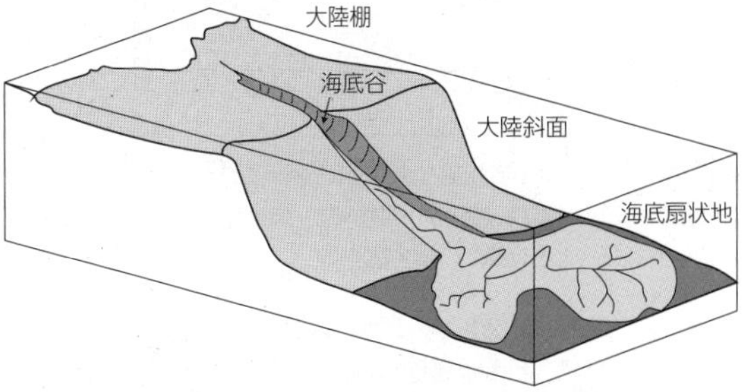

47.

(1)Ⓐ ① Ⓑ ②
(2) クロスラミナ(斜交葉理)
(3) 層理面 (4) 整合 (5) 不整合面
(6) ①

解説 Ⓐは，水流や波のある水底で砂が堆積するときにできやすい。しま模様を斜めに切って堆積しているほうが新しく，切られているほうが下位である。

Ⓑは平行なしま模様で，しま模様の1つを拡大すると，粒子は上ほど細かくなる。これを級化成層(級化層理)といい，地層の上下判定によく利用される。

Ⓐ，Ⓑのような地層は，それぞれ一度に連続して堆積した地層であり，単層とよぶ。単層と単層の境界面が層理面である。

Ⓒの(ア)層と(イ)層は不整合で，(ア)層が陸上にあって侵食を受けその上面に凹凸ができていることが多い。この期間は地層の堆積が中断していたことを表す。

48.

(1)(ア) **クロスラミナ(斜交葉理)**
(イ) **級化成層(級化層理)**
(2) ③

解説 クロスラミナは，水流や風などにより砂などの堆積物粒子が移動することで形成される。運搬された粒子は，堆積する面にそって崩れながら次々と堆積するので，層理面に対して傾いた構造を形成する。

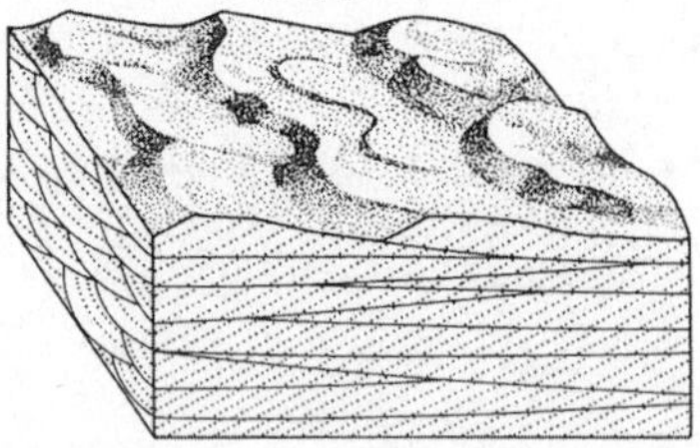

49.

(1)① **整合** ② **不整合** ③ **整合** ④ **断層**
(2)(イ) **カ** (ウ) **ク** (オ) **コ** (3) **正断層**
(4) **A：背斜 B：向斜**

解説 整合は地層の形成が連続している地層の重なり方であり，不整合は地層が隆起して陸上で風化や侵食を受けた後，沈降してその上に地層が形成されたときの地層の重なり方である。

不整合面の上下の地層の層理面が平行なときを，平行不整合といい，不整合面上の地層の層理面に対し，下の地層の層理面が傾斜しているときを，傾斜不整合という。図のイとウの間，カとキの間が傾斜不整合である。

F－F′の断層の両側の地層を比較する場合は，断層のずれをもとにもどしてみると，どの地層が連続するかがわかる。

このとき，断層F－F′は，図で断層の左側がずり下がっていることがわかるので，正断層である。

上に向かって凸に曲がった部分が背斜，下に向かって凸に曲がった部分が向斜である。

50.

(1) ① (2) ④ (3) ④

解説 (1) リプルマークは，川の流れや波などの作用により，河床や海底に形成される規則的な峰と谷からなる微地形である。

(2) B層は8千万年前の中生代に形成された地層であり，C層は新第三紀(2300万～260万年前)に形成された地層であるから，B，Cの2つの地層の間には時間のギャップがある。このことから，この2つの層の関係は不整合であると考えられるため，①，②は不適である。

また，C，D層はA岩体により変成作用を受けているため，A岩体が貫入したのはC，D層が堆積した後であることがわかる。したがって，C層の礫にA岩体の深成岩が含まれることはあり得ないため，③は不適であることがわかる。

C層はB層の後に形成されているため，C層中にB層の凝灰岩が含まれることはあり得る。したがって，④が最も適当である。

(3) B層が8千万年前の中生代，C層が新第三紀(2300万年前～260万年前)に形成されたことがわかっているため，B→Cの順となる。また，C，D層がA層によって熱変成を受けているため，C，D→Aの順であることがわかる。まとめると，B→C→D→Aの順となり，これらの条件を満たす選択肢は④である。

第2章 古生物の変遷と地球環境

Work!の解答

2 e のWork

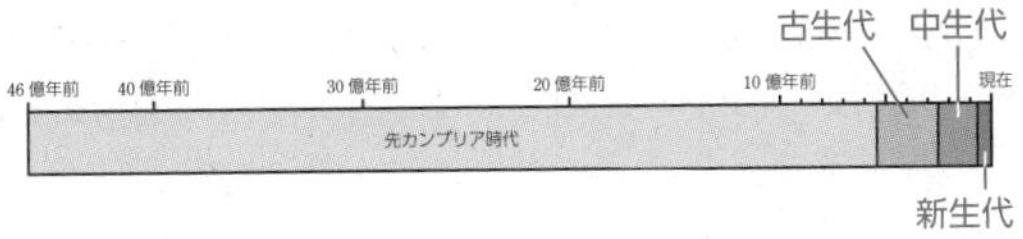

基礎 CHECK の解答

1．古生物　2．化石　3．示準化石
4．示相化石　5．鍵層　6．相対年代
7．数値年代(または絶対年代，放射年代)
8．先カンブリア時代　9．大量絶滅
10．46 億年前　11．ストロマトライト
12．縞状鉄鉱層　13．エディアカラ生物群
14．カンブリア紀の爆発　15．オゾン層
16．パンゲア　17．恐竜　18．隕石　19．氷期
20．間氷期　21．アフリカ大陸
22．ホモ・サピエンス

基本問題

51.

(ア) 古生物　(イ) 化石　(ウ) 微化石　(エ) 有孔虫
(オ) 花粉　(カ) 示相化石　(キ) 暖か　(ク) 浅
(ケ) 示準化石

解説　古生物の遺骸やその一部を体化石，また古生物の巣穴，足跡，糞などの生活の痕跡を生痕化石とよぶ。

肉眼では見えないような小さい化石を微化石という。プランクトンや花粉などがその例で，大型化石に比べて産出する個体数が多く，また分布も広いので，示準化石として重要である。

示相化石で地層堆積時の環境を知り，示準化石で地層の時代を知ることができる。

52.

(1)(A) ペルム紀　(B) シルル紀　(C) 三畳紀
(2)(A) 古第三紀→新第三紀→第四紀
(B) 三畳紀→ジュラ紀→白亜紀
(C) カンブリア紀→石炭紀→ペルム紀

53.

(1)(ア) 46　(イ) 先カンブリア時代　(ウ) 冥王代
(エ) 太古代　(オ) 原生代　(カ) 原始大気
(キ) 生命
(2) ②

解説　原始大気は，現在の数百倍の圧力をもっており，現在の地球よりもはるかに大量の二酸化炭素を含んでいた。原始海洋が形成されると，大気中の二酸化炭素は原始海洋に溶けこみ，海洋中のカルシウムと結びつき，炭酸カルシウムとして海底に沈殿し，石灰岩となった。このようにして，原始海洋の形成に伴い，大気中の二酸化炭素は減少していった。

オゾン層は酸素の増加により形成された。縞状鉄鉱層は，原生代に光合成生物の活動の活発化により海洋中で増加した酸素が，鉄と化合して堆積したものである。

54.

(1) 無脊椎動物　(2) 魚類　(3) 両生類
(4) 単弓類
(5) 三葉虫，フズリナ(紡錘虫)，クサリサンゴ，筆石
(6) 始祖鳥，マメンチサウルス，アンモナイト，トリゴニア
(7) マンモス，カヘイ石(ヌンムリテス)，デスモスチルス

解説　(1)～(4) 古生代の各紀の生物界はその時代に繁栄した動物によって特徴づけられている。カンブリア紀・オルドビス紀は無脊椎動物時代，シルル紀・デボン紀は魚類時代，石炭紀は両生類時代，ペルム紀は単弓類時代とよばれる。

爬虫類が繁栄するのは中生代以降，哺乳類の繁栄は新生代以降である。

(5) 筆石はたくさんが集まってのこぎり状の枝をつくり，浮遊生活または海底面で固着生活をしていた。クックソニアは，化石として知られる最古の陸上植物である。

(6) モノチスは，トリゴニア，イノセラムスと同様に二枚貝で，中生代に繁栄した。

(7) カヘイ石(ヌンムリテス)は大型の有孔虫類で，新生代古第三紀に繁栄した。デスモスチルスは，新第三紀に繁栄した哺乳類で筒状の歯を束ねたような臼歯が特徴である。

55.

線で結ぶもの
(1)—(オ) (2)—(エ) (3)—(ア) (4)—(イ) (5)—(カ)
(6)—(ウ) (7)—(キ) (8)—(ク) (9)—(ケ) (10)—(シ)
(11)—(コ) (12)—(セ) (13)—(サ) (14)—(ス)
(A) 古生代 (B) 新生代 (C) 中生代

解説 (ア) 三葉虫…古生代の重要な示準化石。カンブリア紀に現れ，古生代前半に繁栄した。
(イ) アノマロカリス…古生代カンブリア紀のバージェス型動物群を代表する捕食動物。
(ウ) イクチオステガ…古生代デボン紀に現れた両生類。陸上を這うように移動できたと考えられている。
(エ) フズリナ(紡錘虫)…古生代後期に繁栄した底生有孔虫のなかま。
(オ) ハチノスサンゴ…古生代オルドビス紀に出現しペルム紀まで繁栄したサンゴのなかま。個体の断面が多角形で，ハチの巣の構造に似ている。
(カ) クックソニア…古生代シルル紀に現れた。化石として知られる最古の陸上植物。
(キ) 腕足動物…古生代の示準化石。見た目は二枚貝に似ているが，その構造は異なる。
(ク) ビカリア…新生代古第三紀から新第三紀にかけて繁栄した巻貝。熱帯から亜熱帯のマングローブの分布する環境を示す示相化石でもある。
(ケ) デスモスチルスの歯…デスモスチルスは新生代新第三紀に繁栄した哺乳類である。
(コ) アンモナイト…中生代の重要な示準化石。
(サ) 始祖鳥…中生代ジュラ紀に生息していた最古の鳥類の一つ。
(シ) ステゴサウルス…中生代ジュラ紀の植物食恐竜。
(ス) イノセラムス…中生代の示準化石。殻の同心円状の筋が特徴的な二枚貝である。
(セ) トリゴニア…中生代ジュラ紀から白亜紀にかけて繁栄した二枚貝。

56.

(1) ② (2) ① (3) ① (4) ② (5) ①

解説 (1) フズリナの絶滅はペルム紀末であり，植物の上陸はシルル紀ごろであるため，植物の上陸のほうが古い。
(2) 哺乳類の出現は三畳紀ごろであり，白亜紀末の大量絶滅イベントより古い。
(3) 古生代はカンブリア紀→オルドビス紀→シルル紀→デボン紀→石炭紀→ペルム紀の順であるため，シルル紀が古い。
(4) 最古の人類化石はアフリカの700万～600万年前の地層から発見されたサヘラントロプスであり，最古の被子植物化石の時代は白亜紀であるため，最古の被子植物化石のほうが古い。
(5) 脊椎動物の上陸はデボン紀であり，ペルム紀末の大量絶滅より古い。

57.

(ア) 二酸化炭素 (イ) 氷成堆積物
(ウ) 全球凍結 (エ) 真核 (オ) 原核
(カ) エディアカラ (キ) バージェス

解説 原生代の前期と後期には，赤道付近の地層から氷成堆積物が見つかっており，このことから赤道付近まで氷河の発達する全球凍結が起こったと考えられている。原生代当時の太陽は現在よりも暗く，そのため二酸化炭素などの温室効果ガスの減少が全地球的な寒冷化をもたらした。原生代には酸素濃度が急激に増加しており，酸素濃度の増加に伴って酸素を用いて効率よくエネルギー生成を行う真核生物が進化し，また体組織も大型化し後のエディアカラ生物群等の多細胞生物の基礎となった。

58.

(1)(ア) エディアカラ
(イ) カンブリア紀の爆発 (ウ) シルル
(エ) デボン (オ) シダ (カ) パンゲア
(2) 三葉虫，フズリナ(紡錘虫)

解説 (1) 原生代末期に出現したエディアカラ生物群と，カンブリア紀に産出するバージェス型動物群は硬い骨格の有無が特徴的な違いである。バージェス型動物群の一斉の出現は，カンブリア紀の爆発とよばれる。

シルル紀には最古の植物であるクックソニアが現れ，後に維管束植物であるリニアが進化している。デボン紀には魚類が繁栄し，さらに魚類の中から両生類が進化し陸上へと生活圏を広げていった。

石炭紀にはロボク，リンボク等のシダ植物が繁栄し，酸素濃度が非常に高かった。ペルム紀にはすべての大陸が合体しパンゲアが形成され，陸上では爬虫類や単弓類が繁栄した。

(2) ペルム紀末には地球史の中で最大規模の絶滅が起こっている。その際に古生代に繁栄した生物の多くが絶滅した。代表的なものとして，三葉虫，フズリナ(紡錘虫)があげられる。筆石も古生代の示準化石であるがペルム紀末より以前に絶滅している。ベレムナイトは中生代白亜紀の示準化石で白亜紀末に絶滅している。モノチスは中生代三畳紀の示準化石，カヘイ石(ヌンムリテス)は新生代古第三紀の示準化石である。

59.

(ア) 三畳 (イ) 白亜 (ウ) パンゲア
(エ) 裸子植物 (オ) 被子植物

解説 中生代白亜紀は温暖な時代であった。これは，海底火山の活発化に伴い，大気中の二酸化炭素濃度が上昇し，温室効果が強まったためと考えられている。

恐竜は中生代を代表する古生物であり，ジュラ紀，白亜紀に大型化した。

中生代は裸子植物が大繁栄した時代である。白亜紀になると花を咲かせる被子植物が出現し，温暖な気候のもとで繁栄した。白亜紀中ごろから現在は被子植物の時代である。

白亜紀末には5回目の大量絶滅が起こり，恐竜類が絶滅した。この大量絶滅は，メキシコのユカタン半島付近に直径10 kmほどの隕石が落下したことによる地球環境の変動が原因であると考えられている。

60.

(1) 酸素 (2) シアノバクテリア (3) 光合成
(4) 縞状鉄鉱層
(5)① 海洋の誕生
④ シダ植物による大森林の形成

解説 6億年前ごろから濃度が急増していることから，Aは酸素であることがわかる。6億年前ごろになって，浅い海に光合成生物が進出し，さらに陸上植物が出現したことによって，大気中の酸素が急増した。

大気と海洋に酸素が供給されるようになったのは，原生代初期に出現した原核生物のシアノバクテリアのはたらき(酸素発生型の光合成)による。海水中に溶けていた鉄イオンはこの酸素と結合し，大量の酸化鉄となって海底に堆積し，縞状鉄鉱層を形成した。

①の時期は最初の生命が発生した時期であり，④の時期は石炭紀である。

61.

(1) (d)→(b)→(a)→(c) (2) (a)，(e)

解説 人類の特徴は直立二足歩行，道具を使うことなどで，新人以前の人類も石器を使用していた。

最古の人類は約360万年前の猿人とされていたが，最近人類化石の発見が相次ぎ，現在では2002年に発見されたサヘラントロプスの700万～600万年前が最古の人類化石といわれている。

62.

(1) ① (2) ③ (3) ④ (4) ④

解説 (1) 最古の人類(サヘラントロプス)は，現在のアフリカ中西部の700万～600万年前の地層から発見されている。

(2) タンザニアで足跡が発見された猿人はアファール猿人である。アファール猿人が生きていた360万年前に相当する地質時代は，新第三紀が約2300万年～約260万年前の間，第四紀が約260万年前～現在であるため，③の新第三紀が最も適当である。

(3) 人類は世界各地で誕生し，それぞれの地域で進化したのではなく，現在の人類は20万年前にアフリカで出現した新人(ホモ・サピエンス)が世界中に分布を広げたものである。したがって，④が誤りである。また，新人の出現以前にもアフリカから原人がヨーロッパやアジアに分布を広げていたが，絶滅しており，現在生き残っているのは我々ホモ・サピエンスだけである。

(4) 旧人が生きていたのは60万～新人が出現するころまでである。この当時は第四紀にあたり，氷期と間氷期がくり返していた。したがって，④が最も適当である。

①は温暖な気候で恐竜が繁栄していたことから中生代であることがわかる。②はリンボク，フウインボク等のシダ植物が繁栄していたことから，古生代石炭紀であることがわかる。③は温暖な気候のもとカヘイ石が繁栄していたことから，新生代古第三紀であることがわかる。

第1章 地球の熱収支

Work!の解答

1 c の上のWork

(ア) 酸素　(イ) 窒素

1 c の下のWork

(ウ) 熱圏　(エ) 中間圏　(オ) 成層圏　(カ) 対流圏

赤：(ウ) 熱圏，(オ) 成層圏の部分

青：(エ) 中間圏，(カ) 対流圏の部分

黄：高度 20 ～ 30km の範囲

2 c のWork

(1) 省略

(2) 順に(ア) 30，(イ) 47，(ウ) 70，(エ) 23，(オ) 58

基礎 CHECK の解答

1．窒素　2．ヘクトパスカル　3．対流圏
4．圏界面　5．オゾン層　6．熱圏
7．オーロラ　8．凝結
9．潜熱　10．飽和水蒸気量
11．相対湿度　12．低下する(下がる)
13．可視光線　14．赤外線　15．太陽定数
16．アルベド　17．地球放射(赤外放射)
18．温室効果ガス　19．温室効果

基本問題

63.

(ア) アルゴン　(イ) 78　(ウ) 21

解説 大気の成分の78%は窒素 N_2，21%は酸素 O_2 である。残りの約1%のうちの多くがアルゴン Ar で，近年増加傾向が続く二酸化炭素 CO_2 は 0.04%程度である。これ以外の気体成分の多くは，貴ガスである He，Ne，Kr などが含まれる。ほかの貴ガスに比べて Ar の割合が高いのは，花崗岩などに含まれる ^{40}K が放射性崩壊をすることで Ar が放出されるからである。また，地表付近から中間圏上部の 85km までは大気組成はほぼ一定であるが，20 ～ 30km 付近のオゾン層ではオゾン O_3 の割合が高くなる。ただし，オゾン層でもオゾンは 0.0005%程度の濃度である。

64.

(1) 101000 N　(2) 1.0×10^4 kg

解説 (1) 問題文より

$$1010\,hPa = 101000\,Pa = 101000\,N/m^2$$

である。よって

$$101000\,N/m^2 \times 1\,m^2 = \mathbf{101000\,N}$$

(2) 空気柱の質量を M[kg]とすると

$$9.8 \times M = 101000$$

よって

$$M = \frac{101000}{9.8} = 10306.\cdots \fallingdotseq \mathbf{1.0 \times 10^4\,kg}$$

65.

(1)(ア) (対流)圏界面　(イ) 成層圏
(ウ) オゾン　(エ) 紫外線　(オ) 中間圏
(カ) 熱圏　(2) ②

解説 (1) 対流圏は，太陽光によって地面が暖められるため，地面に近いほど気温が高くなる。成層圏は，問題文にあるように，オゾンが紫外線を吸収し，その熱によって大気が加熱されることで気温が変化する。このとき，オゾン濃度は高度 20 ～ 30km がピークであるが，高度が高いほど紫外線量が多く，大気が少ないため加熱されやすくなる。このため 50km 付近に気温の極大ができる。さらに，高度 85km 以上の熱圏は，大気が非常に少ないために加熱されやすく，太陽からの X 線などによって加熱されている。

(2) ① 水蒸気の量は地表付近でも変化が大きく，成層圏よりも上部にはほとんど含まれない。

② 大気成分の比は地上から 85km 程度までほとんど変わらない。85km よりも高い所では，酸素原子やヘリウムなどの割合が高くなる。

③ 紫外線は上空ほど強く，オゾン層より下では非常に弱くなる。

④ 大気の密度は地表に近いほど大きく，上空ほど小さくなる。

Point! 大気圏のまとめ

高さ(km)	(名称)	高度上昇に対する気温変化	おもな特徴
85～	熱圏	上昇	オーロラ
50～85	中間圏	低下	流星消滅
11～50	成層圏	上昇	オゾン層
0～11	対流圏	低下	対流・天気変化

(11km：〈圏界面〉)

66.

(1) 43%　(2) ⑤

解説 (1) 相対湿度は，$\dfrac{水蒸気圧}{飽和水蒸気圧} \times 100$[%]で求められる。点Aの状態は，20℃で水蒸気圧が 10hPa であり，20℃の飽和水蒸気圧は 23hPa と読み取れるから

$$\frac{10}{23} \times 100 = 43.4\cdots \fallingdotseq \mathbf{43\%}$$

となる。

(2) 点Aから温度を下げていくと，水蒸気圧はそのままで，飽和水蒸気圧のみが減少する。問題の図から飽和水蒸気圧が 10hPa になる温度を読み取ると 7℃となる。なお，この温度は露点という。

67.

(1)(ア) 引く (イ) 下降 (ウ) 押す (エ) 上昇
(2) ④

解説 (1) 熱の出入りなしに起こる気体の膨張を断熱膨張といい，このとき気体は膨張するときに温度が低下する。また，熱の出入りなしに起こる気体の圧縮を断熱圧縮といい，このとき気体は断熱膨張の逆で温度が上昇する。

(2) 自然界では巻き上げられた砂塵や大気汚染物質である浮遊粒子状物質(SPM)，海水の蒸発でできる塩化ナトリウムなどの結晶(海塩粒子)などを核として雲粒が形成される。設問の実験で，「線香の煙」を入れなかった場合には，ピストンを動かしても変化はほとんど起こらない。

68.

(1)(ア) m^2 (イ) 太陽定数 (2) ③
(3) 4.0×10^{23} kW

解説 (3) 太陽と地球の距離は，地球の平均公転軌道半径である。これを半径 r とする球の表面積 $4\pi r^2$ を求めると，$1\,\mathrm{km} = 10^3\,\mathrm{m}$ として

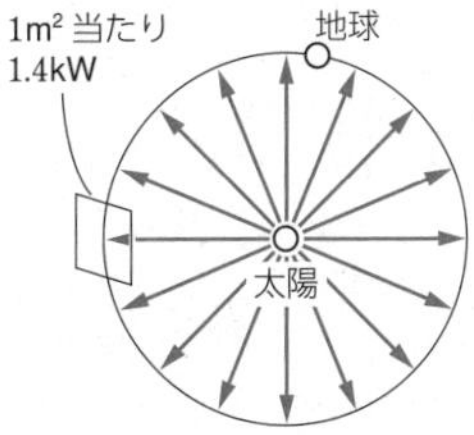

$$4\pi r^2 = 4 \times 3.14 \times (1.5 \times 10^8 \times 10^3)^2 = 28.26 \times 10^{22}\,\mathrm{m}^2$$

これに太陽定数をかけて

$$28.26 \times 10^{22} \times 1.4 = 39.564 \times 10^{22} \fallingdotseq \mathbf{4.0 \times 10^{23}\,kW}$$

69.

(1) E，G (2)(ア) 約半分 (イ) 約２倍
(3) 1.2×10^{14} kW

解説 (1) 問題文中に「地表面からの赤外放射の一部を吸収し，逆に地表面に向かって赤外線を放射して，地表面を暖める。これを温室効果という」とある。地表面からの赤外放射の一部を吸収していることを表しているのがG，地表面に向かって赤外線を放射していることを表しているのがEである。

(2) 地表面で吸収される太陽放射エネルギーは 47，大気上端での太陽放射は 100 であるため，(ア)には「約半分」が入る。地球大気からの赤外放射の吸収は 101，地表面において吸収される太陽放射は 47 であるため，(イ)には「約２倍」が入る。

(3) 太陽放射 100 のうち，地表面が 47，大気が 23 を吸収するため，$47 + 23 = 70$ より，地球に入射する太陽放射エネルギーの $\dfrac{70}{100}$ を地球全体が吸収している。地球に入射する１秒当たりの太陽放射エネルギーの総量は

$$0.34\,\mathrm{kW/m^2} \times (5 \times 10^{14}\,\mathrm{m^2})$$

となるため，地球全体が吸収するエネルギーは

$$0.34 \times (5 \times 10^{14}) \times \frac{70}{100} = 1.19 \times 10^{14} \fallingdotseq \mathbf{1.2 \times 10^{14}\,kW}$$

となる。

第2章 大気と海水の運動

Workの解答

1 g のWork

図a

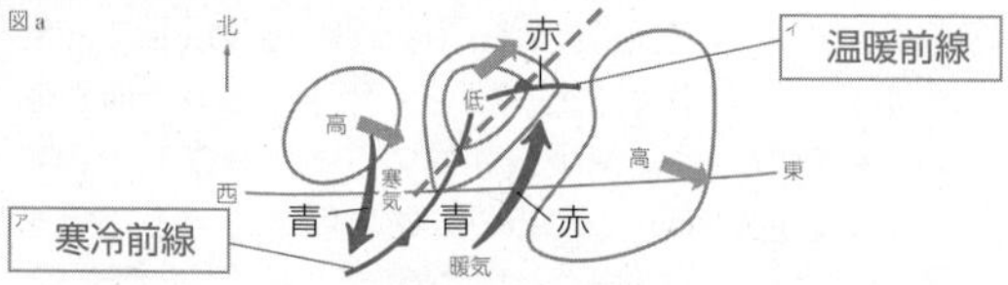

図b

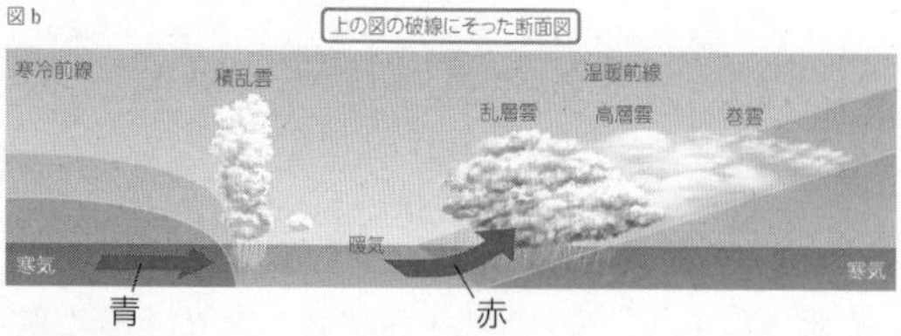

2 a のWork

(ア) 塩化ナトリウム　(イ) 硫酸マグネシウム

(ウ) $MgCl_2$

基礎CHECKの解答

1．低緯度地域　2．低緯度側　3．大気と海洋
4．熱帯収束帯　5．亜熱帯高圧帯　6．貿易風
7．ハドレー循環　8．偏西風
9．ジェット気流　10. 反時計回り　11. 塩分
12. パーミル　13. 冬　14. 主水温躍層
15. (海面を吹く)風　16. 時計回り　17. 海
18. 蒸発量　19. 季節風(モンスーン)
20. 西から東　21. オホーツク海高気圧　22. 夏
23. 南寄りの風　24. ヒートアイランド現象
25. 熱帯低気圧　26. 台風　27. シベリア高気圧

基本問題

70. 70%

解説　高緯度ほど太陽光が斜めに当たるので，経線に平行に切った地表に当たる太陽光の断面を描くと右図のようになる。この図からわかるように，地表面 s に当たる太陽光の幅は s_1 になる。

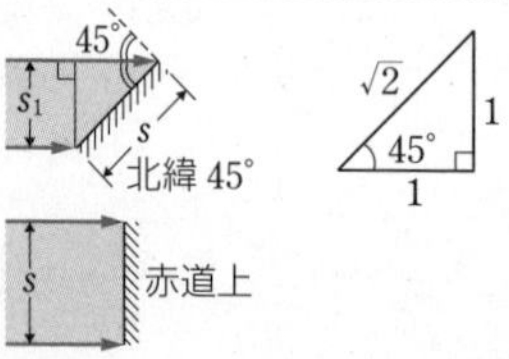

三角比は図のようになっているから，$\sqrt{2}=1.4$ として

$$\frac{1}{\sqrt{2}}=\frac{\sqrt{2}}{2}=\frac{1.4}{2}=0.7$$

よって　**70%**

71. (1) ア　(2) エネルギーが過剰になっている　(3) **A** ②　**B** ①　**C** ②

解説　図は，赤道をはさんで緯度別に北緯90°(北極)と南緯90°(南極)までを示している。全体をおおまかに見ると，赤道をはさんで北半球と南半球でおおよそ対称的になっている。グラフのイで示される太陽放射の入射量は緯度による変化が顕著なのに対して，アで示される地球放射の放射量は低緯度で高く高緯度で低くなっているものの，その差は太陽放射ほどではない。

グラフのように赤道付近では　入射量＞放射量　となってエネルギー過剰(＝気温が上昇する)であり，高緯度域では　放射量＞入射量　となってエネルギー不足(＝気温が低下する)となっている。けれども，それぞれの地域で，気温が上昇し続けたり下降し続けたりしないのは大気と海洋が担い手となる熱輸送が行われているからである。

72. (1) ③　(2) ④

解説　(1) ① 圏界面の気圧は赤道付近で低いが，それが原因で大気が上昇するわけではない。

② 地球の自転は，地球の形や海面に影響を及ぼす。しかし，大気が膨らむことで地表付近の空気が上昇するわけではない。

③ 暖められた大気が膨張することで密度が低下して上昇するため，正しい記述である。

④ 赤道付近は大陸が少ないが，上昇気流の発生のしやすさとは直接関係しない。南緯30°付近も大陸は少ないが下降気流が支配的である。

(2) 緯度20～30°付近は亜熱帯高圧帯となっており，下降気流(高気圧)のため非常に乾燥しやすい。

① 緯度35°前後の地域では四季がはっきりしやすい。ただし，海岸ぞい・内陸部などのほかの条件にも左右される。

② 高温多湿な熱帯多雨林は赤道付近に広がる。亜熱帯高圧帯からも水蒸気が供給されている。

③ 寒冷地は緯度40°以上や標高が高い地域に広がっている。

73.

(ア) 自転　(イ) 30　(ウ) 亜熱帯高圧帯
(エ) 北東貿易風　(オ) 熱帯収束帯　(カ) ハドレー
(キ) 偏西風　(ク) 11　(ケ) ジェット気流
(コ) 南北に蛇行

解説　北半球の北東貿易風と南半球の南東貿易風が収束するところが熱帯収束帯である。

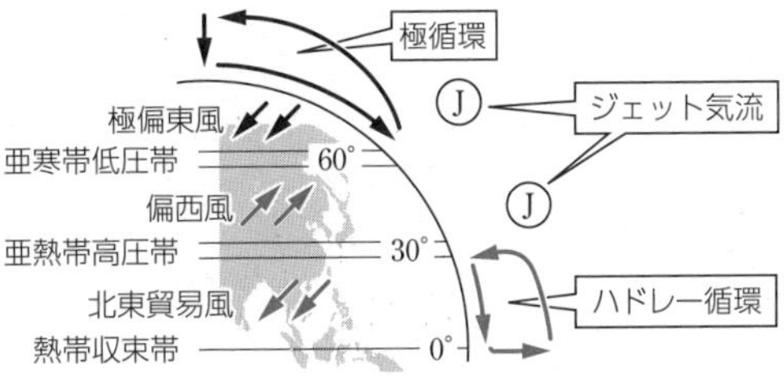

74.

(ア) 塩化ナトリウム　(イ) 塩化マグネシウム
(ウ) 1kg(1000g)　(エ) 千分率　(オ) ‰　(カ) 35‰
(キ) ②　(ク) ①

解説　海水に含まれている塩類は，1kg当たり平均約35gである。海水に含まれている塩類の濃度を塩分といい，千分率(‰，パーミル)で表すため，海水の塩分の平均的な値は35‰となる。海水の塩分は，降水量の多い場所や，淡水が流入する河口付近で小さく，寒冷地などで大きくなる傾向がある。

塩　類	質量%
塩化ナトリウム NaCl	77.9
塩化マグネシウム $MgCl_2$	9.6
硫酸マグネシウム $MgSO_4$	6.1
硫酸カルシウム $CaSO_4$	4.0
塩化カリウム KCl	2.1
その他	0.3

海水に含まれる塩類の組成比は右上の表のようになっている。この組成比は世界の海であまり変化がない。ただし，実際の海水には，Na^+やCl^-などのイオンとして存在することに留意する必要がある。

75.

(1)(ア) 表層混合層　(イ) 冬　(ウ) 厚
(エ) 主水温躍層　(オ) 深層　(2) ①

解説　(1) 表層混合層は，表層・混合層・等温層・表水層とよばれることもある。また，主水温躍層は，水温躍層・躍層とよばれることもある。南北の気温差によって気圧差が拡大することで風が強く吹くため，夏季に比べて南北の気温差が大きい冬季のほうが風が強くなりやすく，混合層が厚くなりやすい。

(2) ①は100m以上の厚い混合層をもち，②は20m程度しか混合層がない。問題文より，冬季(1月)のほうが夏季(7月)よりも混合層が厚くなるため，①が1月，②が7月となる。ただし，同じ地点での水温を示しているため，水温の低い①が1月，水温の高い②が7月と考えることもできる。

76.

(1) 黒潮，北赤道海流　(2) 海上の風
(3) 北大西洋北部

解説　北太平洋の亜熱帯循環系は，北赤道海流→黒潮→北太平洋海流→カリフォルニア海流→北赤道海流という循環である。この循環の成因は複雑であるが，海上を吹く風のはたらきが大きい。

深層水は，北大西洋北部などの高緯度で，冷たく重い海水が沈んだものである。中緯度でできる塩分の濃い海水も重いが，暖かいので中層水となる。

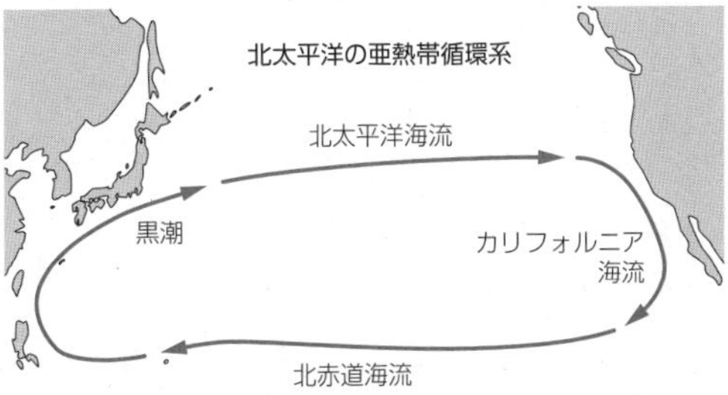

77.

(ア) 低気圧(温帯低気圧)
(イ) 高気圧(移動性高気圧)
(ウ) 太平洋(または南でもよい)
(エ) 日本海(または北でもよい)
(オ) 太平洋　(カ) オホーツク海　(キ) 梅雨前線
(ク) 秋雨前線　(ケ) 北西

解説　日本の周辺にある4つの高気圧の盛衰によって日本の四季の天気が決まる。夏の暑さ，冬の寒さは，それぞれ太平洋高気圧とシベリア高気圧の発達によるものである。オホーツク海高気圧と太平洋高気圧の境目にあたるのが梅雨前線，シベリア高気圧と太平洋高気圧の境目にあたるのが秋雨前線で，それぞれ春から夏への変わり目と夏から秋への変わり目に日本付近に停滞する。

78.

(1) 寒冷前線　(2) 移動性高気圧，温帯低気圧
(3) ②

解説　(1) 通過直後に激しい雨や雷雨をもたらすのは寒冷前線である。

(2) 春や秋には偏西風の影響で高気圧と低気圧が交互に発生し，西から東に動いていく。この時期にできる移動性高気圧は，シベリア高気圧のように1か所に停滞せず，移動するのが特徴である。また，温帯低気圧は，水蒸気をエネルギー源とする台風などの熱帯低気圧と異なり，温度差をエネルギー源とすることや，前線を伴うことが特徴である。

(3) 春や秋には日本上空で偏西風が波打つように吹くため，その影響で高気圧と低気圧が交互に日本を通過し，天気が周期的に変わる。また，温帯低気圧や移動性高気圧はおよそ40km/hほどで移動し，低気圧や高気圧はそれぞれ1～2日で日本を通り過ぎるため，4～5日の周期で天気が移り変わることになる。

79. **A：7月，② B：10月，③ C：2月，①**

解説 天気図と，気象状況を合わせて考える問題である。

Aの天気図では，日本の九州，四国付近に非常に等圧線が密になった箇所が見られる。これは，等圧線が非常に密になっていることや，温暖前線・寒冷前線を伴わないこと，きれいな円形をしていることから，台風であると考えられる。また，東西に長く停滞前線が見られる。これらのことから，梅雨(7月)か秋(10月)の天気図であると推測される。気象状況の選択肢を見ると，②の選択肢のみが梅雨前線および台風に言及しているため，Aに対応するのは②であり，また梅雨の時期の7月であることがわかる。

Bの天気図は，日本全体が高気圧におおわれていることが特徴である。気象状況の選択肢では③のみが日本列島が高気圧におおわれていること，秋晴れであることに言及しているため，Bには③が対応し，季節は秋(10月)であることがわかる。

Cの天気図は，日本の西に高気圧，日本の東に低気圧が見られ，西高東低の冬型の天気図であることがわかる。気象状況の選択肢では①が冬型の気圧配置について言及しているため，Cには①が対応し，季節は冬(2月)であることがわかる。

80. **(1)(ア) 熱帯 (イ) 17 (ウ) 吸い上げ (エ) 吹き寄せ (オ) 高潮 (カ) 東 (2) 台風A**

解説 (1) 台風は，熱帯低気圧のうち最大風速が17m/s以上に強まったものである。台風が日本付近を通過するとき，海面が異常に高くなる高潮の被害が起こることがある。高潮は，台風の中心部では気圧が周囲より低いため，周囲の空気が海面を押しつけた結果，台風の中心部の海面が周囲より高くなる吸い上げ効果や，台風に伴う風が沖合から海岸に向かって吹くと，海岸に海水が集まり海面が上昇する吹き寄せ効果などによって起こる。台風の進行方向の東側は危険半円とよばれ，台風が進む速さと，台風の中心に向かって風が吹きこむ効果があわさることにより，特に強い風が吹く。

(2) 台風Aと台風Bとで，台風が鹿児島市に最接近したときの想定される風向を考える。図のように，台風Aでは北西方向へ風が吹くが，台風Bでは南東方向へ風が吹くことが考えられる。このことから，問題の図2の風向の変化を示す台風は，台風Aであると考えられる。

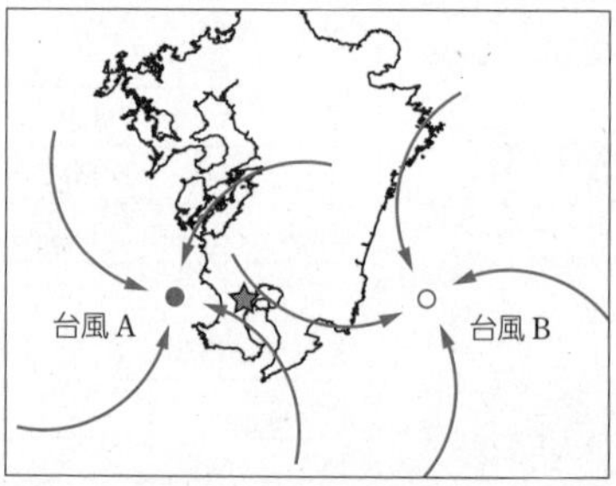

また，台風Aは鹿児島の西側を，台風Bは鹿児島の東側を通過している。台風がある地点の西側を通過した場合，風向は時計回りに変化し，台風がある地点の東側を通過した場合，風向は反時計回りに変化する。問題の図2の風向は時計回りに変化しているため，台風は鹿児島の西側を通過しており，このことからも台風Aが正解とわかる。

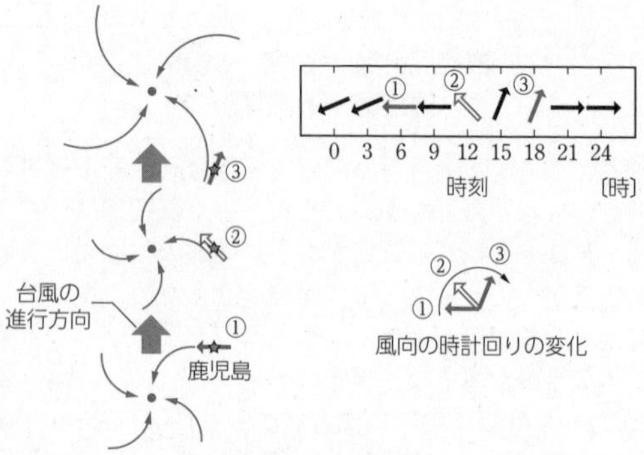

第1章 地球の環境と日本の自然環境

Work!の解答

省略

基礎CHECKの解答

1．エルニーニョ(現象)　2．貿易風
3．ラニーニャ(現象)　4．二酸化炭素
5．温室効果ガス　6．上昇する　7．フロン
8．オゾンホール　9．紫外線　10. 砂漠化
11. 黄砂　12. 酸性雨　13. 圏
14. 地球環境システム　15. 負のフィードバック
16. フィリピン海プレート　17. 急である

基本問題

81. (1) 数年 (2)(ア) 西 (イ) 東 (ウ) 西 (エ) 東 (オ) 強まる (カ) 西 (キ) 強まる (ク) 下がる (3) ②

解説 (2) エルニーニョが起こっているとき，貿易風(東風)が弱まっていることが知られている。通常，赤道太平洋では，貿易風によって表面の暖かい海水が西部へ吹き寄せられて**西**部ほど厚くなっており，**東**部で深部から冷たい海水が湧き上がっている。貿易風が弱まって暖かい海水の吹き寄せが弱まると，**西**部に集まっていた暖かい海水が赤道太平洋の**東**のほうに広がるとともに，東部での冷たい海水の湧き上がりも弱まるため，赤道太平洋東部の海面水温が高くなると考えられている。

(3) 海洋は陸地に比べ，比熱が大きく(暖まりにくく冷めにくい)，温度変化が小さい。

82. (1) 赤外線 (2) ② (3) ②

解説 (1) 地球が放射している電磁波は赤外線である。

(2) 温室効果は，地表から放射された電磁波が，そのまま宇宙空間に出ていかずに，大気に吸収・再放射されることによって地表付近の温度が高く保たれる現象である。
② 雲によって反射される太陽放射は地球に吸収されないので，温室効果には関係しない。

(3) ① 酸性雨の原因は，大気中に窒素酸化物や硫黄酸化物が放出されることなので，地球温暖化とは直接関係がない。
③ 成層圏オゾンは太陽の紫外線が酸素に作用して生成される。地球温暖化には関係しない。また，皮膚がんの発生率の増加は，大気中に放出されたフロンなどにより，オゾン層が破壊され，地上に達する有害な紫外線が増えることによって引き起こされると考えられている。
④ 海氷は塩類をほとんど含まないため，地球温暖化に伴って海氷が融解すると，海水の塩分が小さくなると考えられる。

83. (1) ① (2) ④ (3) ③

解説 (1) 1980年代と1960年代の増加率を比較すると，1980年代のほうが大きいことがわかる。

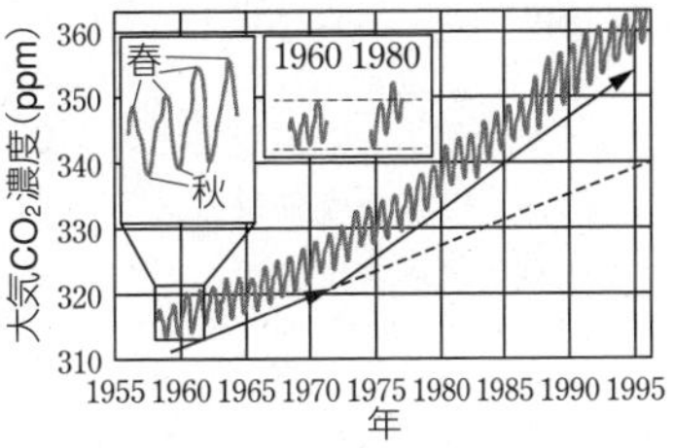

1980年代と1960年代の季節変化を比較すると，グラフの細かな変動の幅(季節変化)は1980年代のほうが大きい年もあるが大差ない。

したがって，適当なものは①。

(2) 化石燃料を燃焼させると二酸化炭素が発生する。人間活動によって，化石燃料の消費量が増加し，それに伴って大気中に放出される二酸化炭素が大気中の二酸化炭素濃度を増加させていると考えられている。

(3) 大気中の二酸化炭素濃度の季節変化は，植物の光合成の量に依存して変化していると考えられる。CO_2濃度は，春から夏には光合成による減少が呼吸・分解による増加を上回り，秋に極小となり，秋から冬には逆になって春に極大となる。北半球は南半球に比べて陸地が多いため，植物の影響が大きい。したがって，二酸化炭素は，光合成により植物体に変化したと考えられる。

84. (1) 紫外線 (2) O_3 (3) ③

解説 (1) オゾンが吸収するのは紫外線である。オゾンは成層圏全体に分布し，特に濃度が高い高度20～30kmをオゾン層とよぶ。成層圏中のオゾンによって紫外線の大部分が吸収され，地上にはほとんど届かない。

(2) H_2O_2：過酸化水素，O_3：オゾン，CH_4：メタン，NO_2：二酸化窒素

(3) 紫外線には殺菌作用はあるものの，紫外線を強くすれば病気を防げるわけではない。紫外線は生物のDNAを傷つけてそれが皮膚がんの原因になったりするなど生物へ悪影響を及ぼす。オゾンは，その紫外線による生物への悪影響を防いでいる。紫外線に，熱射病や酸性雨を防ぐ効果はない。

85.

(1) 大気組成の変化 (2) ③ (3) ④ (4) ③

解説 (1) 平均的な地上気温が上昇することを地球温暖化といい，過去100年ほどの地球温暖化の原因の一つとして，大気中の温室効果ガスの増加があげられる。

(2) ① フロンは温室効果ガスでもあるので，地球の気候に影響を与える。

② 森林は，光合成により大気中の二酸化炭素を酸素に変換している。森林が減少すると，大気中の二酸化炭素が増加して地球温暖化が加速すると考えられている。

④ 人口や産業の集積，アスファルトの蓄熱などにより人工排熱が増加し，都市部の地表気温が周辺域に比べて高くなる傾向にある。ただし，この現象はヒートアイランド現象といい，地球温暖化とは異なる。

(3) 微細な火山噴出物は，軽いので成層圏まで運ばれることがある。いったん成層圏に入ってしまった噴出物は，成層圏内を循環するためなかなか取り除かれない。非常に小さな粒でも，太陽放射を長期間散乱して地表に届く量を減少させ，地上気温を低下させることがある。したがって，④が正しい。

①の溶岩の噴出は範囲が限定的で，地球全体の地上気温へ与える影響はほとんどない。②の火山ガスの主成分である水蒸気，二酸化炭素は温室効果ガスであり，地上気温を上昇させる。③の火山灰の地上への降り積もりは範囲が限定的であるうえ，反射が増加すれば地上気温は低下する。

(4) エルニーニョ発生時に，海面水温が平年より高い状態が続く領域は，日本の南ではなく，赤道太平洋東部である。①，②，④の現象はエルニーニョとは関係しない。

86.

③

解説 裸地が広がると太陽放射の反射率は増加する。また，植生がなくなると，水蒸気が発生しにくいため大気による温室効果が小さくなり，夜間の気温が大きく下がるようになる。

87.

(1) 窒素 (2) ④

解説 (1) 降水には大気中の二酸化炭素が溶けこむため，降水は一般にpH5.6と弱酸性を示す。酸性雨はこれより低いpHを示す雨のことをさす。化石燃料を燃焼させたときに発生する硫黄酸化物(SO_x)や窒素酸化物(NO_x)などが雨に溶けこむと，強い酸性を示す雨となる。

(2) ① 酸性雨によって湖沼が酸性化し，魚類などさまざまな生物が死滅した例が報告されている。正しい。

② 大理石は石灰岩が変化したもので，酸性の水溶液に溶ける。石灰岩は通常の降水でも長い時間をかけて溶かされて石灰岩地形をつくるが，酸性雨によりごく短期間に建造物などが溶ける現象が起こっている。正しい。

③ 酸性雨や酸性の霧により，森林の大規模な枯死が報告されている。正しい。

④ 地球温暖化による海水面の上昇による水没が予想されているが，酸性雨によって，海抜の低い地域の水没は起こらない。誤り。

88. ① 正　② 負　③ 負　④ 正

解説 ① 温室効果ガスには，水蒸気，二酸化炭素，メタン，一酸化二窒素，フロン類などがあるが，水蒸気の温室効果は二酸化炭素の２～３倍あると言われている。気温上昇により水蒸気が増えると，水蒸気の温室効果により気温はますます上昇する。

② 化学反応による風化(化学的風化作用)は温度が高いほど促進され，気温が上昇し化学的風化が進むと大気中の二酸化炭素が減少して温室効果が弱まり，気温が低下する。

鉱物の風化と炭酸塩岩生成の化学反応は以下のとおり。

ケイ酸塩鉱物の化学的風化作用

$$CaSiO_3 + 2CO_2 + 3H_2O \rightarrow Ca^{2+} + 2HCO_3^- + H_4SiO_4 \quad \cdots(1)$$

炭酸塩鉱物の風化作用

$$CaCO_3 + CO_2 + H_2O \rightarrow Ca^{2+} + 2HCO_3^- \quad \cdots(2)$$

炭酸塩の沈殿(炭酸塩岩の生成)

$$Ca^{2+} + 2HCO_3^- \rightarrow CaCO_3 + CO_2 + H_2O \quad \cdots(3)$$

炭酸塩岩の風化と生成((2)式+(3)式)からは，CO_2 は±０である。しかし，ケイ酸塩鉱物の風化(1)式を加味すると，大気中の CO_2 は化学的風化により減少していくことになる。

③ 気温が上昇し大気中の水蒸気が増えると①のように水蒸気の温室効果が強まるが，水蒸気が雲になると太陽光を反射して地表に届く太陽放射エネルギーが減り，気温は減少する。

ただし，雲による反射は低層雲で顕著で，巻雲などの高層雲はあまり太陽光を反射せずむしろ地表から放射される赤外線を吸収して温室効果のほうが強い。

④ 雲や氷は，岩石・土や植物におおわれた地面より太陽光をより多く反射する。気温が上昇し雪氷が溶けて地面がむきだしになると，地表の反射能は下がり，より多くの太陽放射エネルギーを吸収して地表は温められ，気温はますます上昇する。寒冷期にはこの逆のことが起こる。これをアイス・アルベド・フィードバックという。

89. ③

解説 日本列島は，太平洋プレートとフィリピン海プレートが沈みこんでいる日本海溝と南海トラフにそって連なる島弧で，ひずみの集中する変動帯となっている。日本列島は，プレートの沈みこみに伴って地下で生じたマグマによってできた岩石や，海洋プレートにのって運ばれてきた海洋底の堆積物などからできている。

第１章 太陽系と太陽

Work!の解答

1 b のWork

(ア) 水星　(イ) 金星　(ウ) 火星　(エ) 木星
(オ) 土星　(カ) 天王星

赤枠(地球型惑星)：(ア)，(イ)，地球，(ウ)
青枠(木星型惑星)：(エ)，(オ)，(カ)，海王星

1 c のWork

(キ) 小さい　(ク) 大きい　(ケ) 小さい　(コ) 大きい
(サ) 大きい　(シ) 小さい

2 a のWork

地球の直径は約 0.35 mm になる。

3 b の上のWork

A → C，C → B

3 b の下のWork

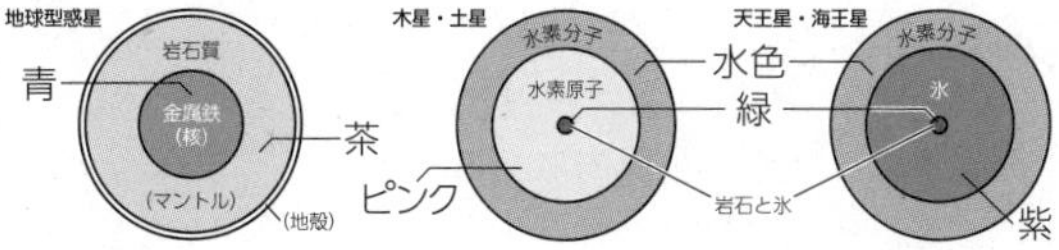

3 d のWork

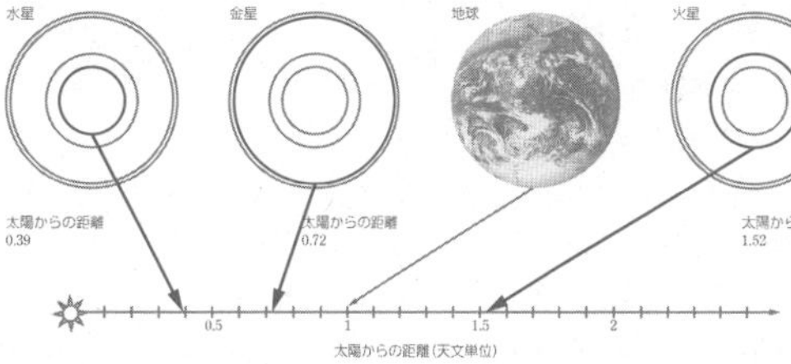

基礎CHECKの解答

1．8個　2．地球型惑星　3．木星型惑星
4．水星　5．木星　6．二酸化炭素
7．火星　8．小惑星　9．衛星
10．太陽系外縁天体　11．氷　12．隕石
13．109倍　14．光球　15．周辺減光　16．4000K
17．赤道付近　18．白斑　19．粒状斑　20．彩層
21．コロナ　22．プロミネンス(紅炎)　23．多い
24．太陽風　25．核融合反応　26．水素
27．星間ガス　28．星間雲　29．原始星
30．主系列星　31．原始太陽　32．微惑星
33．原始惑星　34．金属　35．氷　36．水蒸気
37．マグマオーシャン　38．原始海洋
39．液体の水(海洋)　40．ハビタブルゾーン
41．重力

基本問題

90.

(ア) 惑星 (イ) 小惑星 (ウ) 太陽系外縁
(エ) 衛星 (オ) 流星 (カ) 隕石

解説 小惑星と太陽系外縁天体は，公転している平均軌道半径の違いと組成で区別される。

小惑星は火星—木星間にその軌道が集中しているが，太陽系外縁天体は海王星以遠に分布している。

小惑星は岩石質であるのに対して，太陽系外縁天体はおもに氷でできている。

91.

(ア) 小さ (イ) 大き (ウ) 大き (エ) 小さ
(オ) 公転軌道面 (カ) 地球の公転 (キ) 同じ
(ク) 多 (ケ) だ円 (コ) 円

解説 (1) 地球型惑星と木星型惑星の違いは Point! 参照。

(2) 原始太陽系円盤は薄い円盤状であったため，惑星の公転軌道はほぼ同じ平面内にある。

(3) 太陽系の惑星は，回転する原始太陽系円盤内でほぼ同時期に形成されたため，太陽の自転の向きと同じ向きに公転している。

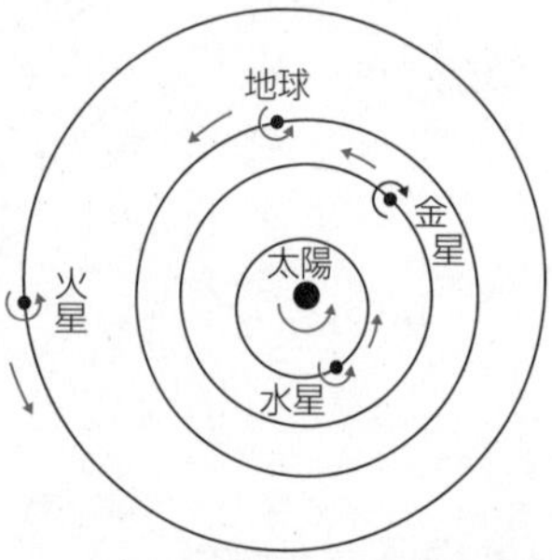

(4) 金星と天王星を除く6個の惑星は太陽の自転と同じ向きに自転する。金星の自転は逆向き，天王星は自転軸が公転軸に対しほぼ横倒しになっている。

(5) 太陽系の惑星は太陽を焦点の一つとするだ円軌道上を運動する。地球型惑星の公転軌道(図)を見ると公転軌道はほぼ円に近いだ円だとわかる。

Point! 地球型惑星と木星型惑星の違い

	地球型惑星	木星型惑星
構成物質	おもに岩石	ガスが多い
赤道半径	小さい	大きい
偏平率	小さい(球に近い)	大きい(偏平)
質量	小さい	大きい
平均密度	大きい($5\,g/cm^3$ 程度)	小さい($1\,g/cm^3$ 程度)
衛星の数	少ない(2個以下)	多い
リング(環)	なし	あり
自転周期	長い	短い
公転周期	短い	長い
大気組成	CO_2(地球は O_2), N_2 など	H_2, He, CH_4(メタン)など

92.

(ア) 地球 (イ) 金星 (ウ) 小さ
(エ) 二酸化炭素 (オ) 木星 (カ) 衛星
(キ) 土星 (ク) 氷

解説 木星型惑星は多くの衛星をもち，特に木星と土星は，70個をこえる衛星が確認されている。

93.

(1) **A**：火星 **B**：金星 **C**：土星 **D**：木星
(2) ① (3) ②

解説 (1) 太陽からの距離を考えると，Bは地球より太陽に近い内惑星であり，語群の中で該当するのは金星のみであるためBは金星となる。残りのうち，最も密度が大きく半径が小さいAが火星となる。CとDでは，より半径・密度が大きいDが木星で，密度が $1\,g/cm^3$ 未満であるCが土星となる。

なお，太陽からの距離は，水星・金星・地球・火星・木星・土星・天王星・海王星の順で大きくなるため，語群の4つの惑星は太陽からの距離だけでも判別可能である。

(2) ① 火星の半径は地球の約 $\frac{1}{2}$ であるため，体積は約 $\frac{1}{8}$，質量は密度も関係するため約 $\frac{1}{10}$ となる。よって，この記述は誤っている。

② 火星の最高気温は0℃近くまでは上昇するが，おおむね氷点下で，二酸化炭素の一部はドライアイスになる。

③ 渓谷の跡や堆積岩など，水が存在した証拠が見つかっている。また，火星には太陽系最大の火山であるオリンポス山があるが，現在は活動していない。

④ 季節変化は，極付近のドライアイス(極冠)の面積が変化することでも観察できる。

(3) 小惑星帯は，太陽からの距離が2～3天文単位程度の距離に分布している。

94.

(1) ④
(2)① ガス ② 大き ③ 大き ④ 小さ ⑤ 短い
(3) ④

解説 (1) ① 太陽系の惑星の中で火山活動が活発なのは地球のみであり，地球型惑星の中では，半径・質量・密度は地球が最大である。

② この記述は金星についてのものである。火星は温室効果が弱く，表面温度は氷点下である。

③ 水星の影の部分は極端に温度が低いが，その理由は大気をもたないためである。

④ この記述は正しいため，正解となる。

(2) 木星型惑星はガスが主成分であるため，地球型惑星に比べて低密度である。しかし，大量のガスが集まっているため，半径(体積)・質量は地球型惑星に比べて大きい。また，木星型惑星は自転周期が短く高速で自転しているため，遠心力によって赤道方向に膨らんだ形をしている。

(3) ② 地球型惑星の衛星の数は0～2個，木星型惑星の衛星の数は10個以上である。

③ 火星は，フォボスとダイモスという2つの衛星をもっている。

④ みずから輝く天体は恒星である。惑星や衛星はみずから輝くことはなく，恒星などの光を反射することで輝いている。

95.

(1)(ア) コロナ (イ) プロミネンス(紅炎)
(ウ) 彩層 (エ) 黒点
(2) 低い (3) 100万K (4) 太陽風

解説 (1) 太陽の表面には，右図のような構造が見られる。

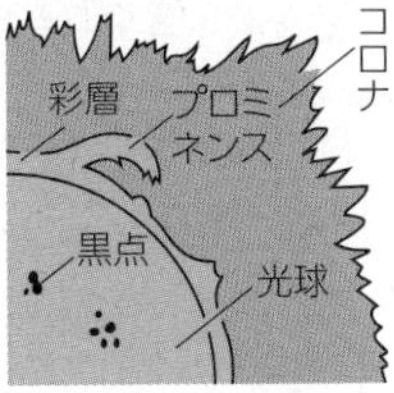

(2) 黒点の温度は約4000Kであるが，周囲(光球：約5800K)に比べて温度が低いため黒く見える。

(3) 彩層の外側に広がった，きわめて希薄な大気層をコロナといい，温度は100万Kをこえる。

(4) コロナは太陽の重力を振りきって太陽風として宇宙空間に流れ出している。

96.

(ア) 5800 (イ) 対流 (ウ) 東 (エ) 西 (オ) 白斑
(カ) 数百
(1) 粒状斑 (2) 約4000K (3) 赤道付近
(4)(D) 彩層 (E) コロナ

解説 (3) 黒点の連続的な観測によって，太陽の自転が明らかになった。太陽がガスでできているために赤道付近のほうが極付近よりも自転周期が短い。

97.

(ア) **1600万** (イ) **4** (ウ) **1** (エ) ヘリウム
(オ) 核融合 (1) $\mathbf{3.6 \times 10^{29}\,kg}$
(2) $\mathbf{1.9 \times 10^{20}\,kg}$ (3) **19億年**

解説 太陽をはじめとする主系列星(恒星)の中心は1000万K以上になり，核融合反応が行われる。

(1) (恒星の質量)×(水素の割合)×(核融合に使われる割合)によって恒星が使う水素の質量が求められる。したがって

$$4.0 \times 10^{30}\,\mathrm{kg} \times \frac{90}{100} \times \frac{10}{100} = \mathbf{3.6 \times 10^{29}\,kg}$$

(2) (毎秒の水素の反応量)×(1年間の秒数)によって1年間に核融合反応で使う水素の質量が求められる。したがって

$$(6.0 \times 10^{12}\,\mathrm{kg/s}) \times (3.15 \times 10^{7}\,\mathrm{s})$$
$$= 1.89 \times 10^{20}\,\mathrm{kg}$$
$$\fallingdotseq \mathbf{1.9 \times 10^{20}\,kg}$$

(3) (1)と(2)の結果を利用する。恒星が一生で使う水素の質量を，1年間で使う水素の質量でわることで恒星の寿命が求められる。ただし，(2)の結果は，四捨五入前の値を利用し，最後に四捨五入する。計算結果がずれることがあるためである。

(1)÷(2)より

$$\frac{3.6 \times 10^{29}}{1.89 \times 10^{20}} = 1.90\cdots \times 10^{9}\,年 = 19.0\cdots億年$$

したがって，この恒星の寿命は **19億年**

98.

(1)(ア) ガス (イ) 原始太陽 (ウ) 微惑星
(2)(エ) 原始大気
(3)(オ) マグマオーシャン (カ) 金属核
(4)(キ) 原始海洋

解説 太陽系の誕生にはまず，濃い水素ガスやヘリウムガスからなる星間雲の中に，特に濃い部分が生じて原始太陽ができた。このとき形成した原始太陽系円盤内部で，塵→無数の微惑星→原始惑星→原始大気の形成→マグマオーシャン→層構造の形成→原始海洋の形成となった。

99.

①

解説 原始太陽に近い場所の固体成分が岩石主体であるのは，熱によって氷がとけてしまうためである。そのため，岩石が主体となって地球型惑星がつくられた。一方，原始太陽から遠い場所では温度が低いため，氷成分が多く含まれ，それらが集まることで木星型惑星がつくられた。

100. (1)㋐ 水星 ㋑ 火星 ㋒ 金星
(2)㋓ 地殻 ㋔ 岩石質のマントル
㋕ 鉄が主体の核

解説 (1) 地球型惑星を小さい順に並べると，**水星**，**火星**，**金星**，地球となる。地球の赤道半径は 6378km であり，水星は地球の $\frac{1}{3}$ 程度(赤道半径 2440km)，火星は地球の半分程度(赤道半径 3396km)，金星は地球とほぼ同じ(赤道半径 6052km)である。
(2) 地球型惑星の内部が地殻・マントル・核の層構造になったのは，惑星形成の初期段階でマグマオーシャンが形成され，重力の作用で分別されたことによる。

101. ㋐ 地球の質量 ㋑ 太陽からの距離
㋒ ハビタブルゾーン

解説 惑星の半径と質量によって，惑星表面での重力の大きさが決まる。重力が小さいと大気や水をとどめておくことができない。また，太陽からの距離が近いと水は水蒸気となり，遠いと氷になるため，水が液体でいられる一定の距離(ハビタブルゾーン)内に惑星がある必要がある。

第２章 宇宙の誕生

基礎 CHECK の解答

1．恒星 2．1 光年 3．見かけの等級
4．100 分の 1 5．銀河系 6．5 万光年
7．バルジ 8．ハロー 9．いて座
10．2 万 8 千光年 11．銀河 12．ビッグバン
13．ガモフ 14．138 億年前 15．3 分間
16．宇宙の晴れ上がり 17．92 億年後

基本問題

102. ㋐ **1** ㋑ **6**

解説 ヒッパルコスの定義は 1 等星～ 6 等星であり，1 未満や 7 以上，小数なども使用しない。ポグソンによって提案された明るさの指標は等級であり，こちらでは負の数や小数も利用する。

103. (1) **3 等星が約 16 倍明るい。**
(2) **−1 等星が約 6.3×10^4 倍明るい。**

解説 (1) 等級は小さいほうが明るく，5 等級の明るさの違いが 100 倍なので，1 等級では，2.5 倍明るさが異なる。
3 等星と 6 等星では 3 等星が明るく $(3 < 6)$，3 等級明るさが違う $(6 - 3 = 3)$ ので
$2.5^3 = 15.6\cdots \fallingdotseq$ **16 倍**
(2) −1 等星と 11 等星では−1 等星が明るく $(-1 < 11)$，12 等級明るさが違う $(11 - (-1) = 12)$。
5 等級の明るさの違いが 100 倍，1 等級の明るさの違いが 2.5 倍であるから，12 等級の明るさの違いは
$100 \times 100 \times 2.5^2 = 10000 \times 2.5^2 \fallingdotseq$ **6.3×10^4 倍**

104. ㋐ 天文単位 ㋑ 光年

105. (1)㋐ **2 万光年** ㋑ **10 万光年**
㋒ **3 万光年** (2) ④

解説 (1) ㋐，㋑は半径ではなく，直径であることに注意する。銀河系に近い銀河でも数十万光年以上離れており，銀河系の大きさや別の銀河までの距離など，把握しておく必要がある。
(2) 円盤部の恒星が天の川として見えている。そのため，最も多くの恒星が見えるバルジ方向の④が答えとなる。④の方向の星空は夏によく見えるため，夏の夜空に天の川が濃く見える。一方で，②の方向の星空は冬によく見える。夏に比べると薄いが，冬でも天の川は観測できる。①や③の方向は，天の川ではない夜空の方向になっている。また，紙面の手前と奥の方向にも天の川は見えるため，夜空を一周取り囲むように天の川は広がっている。

106. ④→①→③→②

解説 ④はビッグバンで，宇宙の物質が1点に集まっていた。④の直後には，陽子・中性子・電子がつくられ，数分後には陽子と中性子がヘリウム原子核をつくった(①)。その後，宇宙の膨張に伴って温度が下がり，38万年後には，電子が原子核にとらえられることで，光が直進できるようになった(③)。これを「宇宙の晴れ上がり」という。太陽系の形成は，宇宙誕生からおよそ90億年後である(②)。

107. ④

解説 ① 宇宙は138億年前に誕生したと考えられている。

② 宇宙は膨張しており，今後も膨張し続けると考えられている。

③ 最初の恒星は，宇宙誕生から約3億年後にできたと考えられている。宇宙誕生から38万年後には，宇宙の晴れ上がりがあった。

④ 銀河の集団は，規模によって，銀河群・銀河団・超銀河団に分類される。

特集 巻末チャレンジ問題
-大学入学共通テストに向けて-

108. (1) ②　(2) ①　(3) ④　(4) ①

問題文の読み取り方 (1)では，地殻，マントル，プレート，リソスフェア，アセノスフェアの分類がどのようになっているのか，頭の中で整理しながら解く。(2)では，日本がおもに東西に圧縮されていることを考えて，プレートの移動方向の参考とする。

解説 (1) 地球の表面は地殻におおわれており，地殻の下にはマントルが存在することが知られている。これらは岩石の種類など，岩石の違いによって分けた区分であるが，プレートはそれとは違い，地球の表面付近を硬さの違いによって分けた区分である。また，プレートはリソスフェアと等しい。リソスフェアの下には流動性の高いアセノスフェアが存在する。したがって②が最も適当である。

(2) 太平洋プレートは東から西方向へ動き，日本を東西方向に圧縮している。そのプレートの境界部分には日本海溝や伊豆・小笠原海溝が分布する。また，フィリピン海プレートは南東から北西方向へ移動しており，プレート境界部分には南海トラフが分布する。

(3) ① 太平洋プレートが沈みこんでいる場所では日本海溝などが見られる。正しい。

② 100kmより深い場所では温度が高いため，岩石がやわらかくなっており割れない。そのため通常地震は起こらない。しかし，沈みこむプレートは温度が低く岩石が硬いため，沈みこむプレートにそっては100kmより深くても地震が発生している。正しい。

③ 日本列島は，プレートによっておもに東西方向に圧縮されているため，造山運動が起こっている。正しい。

④ 日本列島の火山は，プレート境界から一定の距離離れて，プレート境界と平行に分布する。したがって誤り。

(4) ① 地震によって液状化しやすい場所は地下水位が高く，また，地盤が砂などの粒子で構成されている特徴を示す。したがって適切でない。

② 津波は必ずしも第1波が最大になるとは限らない。適切である。

③ 震源からの距離が等しい場合，地盤がやわらかいほどゆれが大きくなりやすい傾向がある。適切である。

④ 山崩れによって天然ダムができ，川が一時的にせき止められることがある。天然ダムが決壊することで大きな土石流被害などを引き起こすことがある。適切である。

109. (1) ④ (2) ① (3) ④ (4) ③

問題文の読み取り方 (1)は，砂泥互層はどのように形成されるのかを混濁流の成因，特徴とあわせて理解して解く。(2)，(3)は，接触変成作用と地層の形成される順序の関係を整理しながら解く。

解説 (1) 写真で見られる地層は，砂の層と泥の層が何層も重なっている砂泥互層である。

① 陸上ではほとんど堆積は起こらないため，黒い泥岩層も白い砂岩層も海底で形成されたと考えられる。したがって不適。

② 写真のような砂泥互層の形成と季節は特別関係がない。したがって不適。

③ 砂泥互層は海底地すべりで形成される。しかし，一度の海底地すべりでは級化成層が形成されるだけで，写真のような何層もの砂泥互層は形成されない。したがって不適。

④ 砂泥互層は海底地すべりなどに伴う混濁流によって形成される。砂と泥の1組の層が1回の混濁流に対応する。したがって適する。

(2) 問題文よりBは火成岩であり，Aの地層はBの火成岩の熱で変成作用を受けていると考えられる。AとBは黒く緻密な岩石をはさんで接しているため接触変成作用である。また，砂岩と泥岩から接触変成作用によって変化した黒く緻密な岩石であることからホルンフェルスであるとわかる。

(3) AとBの関係では，Aの地層がBの熱によって変成作用を受けているため，Aの地層が堆積した後にBの火成岩がAの地層に貫入してきたと考えられる。したがって④が最も適当である。

(4) 等粒状組織が観察されることから深成岩であることがわかる。また，Bの岩石中には造岩鉱物として斜長石，輝石，かんらん石が観察される。花崗岩にかんらん石は含まれないため，選択肢の中では斑れい岩が最も適当であるとわかる。

110. (1) ④ (2) ② (3) ③ (4) ①

問題文の読み取り方 (1)は，地球が誕生してから，先カンブリア時代とそれ以降の時代の長さを具体的にイメージしながら解く。おもに化石が産出するようになる古生代以降は生物についての情報が多いが，地球の歴史の中では短い期間であるということを知識として知っておく必要がある。

解説 (1) 地球が誕生してから現在まで，先カンブリア時代，古生代，中生代，新生代を比べると先カンブリア時代が圧倒的に長い。また，地球誕生が46億年前として，古生代の開始を5.7億年前とすると先カンブリア時代は約40億年ほどになり，地球の歴史の中でおよそ87%ほどを占める。この条件に最も近い選択肢は④である。したがって④が適当である。

(2) 古生代以降はバージェス型動物群などの硬い殻をもった生物や，脊椎動物，陸上に生息する生物が現れたが，それ以前の先カンブリア時代にはそういった生物は生息していなかったと考えられる。しかし，多細胞生物はそれ以前から地球上に現れていた。したがって②が最も適当である。

(3) ①の古第三紀は新生代，②の三畳紀は中生代，④のジュラ紀は中生代である。地球史上最大の大量絶滅が起こったのは古生代末期であるから，③のペルム紀が最も適当である。

(4) 新生代の生物の繁栄として特徴的な点は，哺乳類の多様な進化・繁栄と哺乳類の中から現れた人類の繁栄である。したがって①が最も適当である。②の大型爬虫類とアンモナイトの繁栄は中生代の特徴である。③の魚類・両生類の繁栄は古生代の特徴である。④の海に生息する無脊椎動物の繁栄はおもに古生代の特徴である。

111. (1) ③　(2) ④　(3) ②　(4) ④

問題文の読み取り方 (1)は，図 1 から，太陽高度は 90°－緯度で求められることに気づき，太陽高度が 60° ということは北緯 30° の地点であることを理解して考える必要がある。(2)では，低緯度での過剰な熱量と，高緯度での不足する熱量がつりあっていることを知っている必要がある。

解説 (1) 太陽定数は，地球大気の上端で太陽光を垂直に受けたときの単位面積・単位時間当たりのエネルギーである。問題文より，太陽光線と受光面のなす角度(太陽高度)が 60° になる地点は，図のように北緯 30° の地点になることがわかる。

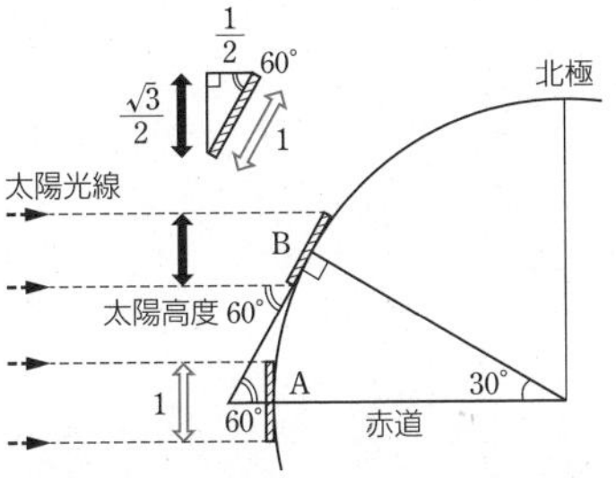

北緯 30° の地点で受ける太陽光のエネルギーが太陽定数の何倍かを考えるとき，0° の赤道地点(A)と北緯 30° の地点(B)を比較すればよい。また，単位面積当たりに受ける太陽光のエネルギー量の比は，図の二重矢印と黒矢印の長さの比となる。赤道地点の単位面積に当たる光を 1 とすると，北緯 30° の地点では直角三角形の比より，黒矢印の長さは $\frac{\sqrt{3}}{2}$ となる。したがって，③の $\frac{\sqrt{3}}{2}$ 倍が最も適当である。

(2) 太陽放射の吸収量は緯度による変化が大きいが，地球放射は比較的変化が小さい。しかし，それでも赤道で多く，極で少ないという特徴がある。このことから，①と②は不適であることがわかる。また，太陽放射の吸収量と地球放射の放出量は低緯度で吸収過剰(エネルギー過剰)になり，高緯度で放出過剰(エネルギー不足)になるが，低緯度で過剰なエネルギーと，高緯度で不足しているエネルギーは同じ量でなければ地球全体でバランスがとれない。したがって，③は不適であることがわかる。これらをあわせて考えると，④が最も適することがわかる。

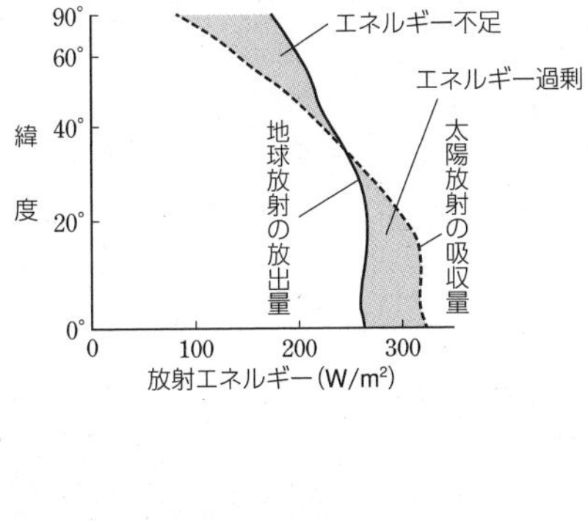

(3) ① 海水の表面には，温度の高い低緯度から温度の低い高緯度へ向かう暖流(例：黒潮)と温度の低い高緯度から温度の高い低緯度へ向かう寒流(例：親潮)がある。正しい。

② 地球が自転することにより，昼と夜が生じるが，これは緯度にかかわらず生じるため熱を輸送するしくみとは関係がない。よって適切でない。

③ 海水が蒸発するときにまわりから熱を奪い，大気中で凝結するときにまわりに熱を与える。そのため，水蒸気の移動は熱の輸送と関係がある。正しい。

④ 低緯度側の暖気と，高緯度側の寒気の境界部に温帯低気圧が発達し，渦によって暖かい空気と冷たい空気を混ぜるはたらきがある。よって熱の輸送と関係がある。正しい。

(4) 地球上での熱輸送が何らかの原因でなくなったとすると，各緯度で太陽放射と地球放射がつりあうことになる。地球放射は各緯度での地表の温度で決まり，高温ほど大きくなる。図を読み取ると，熱輸送がある地球では低緯度では太陽放射の吸収量に対して地表の温度が低く(寒い地域に熱が運ばれているため)，高緯度では太陽放射の吸収量に対して地表の温度が高い(暖かい地域からの熱を受け取るため)状態となっていることがわかる。熱輸送がなくなるとこのような熱のやりとりがなくなるため，図の矢印のように地球放射が変化し，低緯度はより暑く，高緯度はより寒くなる。したがって④が最も適当である。

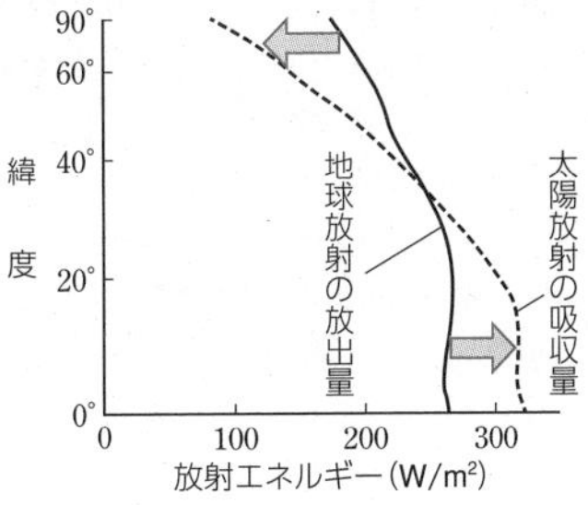

112. ⑴ ① ⑵ ② ⑶ ③ ⑷**A**：① **B**：②

問題文の読み取り方 ⑴では，星が星間雲の中から形成されるとき，おもに重力によるエネルギーが解放されて星の温度が上がるが，それほど高温にはならないことを理解して読む。⑵では，暗黒星雲がなぜ暗く見えるのか，その原因を理解しながら読む。

解説 ⑴ 星間雲の中の密度の濃い部分にガスが集まって，しだいに星が形成されていく。その際に，ガスが自分自身の重力によって収縮し，温度が上昇していく。しかし，核融合が起こるほどの温度には達していない。したがって，①が最も適当である。

⑵ 写真はオリオン座の３つ星の下に見られる馬頭星雲である。馬頭星雲では星間物質や宇宙塵が周囲よりも多く集まっており，星雲より遠くにある背後の星の光をさえぎって通さないため暗く見える。したがって②が最も適当である。

⑶ 太陽系の惑星は，初期の太陽のまわりに円盤状に分布していた微粒子やガス・氷が，衝突と合体をくり返して形成されたと考えられている。したがって①，②，④は正しい。③は，惑星が形成される材料として氷は重要であるが，太陽に近いほど太陽の熱によって氷がとかされやすく，太陽に近い惑星は氷を含む量が少なかったと考えられる。したがって③が適当でない。

⑷ Aの惑星には特徴的な縞状の雲や，大赤斑が見られるため木星とわかる。木星は太陽系の惑星の中で最も質量が大きいため①が適当である。

Bの惑星は厚い雲におおわれていることがわかる。また，雲の模様も見られる。それぞれの選択肢が述べている惑星は，②は温室効果のために表面温度が400℃以上であることから金星，③は公転面に垂直な方向に対して自転軸が90°傾いていることから天王星，④は表面に液体の水が存在したことを示す地形がある，ということから火星とわかる。これらの中で，火星は写真のような濃い雲をもたないため不適。天王星ものっぺりとしており写真のような濃い雲をもたない。これらのことから金星が最も適当である。

新課程
リードLightノート地学基礎
解答編

●編集協力者
井上貞行，久世直毅，藤田秀樹，田中麻衣子

ISBN978-4-410-28729-9

編　者　数研出版編集部
発行者　星野 泰也
発行所　**数研出版株式会社**
〒101-0052 東京都千代田区神田小川町２丁目３番地３
〔振替〕00140-4-118431
〒604-0861 京都市中京区烏丸通竹屋町上る大倉町205番地
〔電話〕 代表 (075)231-0161
ホームページ　https://www.chart.co.jp
印　刷　創栄図書印刷株式会社

230906

28729A
ISBN978-4-410-28729-9

数研出版
https://www.chart.co.jp